职业教育课程改革系列新教材

典型零件绘制

主　编　曾　联

副主编　郭欣欣　刘　芳

参　编　杜　翠　张满球

机械工业出版社

本书以项目中每个任务所涉及的知识点为顺序介绍了机械制图的相关知识，主要知识点包括机械制图的基本知识、正投影作图基础、立体表面交线的投影作图、组合体的投影作图和读法、机械图样的基本表示法、机械图样的特殊表示法及零件图等。

本书内容由易到难，讲解由浅入深，结合任务，以图或表格的形式介绍每个任务图样绘制的具体步骤、相关作图技巧及注意事项，降低了学习机械制图的难度，便于自学，并随书配套习题册。

本书可作为职业学校机电类、非机类专业机械制图课程的教材，也可作为自学机械制图的快速入门教材。

本书配套操作视频、PPT 课件、电子教案、模拟试卷及答案等立体化数字资源，选择本书作为教材的教师可登录 www. cmpedu. com 注册并下载。

图书在版编目（CIP）数据

典型零件绘制/曾联主编. —北京：机械工业出版社，2019. 8（2024. 1 重印）

职业教育课程改革系列新教材

ISBN 978-7-111-63213-9

Ⅰ. ①典…　Ⅱ. ①曾…　Ⅲ. ①零部件-机械制图-职业教育-教材
Ⅳ. ①TH126

中国版本图书馆 CIP 数据核字（2019）第 153632 号

机械工业出版社（北京市百万庄大街 22 号　邮政编码 100037）
策划编辑：赵红梅　责任编辑：赵红梅　黎　艳
责任校对：王明欣　封面设计：马精明
责任印制：单爱军
北京虎彩文化传播有限公司印刷
2024 年 1 月第 1 版第 6 次印刷
184mm×260mm · 13. 75 印张 · 334 千字
标准书号：ISBN 978-7-111-63213-9
定价：45. 00 元

电话服务
客服电话：010-88361066
010-88379833
010-68326294

网络服务
机　工　官　网：www. cmpbook. com
机　工　官　博：weibo. com/cmp1952
金　书　网：www. golden-book. com
机工教育服务网：www. cmpedu. com

前言

本书根据人社部《关于大力推进技工院校改革发展的意见》（人社部发［2010］57号）文件精神，围绕国家新型工业化和地方产业结构调整对技能人才的要求，坚持“以人为本、高端定位、需求第一、服务诚信”的办学理念，加大教学改革力度；建立以职业活动为导向、以校企合作为基础、以综合职业能力培养为核心，理论教学与技能操作融会贯通的课程体系，提高技能人才培养质量；以国家“高技能人才培养基地”建设为契机，深化技能教育人才培养模式改革，按照经济社会发展需要和技能人才培养规律，根据国家职业标准及国家技能人才培养标准，以职业能力培养为目标，通过典型工作任务分析，并以具体工作任务为学习载体，按照工作过程和学习者自主学习要求，设计和安排教学活动，通过绘制典型机械零件图样，构建“做中学、学中做”的学习过程，充分体现职业教育特色。同时，对每个机械零件图样均给出了详细的作图步骤，便于自学，并降低了学习机械制图的难度，对正确绘图可起到较好的引领作用。本书配套立体化数字资源，供教师教学及学生自学。

本书包含的知识点见下表：

项目	任务	包含的知识点	机械制图主要内容
项目1　绘制两个板状机械零件	任务1-1　凸缘端盖	图纸幅面、图框格式、标题栏、比例、字体、图线、直径和半径的标注、标注尺寸的基本规则、尺寸三要素、绘图铅笔	机械制图的基本知识
	任务1-2　曲线内六角零件	定形尺寸与定位尺寸、内接正六边形的画法、圆弧连接、尺寸的注法、等分线段、五等分圆周、四心法作椭圆	
项目2　绘制九个机械小零件	任务2-1　垫块	投影法、三视图、正投影的基本性质	正投影作图基础、立体表面交线的投影作图
	任务2-2　楔铁	斜度、斜度的标注	
	任务2-3　六角螺母	正六边形的画法、基本体、平面立体的尺寸注法	
	任务2-4　压板	截交线、截交线的投影作图、“宽相等”规律的三种作图方法、线和面的空间位置分析	
	任务2-5　圆柱销和圆锥销	曲面立体的视图表达、倒角、锥度	
	任务2-6　接头	开槽圆柱体的投影作图、切肩圆柱体的投影作图、带切口几何体的标注	
	任务2-7　千斤顶顶块	斜截圆柱体的投影作图、圆柱的三种截切类型	
	任务2-8　螺钉头	辅助线法求点的表面投影、辅助纬圆法求点的表面投影	
	任务2-9　顶尖	圆锥的五种截切类型	

（续）

项目	任务	包含的知识点	机械制图主要内容
项目3　绘制两个组合型机械零件	任务3-1　导向轴支座	表面连接关系、相切的特殊情况、常见法兰（底板）的尺寸注法	组合体的投影作图和读法
	任务3-2　座体	形体分析法、相贯线、常见简单相贯线的介绍、线面分析法	
项目4　绘制十个典型机械零件	任务4-1　轴套	剖视图、全剖视图、尺寸基准、公差、绘制剖面线的注意事项、配合、标准公差与基本偏差、配合制、剖视图的配置和标注	机械图样的基本表示法、机械图样的特殊表示法及零件图
	任务4-2　轴	局部剖视图、断面和移出断面、退刀槽和砂轮越程槽、局部放大图、简化画法、键与键槽、过渡圆角、零件结构形状的表达	
	任务4-3　齿轮	标准直齿圆柱齿轮的几何要素、标准直齿圆柱齿轮各几何要素的尺寸计算、单个圆柱齿轮的画法规定、几何公差、一对啮合齿轮的画法	
	任务4-4　支座	半剖视图、铸造工艺结构、机械加工工艺结构、孔的画法、各种孔的简化注法	
	任务4-5　钻模模体	几个平行的剖切平面、螺纹的基本知识、内螺纹的规定画法及标注	
	任务4-6　钻模手把	外螺纹的规定画法及标注、螺纹的标记、螺纹的种类及应用、常用螺纹紧固件及其标记	
	任务4-7　齿轮泵盖	几个相交的剖切平面、技术要求的概念、表面结构和表面粗糙度的概念、评定表面粗糙度轮廓的参数、表面结构的图形符号、表面结构代号及其注法、表面结构要求在图样中的简化标注、表面粗糙度符号的新旧标准对比	
	任务4-8　齿轮泵泵体	基本视图、机件的简化画法	
	任务4-9　杠杆	重合断面图	
	任务4-10　弯管	向视图、斜视图、局部视图、零件表达方案分析、第三角画法	

本书由广州市机电技师学院曾联任主编，负责统稿以及对全部内容的审定并编写绪论，由广州市机电技师学院郭欣欣和刘芳任副主编，杜翠和张满球参编。其中项目1由杜翠和郭欣欣合编，项目2、项目3以及项目4中任务4-10的“【知识拓展1】零件表达方案分析”由郭欣欣编写，项目4的任务4-1~任务4-7由刘芳编写，项目4的任务4-8~任务4-10由张满球编写。习题册前49页由郭欣欣编写，第50~57页由刘芳编写，第58~60页由张满球编写。感谢在编写过程中提供大力帮助的广州市机电技师学院机械部的全体老师。特别感谢王治平、王屹、张志雄、韦凤、吕俊流、曾铮、陈一照。

由于编者水平有限，书中不妥之处在所难免，恳请读者批评指正。

编　者

二维码清单

资源名称	二维码	资源名称	二维码
六角螺母三视图的画法		剖面线的绘制（45°平行等距线的绘制）	
圆中心对称线的画法		推平行线作直角的圆弧连接	
推平行线作钝角的圆弧连接		用三角板绘制内接正六边形	
用圆规绘制内接正六边形		用尺作 1∶5 斜度的画法	
用尺作 1∶5 锥度的画法		用模板画箭头	
用模板画钻尾		细点画线的画法	
细虚线的画法		绘制已知圆的内切圆	
绘制已知圆的外切圆			

目 录

绪 论

本课程学习目的

在现代工业生产中，无论是设计、制造、使用和维修，都离不开机械图样。图样是工程人员必须掌握的技术语言。图样是根据投影原理、标准或有关规定，表示工程对象，并有必要技术说明的图。图样具有严格的规范性，必须按《技术制图》和《机械制图》国家标准中的规定执行。

本课程学习内容

本书通过4大项目，共23个任务展开对《机械制图》中制图基本知识、正投影作图、机械图样的表示法、零件图的识读与绘制等内容学习。每个任务以“提出任务→分析形状→知识点→绘制步骤→知识拓展→小结”方式呈现。其中“绘制步骤”对作图方法及绘图顺序做出示例，大大降低学习难度，为初学者自学提供了便利。此外，本书附有习题册供读者选用。

本课程学习方法

建议读者按本书编排的顺序学习。由于《技术制图》和《机械制图》国家制图标准种类多、项目细，在学习中应注意培养学生查阅国家标准的习惯，帮助提高记忆。项目法是一个“做中学、学中做”的学习过程，要多观察、多联想、多动手，有耐心，不畏困难。本课程建议与计算机绘图有机结合。

项目1

绘制两个板状机械零件

在机械设备中有很多零件的轮廓是由圆弧连接而成的，例如图 1-1-1a 所示的凸缘端盖和图 1-1-1b 所示的曲线内六角板，都有多处圆弧连接的轮廓。并且，图 1-1-1 所示的两个零件均为板状机械零件。

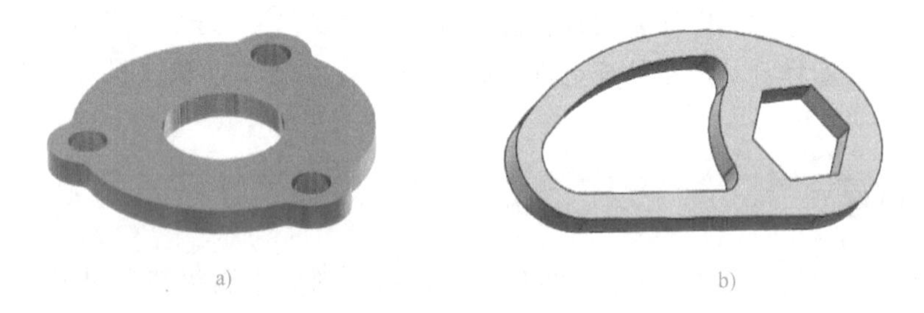

a)　　b)

图 1-1-1　圆弧连接轮廓的零件

a）凸缘端盖　b）曲线内六角板

任务 1-1　凸缘端盖

本次课程任务是绘制图 1-1-2 所示的凸缘端盖零件图，并标注尺寸。

【绘图步骤 1】　分析零件总体尺寸，选择合适的比例和图纸大小

一般常采用 1 : 1 的绘图比例。由于凸缘端盖零件的总长和总高尺寸均小于 136mm（120mm+16mm），所以选用 1 : 1 的比例、A4 图幅的图纸绘图。

【知识点 1-1-1】　图纸幅面

为了便于图样的管理和使用，国家标准（以下简称“国标”，代号为“GB”。代号“GB/T”表示推荐性国标）对图纸幅面大小、图框格式以及标题栏的方位等作了统一规定，绘图时应严格按国标规定执行。

国标规定图纸的幅面尺寸见表 1-1-1（表中 B、L 的含义见表 1-1-2）。图纸基本幅面代号有 A0、A1、A2、A3、A4 五种。必要时图幅可沿长边加长，加长量可参照规定执行。

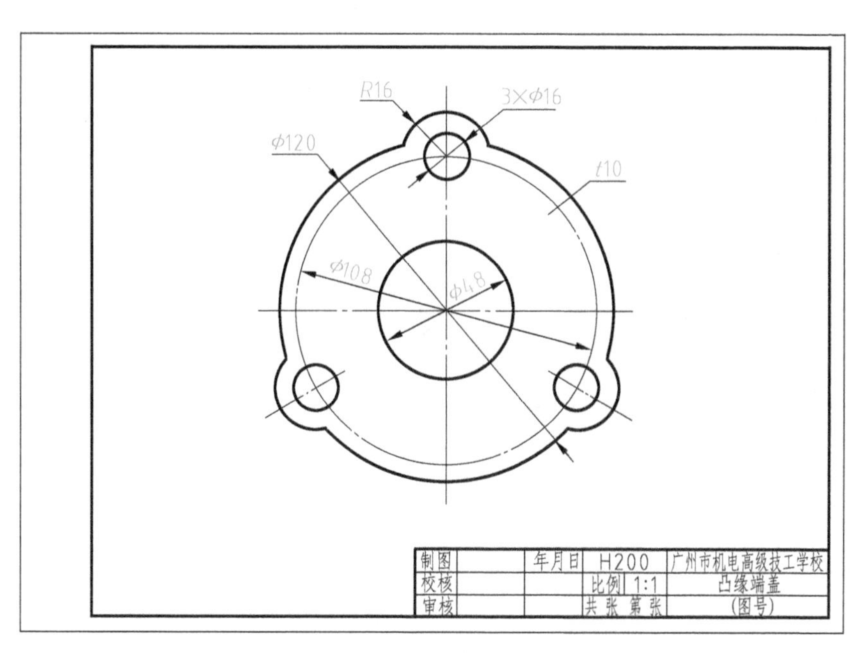

图 1-1-2　凸缘端盖零件图

表 1-1-1　图纸幅面及图框格式尺寸（GB/T 14689—2008）　　（单位：mm）

幅面代号	A0	A1	A2	A3	A4
$B \times L$	841×1189	594×841	420×594	297×420	210×297
a	25				
c	10			5	
e	20		10		

【知识点 1-1-2】　图框格式

图纸上必须用粗实线画出图框，图样应绘制在图框内部。图框的格式分为留装订边和不留装订边两种，其尺寸和格式分别见表 1-1-1 和表 1-1-2。同一产品的图样只能采用一种格式。

表 1-1-2　图框格式

图纸类型	横　　放	竖　　放
不留装订边	纸边界线 e 图框线 标题栏 B L	B e L

（续）

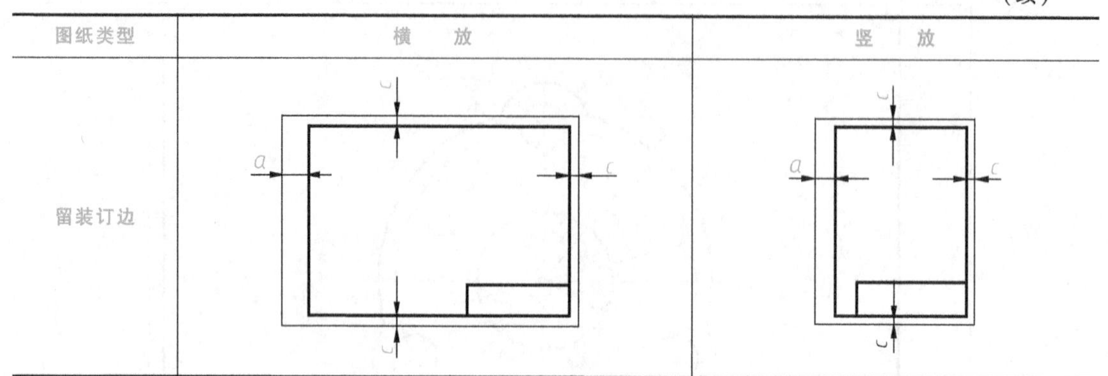

【绘图步骤 2】 绘制标题栏，填写标题栏相关内容

【知识点 1-1-3】 标题栏

每张图纸都应该有标题栏，标题栏位于图纸的右下角，标题栏中的文字方向为看图方向。标题栏的格式和尺寸应按 GB/T 10609. 1—2008《技术制图　标题栏》的规定绘制，如图 1-1-3 所示。学生练习建议采用图 1-1-4 所示形式。

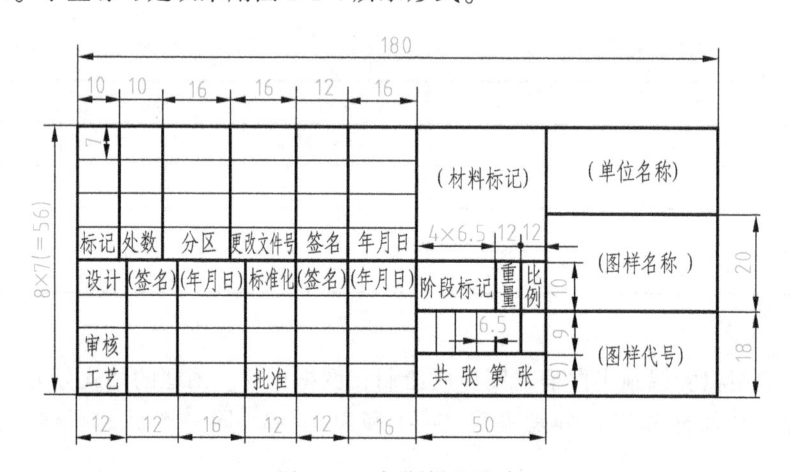

图 1-1-3　标题栏的格式

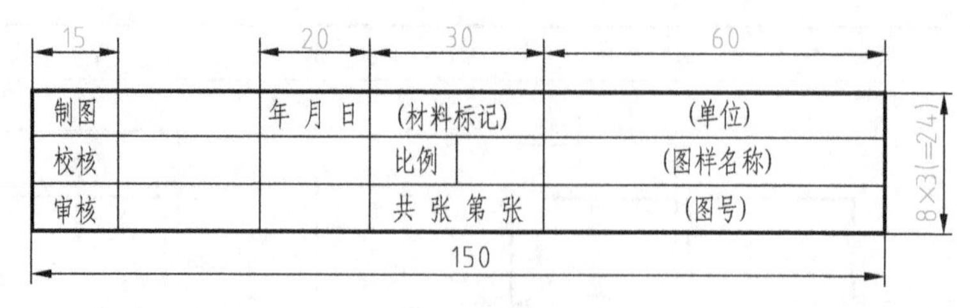

图 1-1-4　简化的标题栏

【知识点 1-1-4】 比例

图样中机件要素的线性尺寸与实际机件相应要素的线性尺寸之比，称为比例。

绘图时，应尽可能按机件的实际大小即 1∶1 的比例画出，这样可从图上直接看出机件

的真实大小。如机件太小或太大，可采用放大或缩小的比例画图。图中所注尺寸数值均为物体的真实大小，与选取的比例无关。国标中常用的绘图比例见表 1-1-3。

表 1-1-3　绘图比例

原值比例	1∶1					
放大比例	2∶1	5∶1	1×10^n∶1	2×10^n∶1	5×10^n∶1	
缩小比例	1∶2	1∶5	1∶10	1∶1×10^n	1∶2×10^n	1∶5×10^n

注：n 为正整数。

【知识点 1-1-5】 字体

图样中书写的字体必须做到：字体工整、笔画清楚、间隔均匀、排列整齐。字体的号数即字体的高度 h 应按公称尺寸系列 1. 8mm、2. 5mm、3. 5mm、5mm、7mm、10mm、14mm、20mm 选取。其中汉字的高度 h 不应小于 3. 5mm。

汉字应写成长仿宋体字，其宽度约为 $h/\sqrt{2}$，并采用国家正式公布的简化字。长仿宋体字的书写要领是：横平竖直，注意起落，结构匀称，填满方格。

数字及字母一般采用直体或斜体，斜体字头向右倾斜，与水平基准线成 75°。字体示例见表 1-1-4。

表 1-1-4　汉字、数字和字母的示例

字体	书写示例(字高 h 常用 3. 5mm、5mm、7mm)
汉字	h 制图校核审核比例年月日技术要求
阿拉伯数字	0123456789
大写拉丁字母	ABCDEFGHIJKLMNO PQRSTUVWXYZ
小写拉丁字母	abcdefghijklmnopq rstuvwxyz
罗马数字	I II III IV V VI VII VIII IX X

【绘图步骤 3】 绘制凸缘端盖零件草图

凸缘端盖零件图中零件的轮廓线用粗实线表示，圆的对称中心线用细点画线表示，尺寸线用细实线表示。

【知识点 1-1-6】 图线

国标 GB/T 4457. 4—2002《机械制图　图样画法　图线》规定图线的各种基本线型及用途，见表 1-1-5，应采用规定图线绘图。机械制图中常采用两种线宽，粗、细线的比例为2∶

1，粗线宽度优先采用 0.7mm 和 0.5mm。图线的应用及画法如图 1-1-5 所示，图线画法的注意事项见表 1-1-6。

表 1-1-5　常用图线的线型及应用

名称	型　式	宽度	主 要 用 途
粗实线	————	粗(d)	可见轮廓线(d 为粗实线线宽)
细实线	————	细($d/2$)	尺寸线及尺寸界线、剖面线、重合断面的轮廓、过渡线
细虚线	— — — — — — — — —		不可见轮廓线(长画 $12d$,间隔 $3d$)
细点画线	——·——·——		轴线、对称中心线(长画 $24d$,间隔 $3d$,短画 $6d$)
细双点画线	——··——··——		相邻辅助零件的轮廓线、可动零件极限位置的轮廓线、轨迹线、中断线(长画 $24d$,间隔 $3d$,短画 $6d$)
波浪线	～～～		断裂处的边界线、视图与剖视图的分界线
双折线	——√——√——		同波浪线

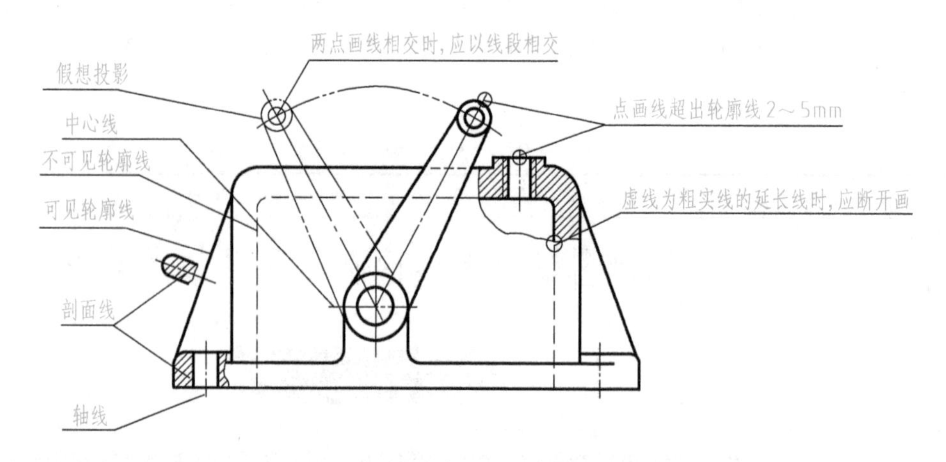

图 1-1-5　图线的应用及画法

表 1-1-6　图线画法的注意事项

注 意 事 项	图　例	
	正　确	错　误
细点画线与其他图线相交时,应以长画相交,点画线的起始与终止应为长画		
圆的中心线应该超出轮廓线 2～5mm。当圆的直径小于 8mm 时,中心线可用细实线代替,超出约 3mm	3 5	

（续）

注意事项	图例	
	正　确	错　误
虚线与虚线或实线相交时，应以线段相交，不得留有空隙		
虚线与实线相接，虚线接实线处（即实线延长变为虚线）应留出空隙		

【知识点 1-1-7】　直径和半径的标注

圆的直径及半径分别用符号 ϕ、R 表示，标注圆或圆弧的尺寸时，在其数字前加注直径或半径的符号。具体标注规则及示例见表 1-1-7。

表 1-1-7　圆或圆弧的标注示例

内容	图例	说明
圆的直径	φ40　φ54　φ36　φ10　φ10　φ5　φ5　φ5	圆或者大于半圆的圆弧应该标注直径 尺寸线应通过圆心，并在接触圆周的终端画箭头 标注小圆尺寸时，箭头和数字可分别或同时注在外面
圆弧半径	R40　R33　R100　SR100 a)　b) R5　R5　R5　R5　R1 c)	小于或等于半圆的圆弧应该标注半径 尺寸线通过圆心，带箭头的一端应该与圆弧接触 半径过大或者图纸范围内无法标注圆心位置时，可按图 a 标注；不需要标注圆心位置时，可按图 b 标注 标注小半径时，可将箭头和数字标注在外面，如图 c 所示
球的直径或半径	Sφ40　SR30　R23	标注球的直径或半径时，应该在 ϕ 或 R 前面加 S 在不致引起误解时，例如螺钉的头部，可省略 S

绘制草图时，作图线宜轻轻画出，方便后期的修改。凸缘端盖零件草图具体的绘制步骤见表 1-1-8。

表 1-1-8　凸缘端盖零件草图的绘制步骤

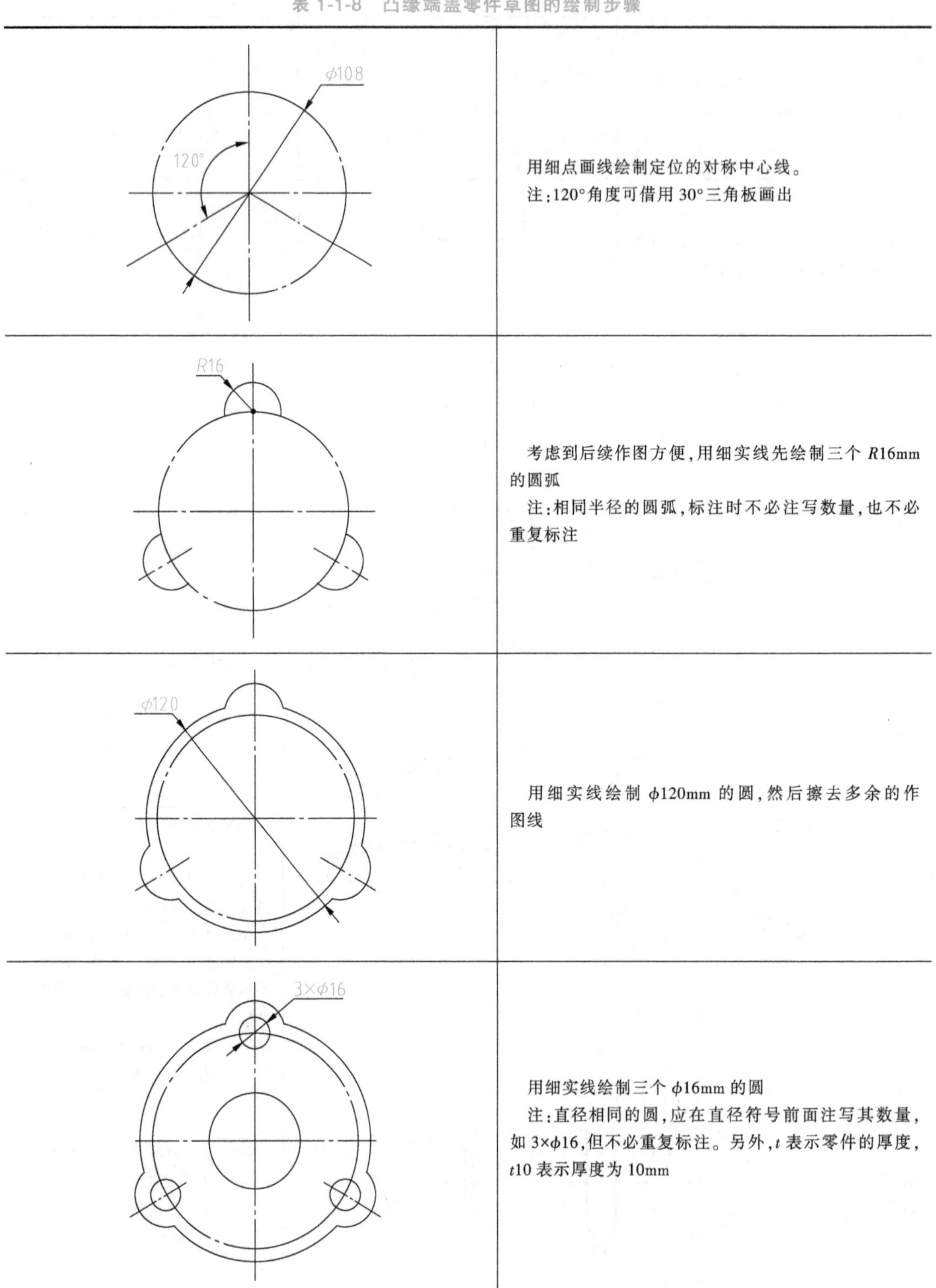

图	说明
	用细点画线绘制定位的对称中心线。 注：120°角度可借用 30°三角板画出
	考虑到后续作图方便，用细实线先绘制三个 $R16$mm 的圆弧 注：相同半径的圆弧，标注时不必注写数量，也不必重复标注
	用细实线绘制 $\phi120$mm 的圆，然后擦去多余的作图线
	用细实线绘制三个 $\phi16$mm 的圆 注：直径相同的圆，应在直径符号前面注写其数量，如 3×$\phi16$，但不必重复标注。另外，t 表示零件的厚度，$t10$ 表示厚度为 10mm

【绘图步骤 4】　检查图形，加粗定稿

擦掉多余的作图痕迹，完成草图。检查草图无误后，加粗定稿。

加粗时，应该做到线型正确、粗细分明、连接光滑、幅面整洁、同一类线型粗细要一致。加粗的顺序一般为：点画线→粗实线（先从上向下，再从左到右）→细实线、波浪线等。当圆弧与直线连接时，先加粗圆弧。

【绘图步骤 5】　标注尺寸

图形表示零件的结构形状，尺寸则确定零件的大小及相对位置。制造零件以尺寸为依据，标注尺寸时应严格执行国标《机械制图　尺寸注法》（GB/T 4458.4—2003）和《技术制图　简化表示法　第 2 部分：尺寸注法》（GB/T 16675.2—2012）的规定。

【知识点 1-1-8】　标注尺寸的基本规则

1）零件的真实大小应以图样上所注尺寸数值为依据，与图形的大小及绘图的准确度无关。

2）图样中的尺寸以 mm 为单位时，不需标注 mm。若采用其他单位，则必须注明相应的单位符号。

3）图样中所标注的尺寸为零件最后完工的尺寸，否则应另加说明。

4）零件上的每一尺寸一般只标注一次，并标注在表达该结构最清晰的图形上。

【知识点 1-1-9】　尺寸三要素

尺寸三要素指尺寸界线、尺寸线和尺寸数字。

尺寸界线表示尺寸的度量范围，用细实线绘制，应从图形的轮廓线、轴线或对称中心线引出；也可直接利用轮廓线、轴线、对称中心线作为尺寸界线。尺寸界线一般应垂直于尺寸线，并超出尺寸线约 2mm。尺寸界线也允许倾斜，如图 1-1-6 所示。

尺寸线表示尺寸度量的方向，尺寸线应平行于被标注的线段，并用细实线单独画出，不能由其他图线代替，也不得与其他图线重合或画在其延长线上。尺寸线终端有箭头和斜线两种形式，机械图样的尺寸线终端常画成箭头，如图 1-1-7 所示。

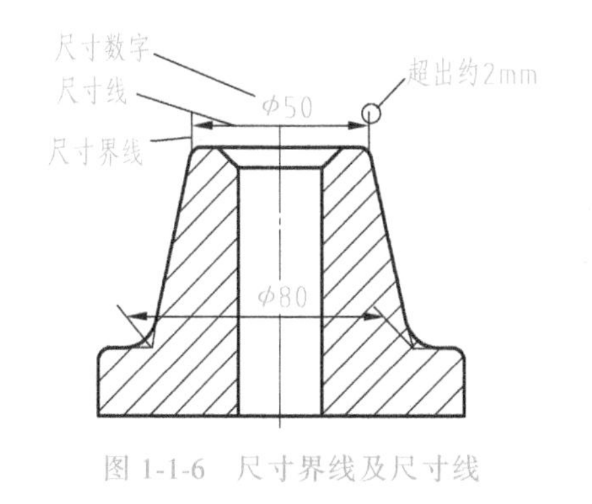

图 1-1-6　尺寸界线及尺寸线

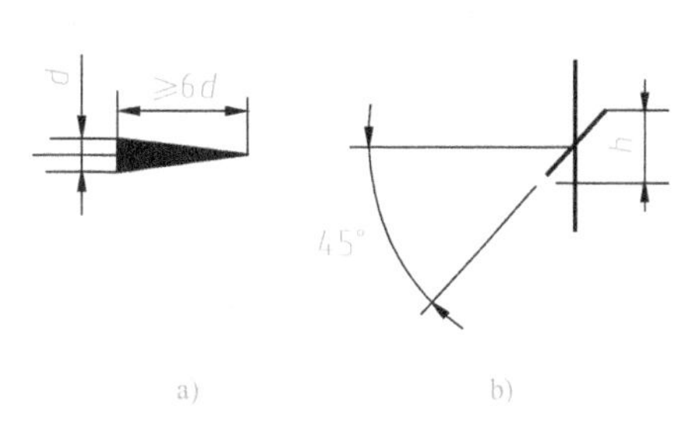

图 1-1-7　尺寸线的终端
a）箭头形式　b）斜线形式

尺寸数字表示尺寸度量的大小，一般应注写在尺寸线的上方或左方，也允许注写在尺寸线的中断处。水平方向的数字由左向右书写，字头向上；竖直方向的数字由下向上书写，字

头向左。特别注意，尺寸数字不能被任何图线穿过，否则应将图线断开，如图 1-1-8 所示。

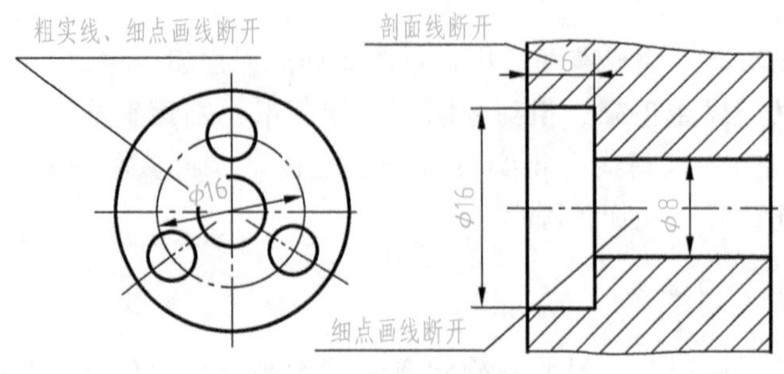

图 1-1-8　尺寸数字

【知识拓展】 绘图铅笔

绘图铅笔的铅芯有软硬之分。B 表示铅芯的软度，B 前的数字越大铅芯越软；H 表示铅芯的硬度，H 前的数字越大铅芯越硬；HB 的铅芯软硬程度适中。绘图常用 2H 或 H 铅笔画底稿；用 B 或 2B 铅笔加粗图线；用 HB 或 H 铅笔写字。画圆或圆弧时，圆规所用铅芯比铅笔的铅芯软一号为宜。铅笔的削法与铅芯的修磨量是否得当，将直接影响所画线条的粗细、均匀及光滑程度。铅笔与圆规铅芯的规格、形式及用途见表 1-1-9。

表 1-1-9　铅笔与圆规铅芯的规格、形式及用途

类别	铅笔			圆规		
铅芯软硬	2H	H、HB	HB、B	H、HB	2B	2B
铅芯形式	圆锥形		四棱柱形	圆柱磨斜		圆柱磨斜
用途	画底稿线	描深细点画线、细实线、画箭头、写文字	描深粗实线	画底稿线	描深细点画线、细实线、虚线	描深粗实线

【小结】

通过绘制凸缘端盖零件，主要学习制图国家标准中的规定，包括图纸幅面和格式、比例、字体、图线和尺寸标注等。在绘图过程中，应严格执行国家标准。

任务 1-2　曲线内六角零件

本次课程任务是绘制图 1-2-1 所示的曲线内六角零件图，并标注尺寸。

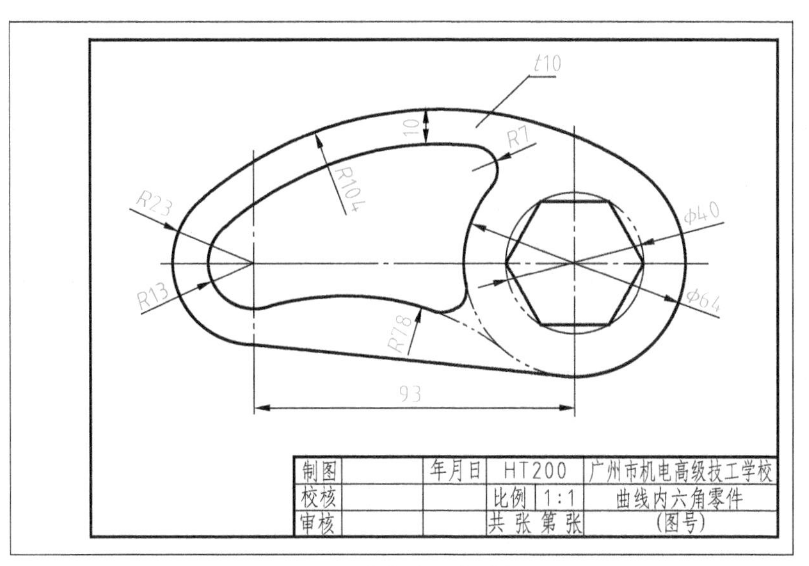

图 1-2-1　曲线内六角零件图

【绘图步骤 1】　分析图形及尺寸

曲线内六角零件的外轮廓由三段圆弧和一段切线光滑连接构成，左侧内轮廓由六段圆弧光滑连接而成，右侧内轮廓为一个正六边形的孔。图中 ϕ64mm、R23mm 等是零件的定形尺寸，93mm 是零件的定位尺寸。零件的实体如图 1-1-1b 所示。

【知识点 1-2-1】　定形尺寸与定位尺寸

确定零件大小的尺寸称为定形尺寸，如长方体的长、宽、高；圆的直径、圆弧的半径等。图 1-2-1 中的 ϕ40mm、R13mm、R78mm、R104mm、R7mm 等都是定形尺寸。

确定零件之间相对位置的尺寸称为定位尺寸，例如图 1-2-1 中的 93mm。

【知识点 1-2-2】　内接正六边形的画法

1） 画中心对称线及圆，圆的半径为 R；

2） 分别以 a、d 点为圆心，R 为半径作弧，与圆交于点 b、f、c、e；

3） 依次连接 ab、bc、cd、de、ef、fa，得到内接正六边形，如图 1-2-2 所示。

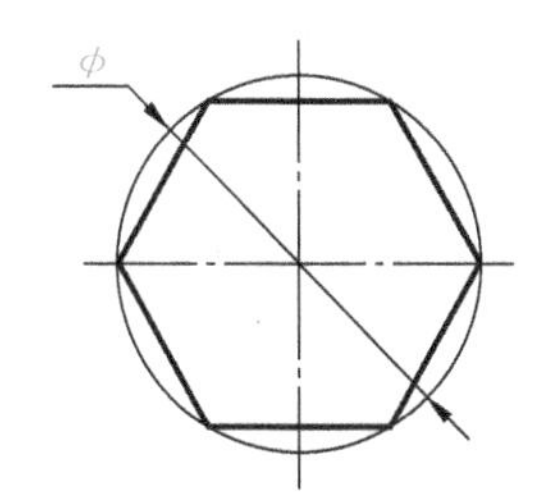

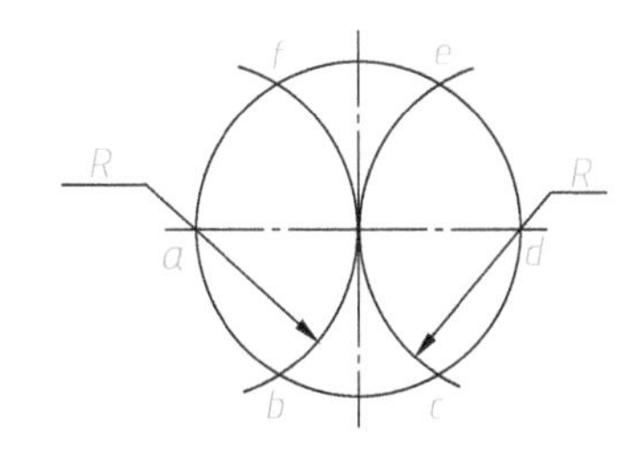

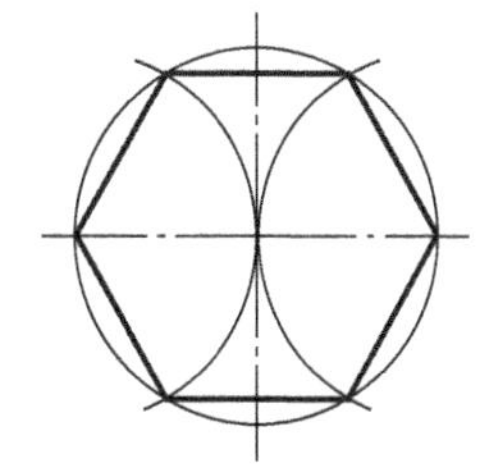

图 1-2-2　内接正六边形的画法

【绘图步骤 2】　选择合适的图纸及绘图比例，绘制图框及标题栏，填写标题栏相关内容

（此步骤为常规步骤，在后续的各个任务中不再提及。）

【绘图步骤 3】 布置视图，绘制曲线内六角零件草图

【知识点 1-2-3】 圆弧连接

用一圆弧光滑地连接相邻两线段（直线或圆弧）的作图方法，称为圆弧连接。作圆弧连接时，必须准确求出圆心和切点，才能光滑过渡。作图方法见表 1-2-1。

表 1-2-1 圆弧连接作图方法

内容		已知条件	作图第一步：求圆心	作图第二步：求切点	作图第三步：画圆弧
圆弧连接两已知直线	锐角或钝角	R	R, O, R	O, 切点 A, 切点 B	R, O, A, B
	直角	R	R, O, R, R	切点 A, R, O, R, R, 切点 B	A, O, R, B
圆弧连接两已知圆弧	外连接	R_1, R_2, O_1, O_2, R	O_1, O_2, $R+R_1$, $R+R_2$	O_1, O_2, 切点 A, O, 切点 B	R, O_1, O_2, A, B, O
	内连接	R_1, R_2, O_1, O_2, R	O_1, O_2, $R-R_1$, $R-R_2$	切点 A, 切点 B, O_1, O_2, O	R, B, A, O_1, O_2, O

在 A4 图纸上布置视图，并预留标注尺寸的位置。具体绘图步骤见表 1-2-2。

表 1-2-2 曲线内六角零件的绘制步骤

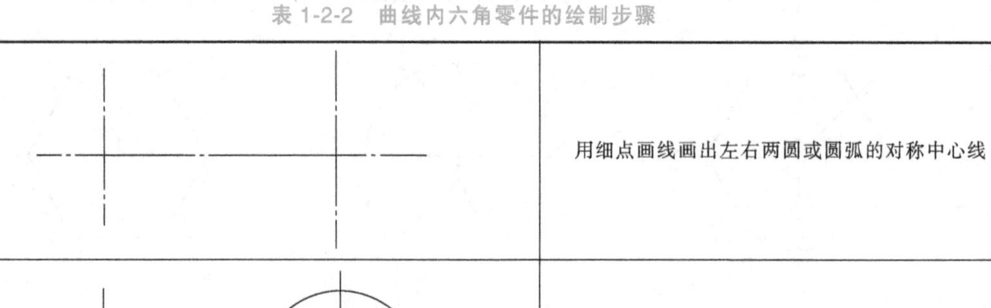	用细点画线画出左右两圆或圆弧的对称中心线
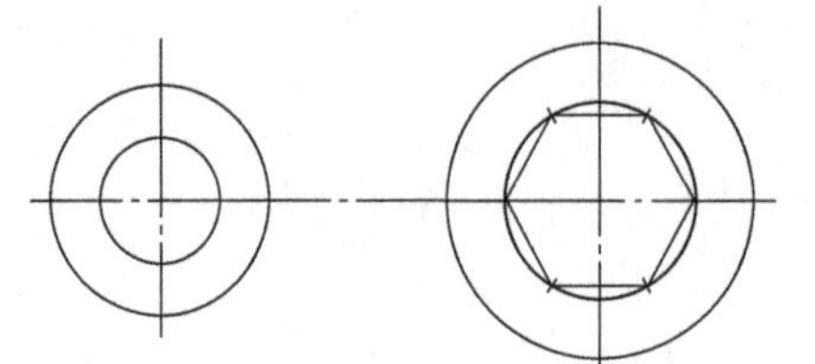	绘制 $R13$mm、$R23$mm 两圆和 $\phi40$mm、$\phi64$mm 两圆；绘制 $\phi40$mm 的内接正六边形

（续）

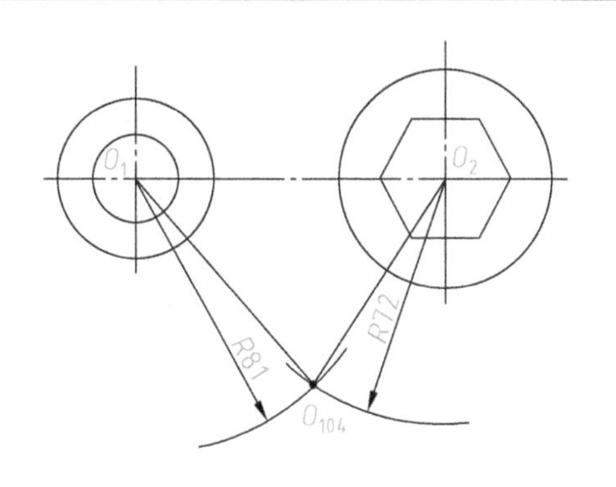	求 $R104$mm 的圆心： 以点 O_1 为圆心、$R81$mm 为半径画弧；以 O_2 为圆心、$R72$mm 为半径画弧；两弧交点 O_{104} 即为 $R104$mm 的圆心
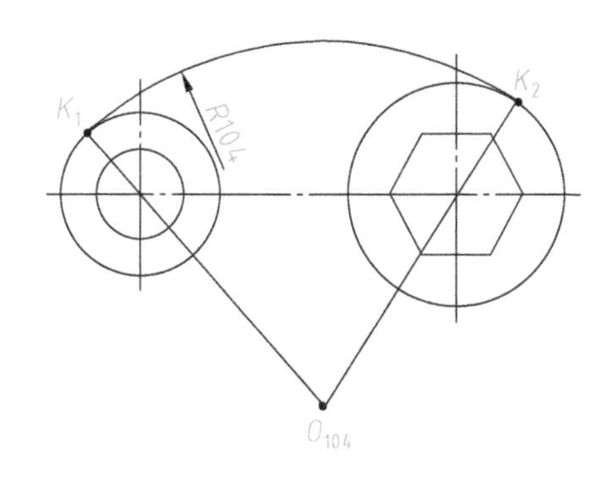	求 $R104$mm 的切点： 连接 $O_{104}O_1$ 并延长交 $R23$mm 圆于点 K_1；连接 $O_{104}O_2$ 并延长交 $\phi64$mm 圆于点 K_2，K_1 和 K_2 即为 $R104$mm 圆弧的切点，然后准确画出 K_1K_2 圆弧
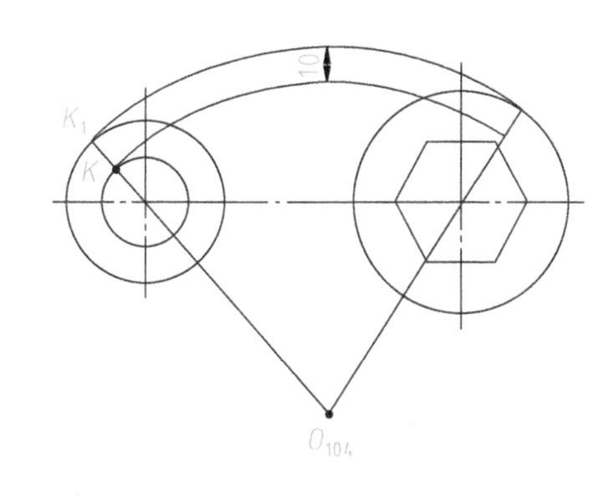	从切点 K 画 $R94$mm 的圆弧
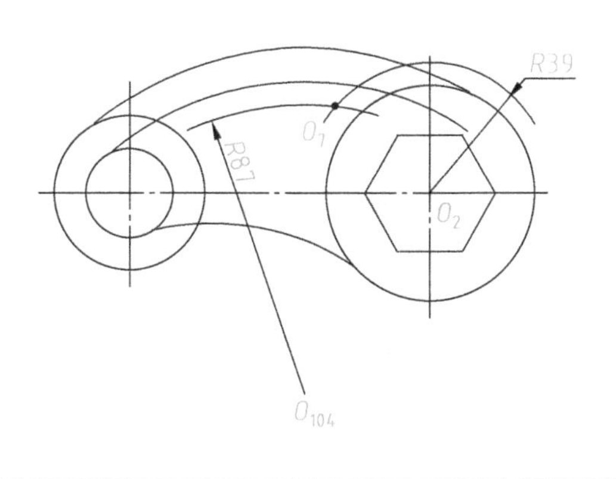	求 $R7$mm 的圆心： 以点 O_{104} 为圆心，$R87$mm 为半径画弧；以点 O_2 为圆心，$R39$mm 为半径画弧，两弧交点 O_7 即为所求圆心

（续）

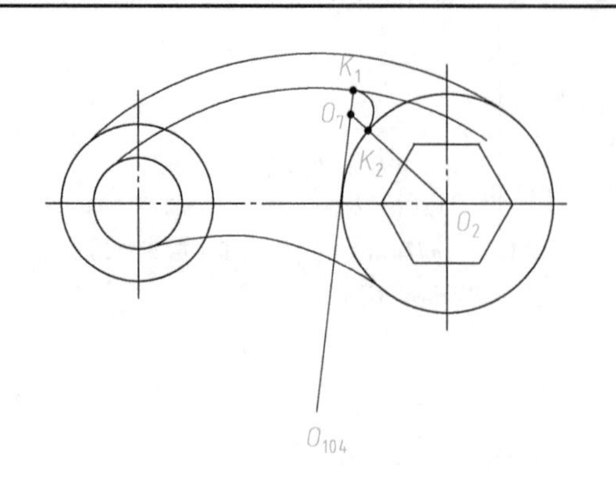	求 $R7$mm 的切点： 连接 $O_{104}O_7$ 并延长交 $R94$mm 圆弧于点 K_1；连接 O_7O_2 交 $\phi64$mm 圆于点 K_2，K_1 和 K_2 即为 $R7$mm 圆弧的切点，然后准确画出 $R7$mm 半径的 K_1K_2 段圆弧
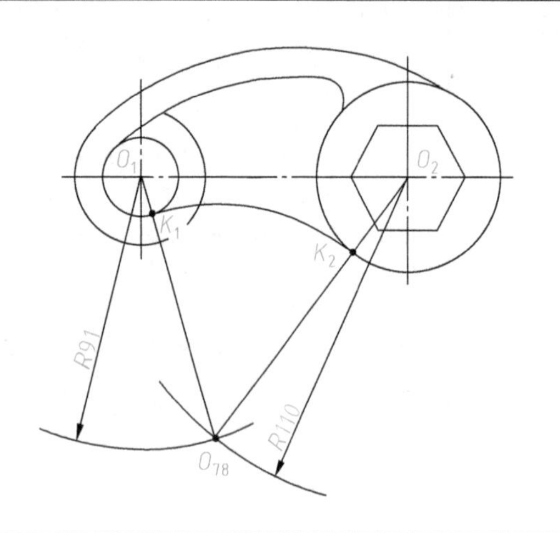	同理，绘制 $R78$mm 圆弧
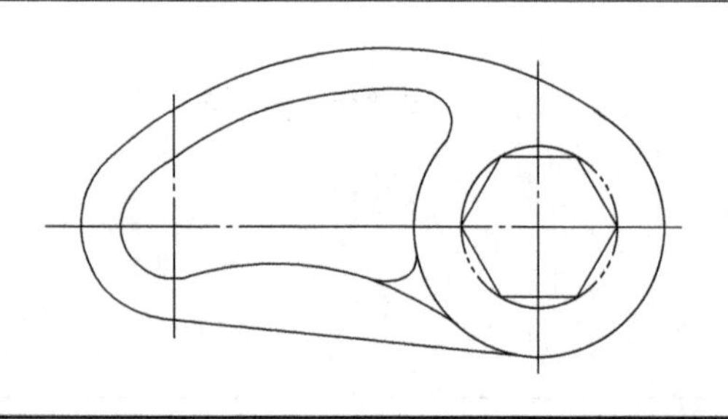	绘制 $R78$mm 圆弧与 $\phi64$mm 圆的连接圆弧 作 $R23$mm 圆弧与 $\phi64$mm 圆的公切线 注意：此处连接圆弧的半径仍为 $R7$。国家标准中规定同一图中相同半径的圆弧只需标注一次，且不写圆弧的数量

【绘图步骤 4】 检查图形，加粗定稿

擦掉多余的作图痕迹，完成草图。检查草图无误后，加粗定稿。

加粗顺序一般为先曲线后直线。注意每段圆弧必须准确地从一个切点画到另一个切点，才能光滑连接。

【绘图步骤 5】 标注尺寸

按图 1-2-1 所示标注尺寸。注意图中 10mm 的尺寸数字字头不能向下，否则违反国标规定。

【知识点 1-2-4】　尺寸的注法

规定在倾斜的尺寸线上注写尺寸数字时，使字头方向保持向上的趋势。线性尺寸、小尺寸和角度尺寸等的注法见表 1-2-3。

表 1-2-3　尺寸注法示例

内容	图　　例	说　　明
线性尺寸数字方向	a)　b)	尽量避免在图 a 所示 30°范围内标注尺寸，无法避免时按照图 b 所示标注
小尺寸注法		小尺寸连续标注时，箭头画在尺寸线界线的外面，中间可以用小圆点或斜线代替箭头，尺寸数字可写在中间、尺寸线上方、外面或引出标注
角度注法		角度数字一律水平方向书写，填在尺寸线的中断处，必要时允许写在尺寸线的上方或外面或引出标注

【知识拓展】　等分线段、五等分圆周、四心法作椭圆的画法，见表 1-2-4

表 1-2-4　等分线段、五等分圆周、四心法作椭圆的画法

内容	作 图 方 法	说　　明
等分线段	a)　b)	将已知直线段 *AB* 五等分： 过 *AB* 端点 *A* 作直线 *AC*，用分规以任意相等的距离在 *AC* 上量得 1、2、3、4、5 各等分点，如图 a 所示，然后连接点 5 和点 *B*，过各等分点作 5*B* 的平行线，即得 *AB* 上的各等分点，如图 b 所示

（续）

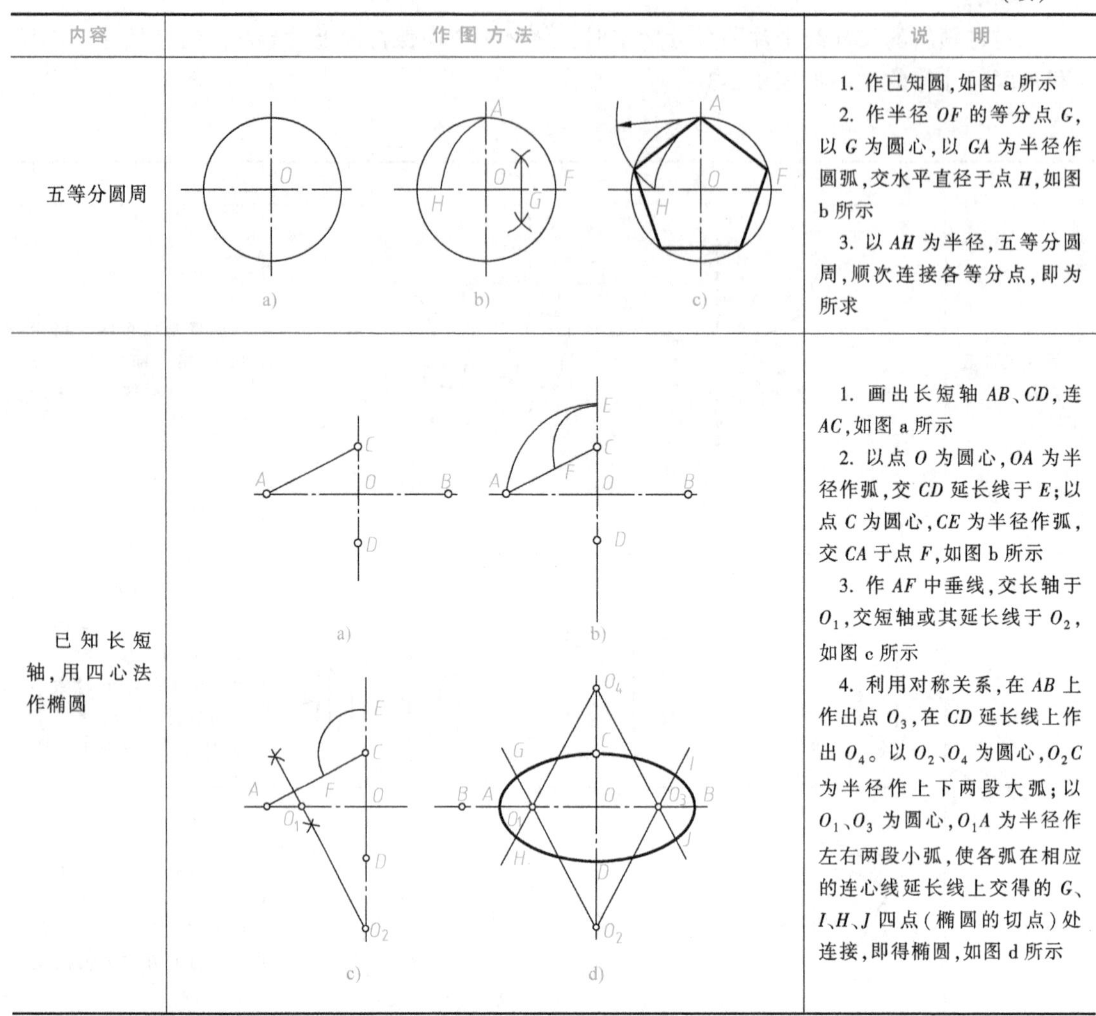

内容	作图方法	说明
五等分圆周	a)　b)　c)	1. 作已知圆，如图 a 所示 2. 作半径 OF 的等分点 G，以 G 为圆心，以 GA 为半径作圆弧，交水平直径于点 H，如图 b 所示 3. 以 AH 为半径，五等分圆周，顺次连接各等分点，即为所求
已知长短轴，用四心法作椭圆	a)　b)　c)　d)	1. 画出长短轴 AB、CD，连 AC，如图 a 所示 2. 以点 O 为圆心，OA 为半径作弧，交 CD 延长线于 E；以点 C 为圆心，CE 为半径作弧，交 CA 于点 F，如图 b 所示 3. 作 AF 中垂线，交长轴于 O_1，交短轴或其延长线于 O_2，如图 c 所示 4. 利用对称关系，在 AB 上作出点 O_3，在 CD 延长线上作出 O_4。以 O_2、O_4 为圆心，O_2C 为半径作上下两段大弧；以 O_1、O_3 为圆心，O_1A 为半径作左右两段小弧，使各弧在相应的连心线延长线上交得的 G、I、H、J 四点（椭圆的切点）处连接，即得椭圆，如图 d 所示

【小结】

通过绘制曲线内六角零件图，进一步深入学习圆弧连接的作图方法，同时学习了内接正六边形的画法和尺寸的注法。另外学习了线段的等分、五边形及椭圆的作法。

项目2

绘制九个机械小零件

任务2-1　垫　　块

垫块是机械加工和机械安装时常用的零件。根据使用的位置和类型的不同，垫块具有调整水平度、找正、减振、分散作用在工件上的压力或减少工件磨损等不同作用。垫块可按实际需要做成不同形状，如图2-1-1a所示。图2-1-1b是一种等高精密垫块，呈长方体形状。

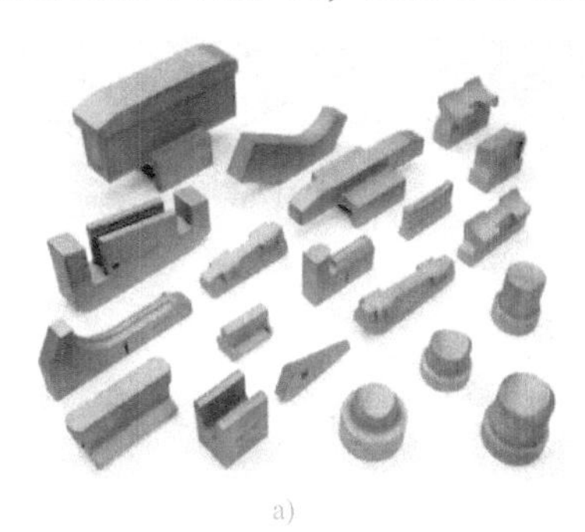

a)

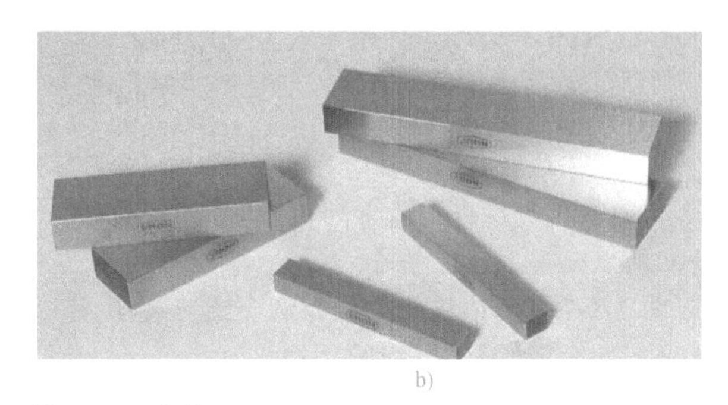

b)

图2-1-1　垫块

a）各种样式的垫块　b）精密垫块

本次课程任务是绘制图2-1-2所示垫块的三视图。

【绘图步骤1】　分析垫块形状

从图2-1-2所示垫块的三视图，可知垫块为长方体，长30mm、宽20mm、高10mm，其外形如图2-1-3所示。

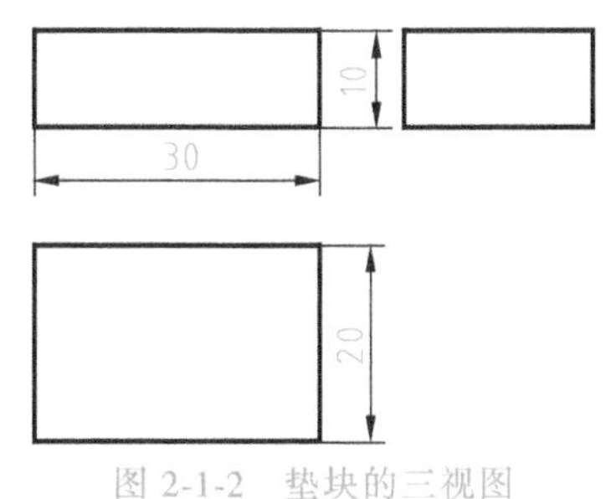

图2-1-2　垫块的三视图

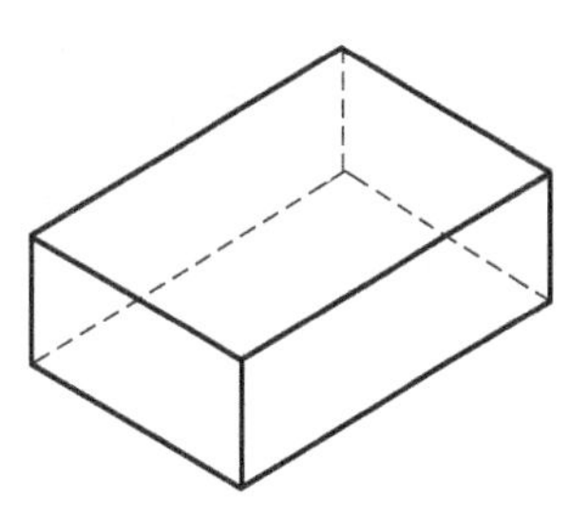

图2-1-3　垫块的外形

【知识点 2-1-1】 投影法

当物体按照某一位置摆放在空间时，我们便可以从几个不同的方向观察物体，将其按照一定的投影规律绘制在图纸中，实现从空间到平面的表达。

物体在光线的照射下，会在相应的平面产生影子，根据这种自然现象，人们抽象总结出影子与物体之间的几何关系，形成了投影法。投影法分为中心投影法和平行投影法。

1. 中心投影法

投射线交汇于一点的投影法称为中心投影法，如图 2-1-4 所示。*S* 为投射中心，平面 *P* 为投影面，*SA*、*SB*、*SC* 为投射线，空间平面 *ABC* 在平面 *P* 上的投影为三角形 *abc*。

生活中照相、放电影、工程的效果图（透视图）等都是中心投影的实例。

2. 平行投影法

投射线相互平行的投影法称为平行投影法。投射线与投影面垂直的平行投影法称为正投影法，如图 2-1-5 所示。投射线与投影面不垂直的平行投影法称为斜投影法，如图 2-1-6 所示。

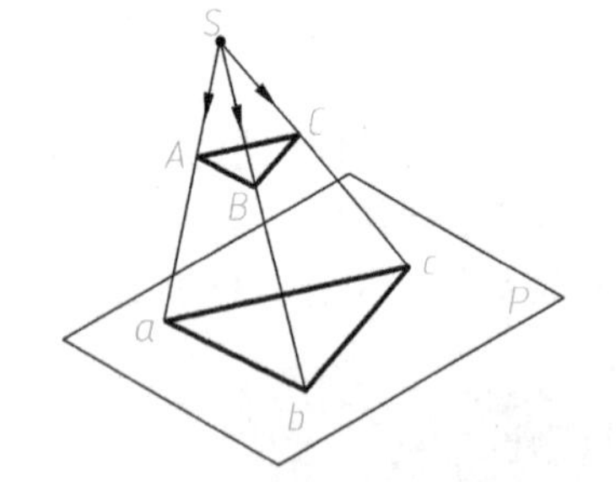

图 2-1-4 中心投影法

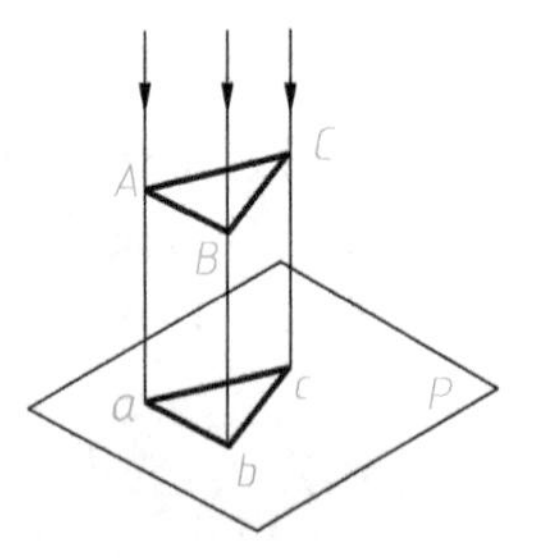

图 2-1-5 正投影法

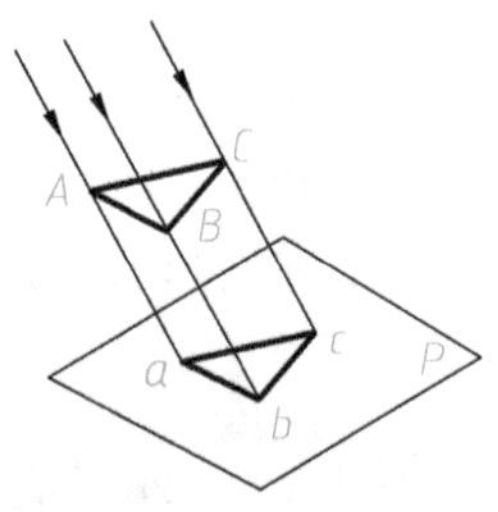

图 2-1-6 斜投影法

工程上常用平行投影法得到物体的视图和轴测图。

【知识点 2-1-2】 三视图

以图 2-1-7 所示垫块的方位为例介绍三视图。

1. 三投影面体系与三视图

三个投影面分别为正面（*V*）、水平面（*H*）和侧面（*W*），三个投影面在空间中相互垂直，构成了三投影面体系。用正投影法把物体按照指定的方向分别投射到三个投影面上，便得到物体的三个视图，如图 2-1-8 所示。

将物体从前往后投射到正面（*V*），得到主视图；

将物体从上往下投射到水平面（*H*），得到俯视图；

将物体从左往右投射到侧面（*W*），得到左视图。

图 2-1-7 垫块的方位

2. 三视图的方位对应关系

正面、水平面和侧面构成的三投影面体系，三者相交形成了 *OX*、*OY* 和 *OZ* 三根投影轴，且 $OX \perp OY \perp OZ$。*OX* 轴表示长度方向，*OY* 轴表示宽度方向，*OZ* 轴表示高度方向。因此，主视图反映的是物体的长、高；俯视图反映的是物体的长、宽；左视图反映的是物体的宽、高，如图 2-1-8 所示。

为使三个视图处在同一平面内，将三投影面体系展开。展开方法是将水平面和侧面沿着 *OY* 轴分开，正面不动，将侧面围绕着 *OZ* 轴向右旋转 90°；将水平面围绕着 *OX* 轴向下旋转

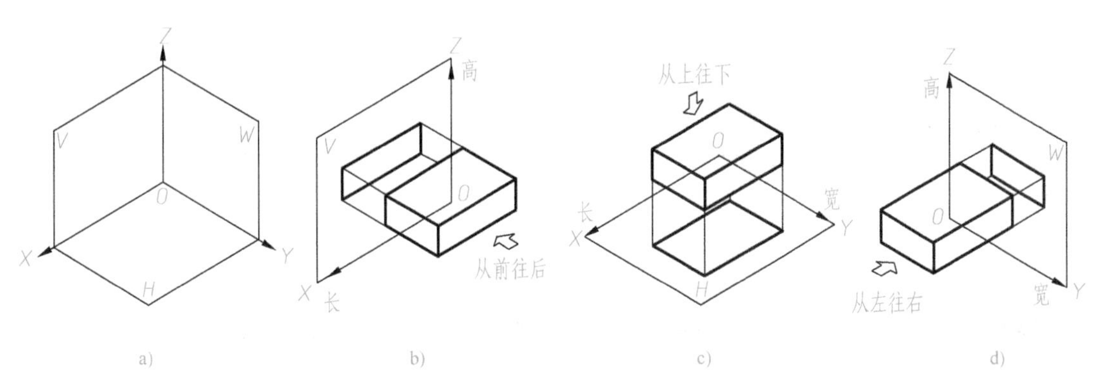

a) b) c) d)

图 2-1-8 三投影面体系与三视图的形成

a）三投影面体系 b）主视图 c）俯视图 d）左视图

90°，如图 2-1-9 所示。此时，三个视图在同一平面内。

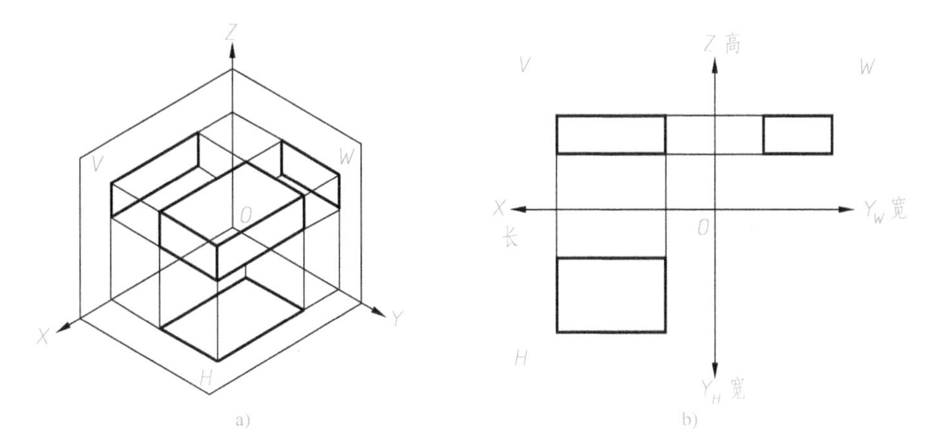

a) b)

图 2-1-9 三投影面体系的展开

主视图反映物体的上、下和左、右位置关系；俯视图反映物体的前、后和左、右位置关系；左视图反映物体的上、下和前、后位置关系，如图 2-1-10 所示。

根据上述分析，可总结出三视图的投影规律，如图 2-1-11 所示。

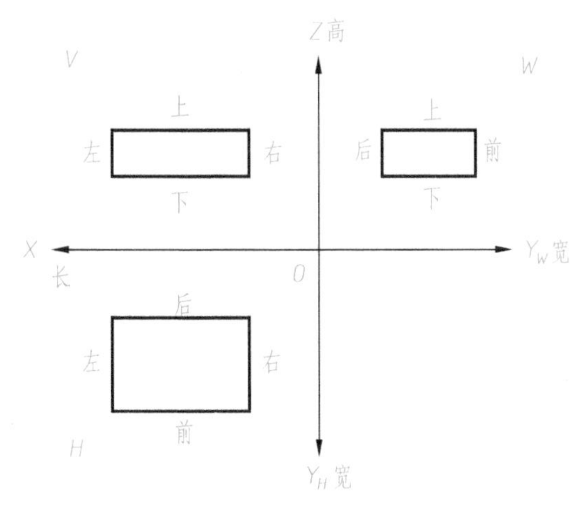

图 2-1-10 三视图对应方位关系

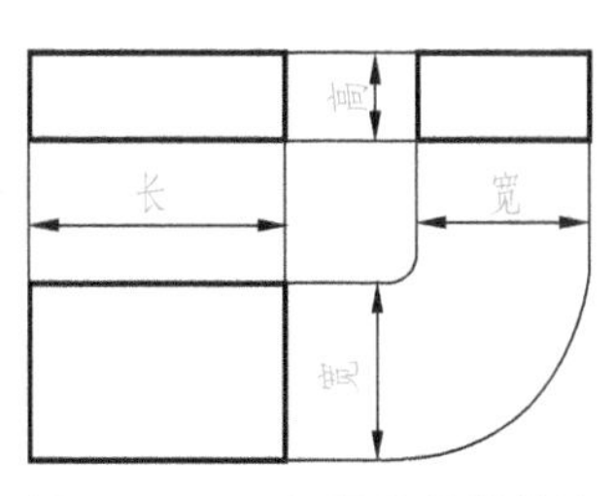

图 2-1-11 三视图的投影规律

1）主视图与俯视图长对正；

2）主视图与左视图高平齐；

3）俯视图与左视图宽相等。

“长对正、高平齐、宽相等”（简称“三等”）规律是三视图的重要特性，也是绘图和读图时的重要依据。

【绘图步骤 2】 绘制垫块的三视图

根据投影规律，参照图 2-1-7 垫块的摆放位置，绘制垫块的三视图草图。

在 A4 图纸上布置视图，并预留标注尺寸的位置。具体绘图步骤见表 2-1-1。

表 2-1-1 垫块的绘制步骤

	首先绘制垫块的主视图(长 30mm、高 10mm)
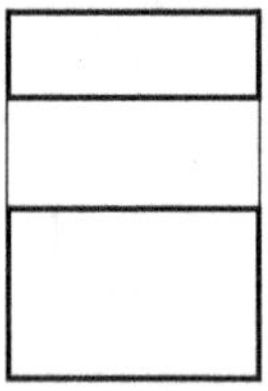	其次,根据“长对正”规律及宽度,绘制垫块的俯视图(宽 20mm)
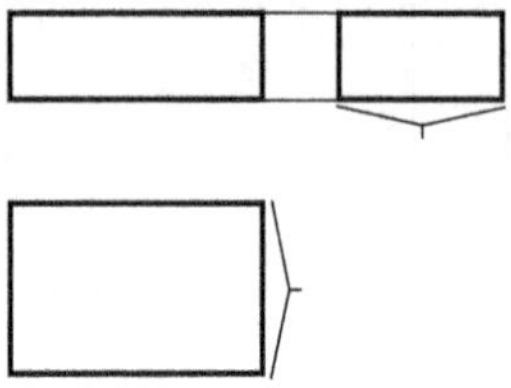	最后,根据“高平齐”和“宽相等”规律,绘制垫块的左视图 注:左视图中的宽度可用分规从俯视图中量取得到

【绘图步骤 3】 检查图形，加粗定稿

擦掉多余的作图痕迹，完成草图。检查草图无误后，加粗定稿。

【绘图步骤 4】 标注尺寸

长方体是平面立体的一种。组成平面立体的每个表面都是平面。标注平面立体时，要标注出长、宽、高三个方向的尺寸。标注尽量集中在两个视图中，做到不遗漏、不重复，要求标注准确、清晰。如图 2-1-2 所示，将尺寸抄画到三视图中。

【知识拓展】 正投影的基本性质

正投影的基本性质包括以下三个：

1. 实形性

物体上的平面 P 平行于投影面 V，其投影反映实形；平面 P 内的所有线段也平行于投影面 V，其投影反映实长，如 $a'b'=AB$；$b'c'=BC$ 等，如图 2-1-12a 所示。

2. 积聚性

物体上的平面 P 垂直于投影面 H，其投影积聚成一条直线；垂直于投影面 H 的线段 AE，其投影积聚成一点 $a(e)$，线段 CD 积聚成一点 $c(d)$，如图 2-1-12b 所示。

3. 类似性

物体上的平面 Q 倾斜于投影面 W，其投影 q''是原图形的类似形（类似形是指两图形相应的线段间保持定比关系，即边数、平行关系、凹凸关系不变）；倾斜于投影面 W 的线段 AB，其投影 $a''b''$比实长短，即 $a''b''<AB$，如图 2-1-12c 所示。

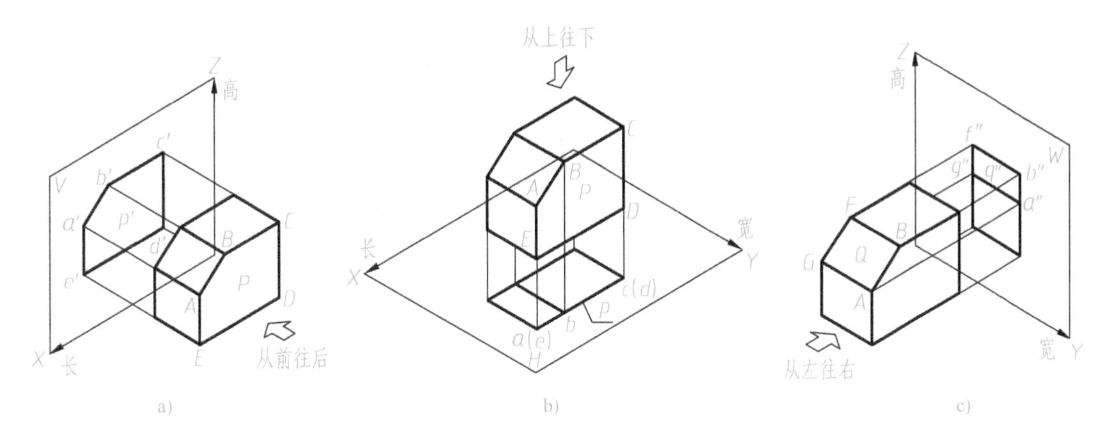

a)　　b)　　c)

图 2-1-12　正投影的基本性质

a）实形性　b）积聚性　c）类似性

【小结】

通过绘制长方形垫块的三视图，学习了投影法的分类，明确工程制图中常用的投影法是平行投影法，理解三投影面体系的展开和三视图的形成，能准确辨别视图中的方位对应关系，掌握正投影法的投影规律和投影特性，为准确绘制零件的三视图打下基础。

任务 2-2　楔　　铁

楔铁又名斜铁，因形状似楔子而得名，如图 2-2-1 所示，它主要用于各种设备的水平度和平行度调整，使设备在运转过程中不发生振动、倾斜，保证机器良好运转，减少机器磨损，保证设备安全。楔铁使用简单、方便，可按一定的标准生产购买，也可根据实际需要设计制造。

本次课程任务是绘制楔铁的三视图，如图 2-2-2 所示。

图 2-2-1　楔铁

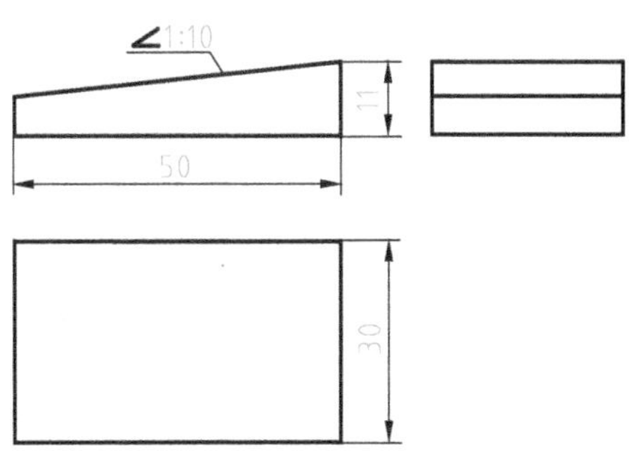

图 2-2-2　楔铁的三视图

【绘图步骤 1】 分析楔铁的形状

图 2-2-2 所示楔铁的形状为被截切了左上角的长方体。楔铁顶面倾斜于水平面，其倾斜程度用斜度表示。

【知识点 2-2-1】 斜度

斜度是指一直线（或一平面）相对另一直线（或一平面）的倾斜程度。机械制图中常用 1 : n 的形式表示。如图 2-2-3a 所示，若 $L=3H$，则线段 CB 的斜度为 1 : 3。同理，图 2-2-3b所示斜线的斜度，也可写成 1 : h 的形式。

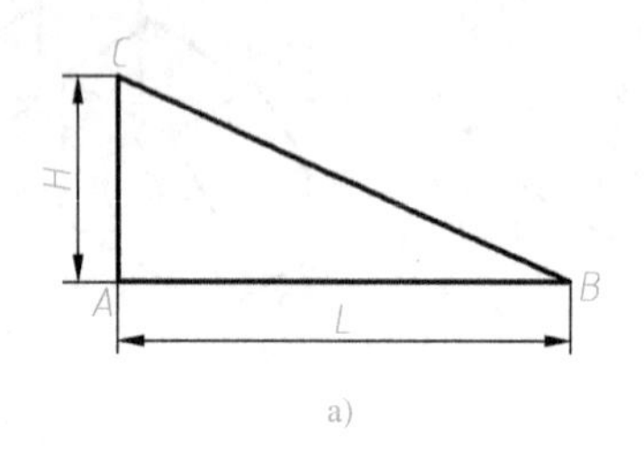

a)

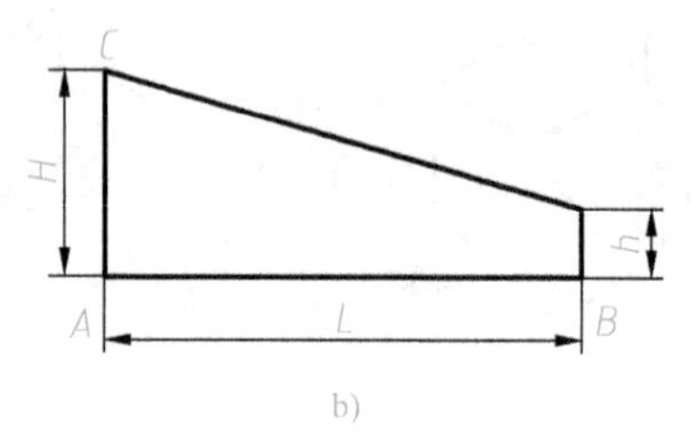

b)

图 2-2-3 斜度

a) 斜度 $=AC/AB=H/L$ b) 斜度 $=(H-h)/L$

【绘图步骤 2】 绘制楔铁的三视图

在 A4 图纸上布置视图，并预留标注尺寸的位置。具体绘图步骤见表 2-2-1。

表 2-2-1 楔铁的绘制步骤

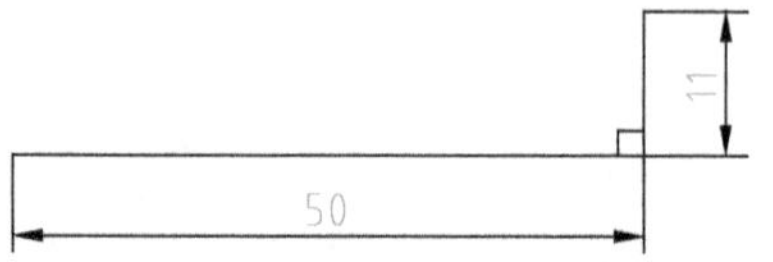	绘制楔铁的主视图 根据已知尺寸，绘制长为 50mm 的底面水平投影线和高为 11mm 的竖直投影线
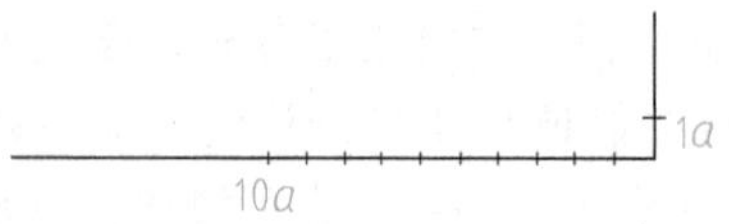	用分规随意定义一个单位长度 a，根据斜度的定义，在水平方向直线上截取 10 个单位，在竖直方向直线上截取 1 个单位
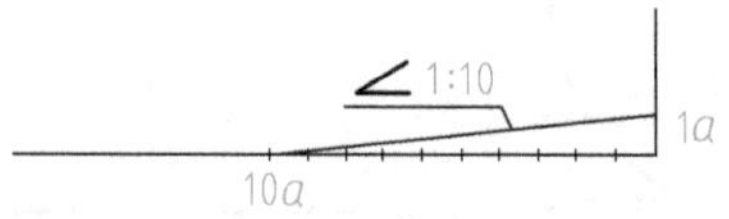	用直线连接 1a 和 10a 两点，得到 1 : 10 斜度的斜线
	作该斜线的平行线至楔铁的相应高度位置
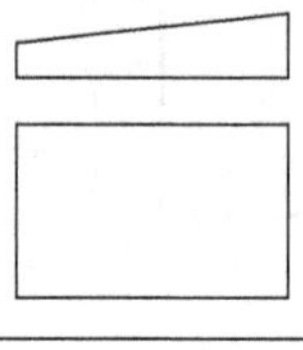	根据“长对正”规律，按尺寸绘制楔铁的俯视图

（续）

	根据“高平齐”和“宽相等”规律，绘制楔铁的左视图 注：左视图中的宽度可用分规从俯视图中量取得到

【绘图步骤 3】　检查图形，加粗定稿

擦掉多余的作图痕迹，完成草图。检查草图无误后，加粗定稿。

【绘图步骤 4】　标注尺寸

【知识点 2-2-2】　斜度的标注

斜度用符号“⊵”或“∠”表示，符号方向与斜度方向一致，用粗实线绘制，斜线与水平线成 30°角，符号高度与字高相同，如图 2-2-4a 所示。标注时，斜度符号方向与线段倾斜方向一致，如图 2-2-4b、c 所示。

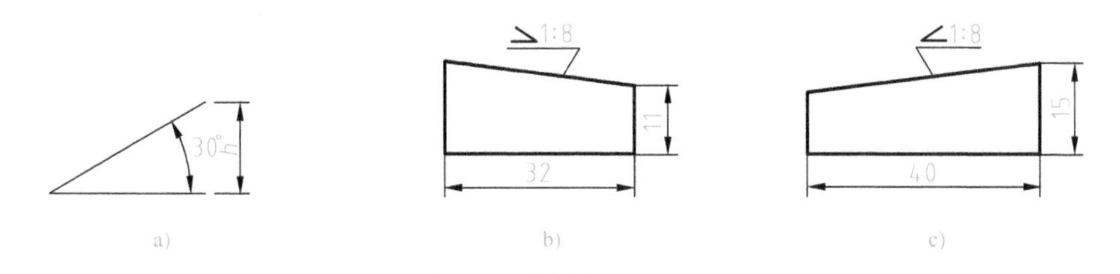

图 2-2-4　斜度符号及标注

a）斜度符号的画法　b）斜度的标注（1）　c）斜度的标注（2）

【小结】

通过绘制楔铁的三视图，掌握斜度的画法和标注方法，并进一步巩固三视图的画法和空间方位关系。

任务 2-3　六角螺母

六角螺母与螺栓配合使用，起连接紧固零件作用。六角螺母的外形为正六棱柱，正中有螺孔，如图 2-3-1 所示。

本次课程任务是绘制六角螺母（正六棱柱）三视图，即只绘制简化后六角螺母的外形轮廓，忽略其上全部的倒圆等细节结构。所选六角螺母规格为：螺母 GB/T 6170 M20，查国家标准 GB/T 6170—2015，可知六角螺母各部分尺寸，如图 2-3-2 所示。

【绘图步骤 1】　分析六角螺母的形状

六角螺母的外形是正六棱柱。图 2-3-2 所示俯视图中六边形正放，故主视图可见四条棱边，左视图可见三条棱边。六角螺母在三投影面中的投影如图 2-3-3 所示。

图 2-3-1　六角螺母

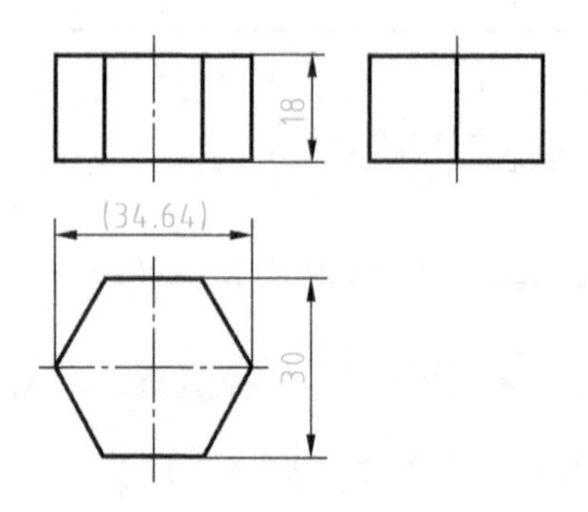

图 2-3-2　六角螺母（正六棱柱）三视图

【知识点 2-3-1】　正六边形的画法

1）已知正六边形的外接圆直径，根据正六边形的尺寸特点，常用两种方法绘制正六边形。方法一已在项目 1 的任务 1-2 中详细叙述；方法二如图 2-3-4a 所示，使用 60°角的三角板与丁字尺配合，过点 d 作出线段 cd；同理，可作出线段 af、线段 ed 和线段 ab，连接 ef 和 bc，得到内接正六边形。

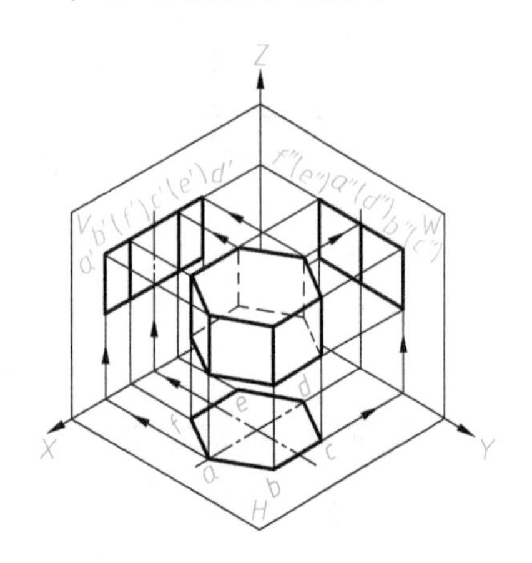

图 2-3-3　六角螺母在三投影面中的投影

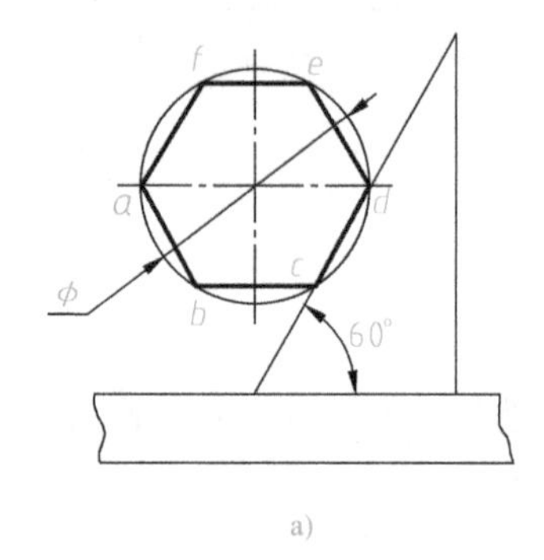

a)

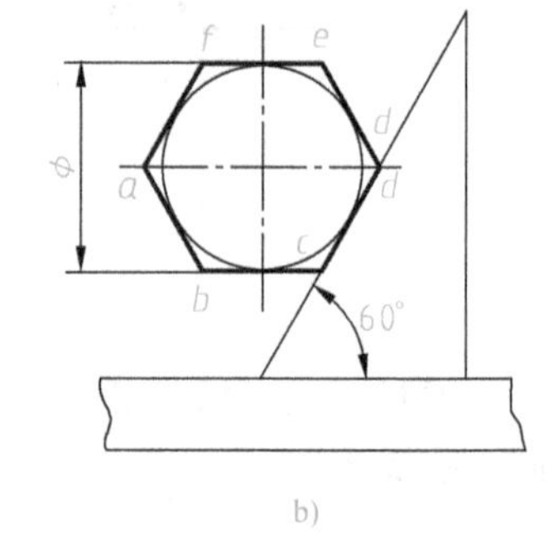

b)

图 2-3-4　正六边形的画法

a）圆内接正六边形的画法　b）圆外切正六边形的画法

2）已知正六边形的内切圆直径，可用图 2-3-4b 所示方法绘制正六边形。首先使用 60°角的三角板与圆相切绘制一直线，该直线与圆的中心线相交于点 d；同理可确定点 a；再作圆的水平切线 fe 和 bc，分别与四段 60°斜线交于点 c、b、f 和 e，依次连接各点得到外切正六边形。

【知识点 2-3-2】　基本体

任何物体均可看作是由若干基本体组合而成的。基本体包括平面立体和曲面立体两大类。组成平面立体的每个表面都是平面，如棱柱、棱锥、棱台等；组成曲面立体的表面至少有一个是曲面，若曲面立体是由一条母线绕着某一旋转轴回转而成的，称为回转体。每个回转体中都有回转轴线，如球体、圆柱体、圆锥体、圆台体。常见基本体见表 2-3-1。

表 2-3-1 常见基本体

	四棱柱	正四棱锥	四棱锥	三棱锥
平面立体				
	圆柱体	圆锥体	圆台体	球体
曲面立体				

【绘图步骤 2】 绘制六角螺母的三视图

在 A4 图纸上布置视图，并预留标注尺寸的位置。具体绘图步骤见表 2-3-2。

表 2-3-2 六角螺母（正六棱柱）三视图的绘制步骤

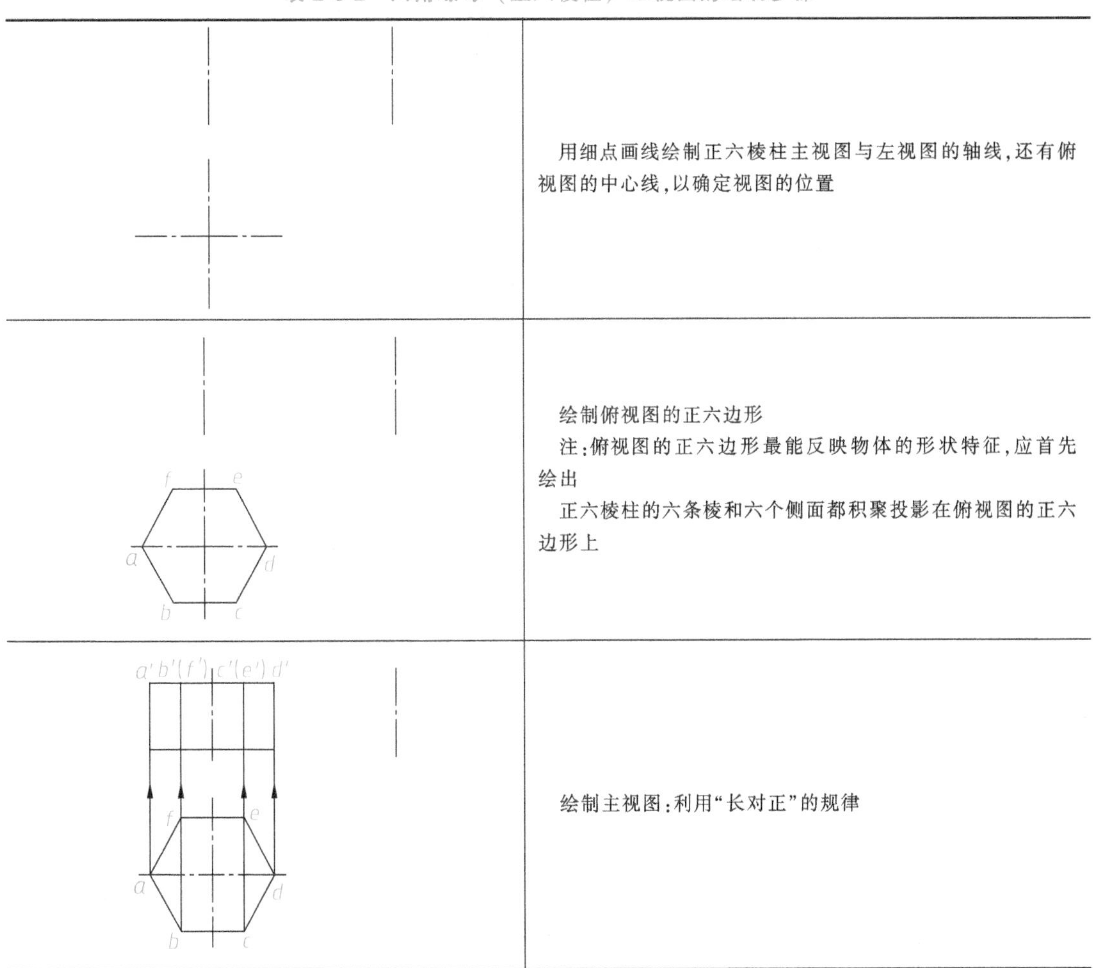

图示	说明
	用细点画线绘制正六棱柱主视图与左视图的轴线，还有俯视图的中心线，以确定视图的位置
f e a d b c	绘制俯视图的正六边形 注：俯视图的正六边形最能反映物体的形状特征，应首先绘出 正六棱柱的六条棱和六个侧面都积聚投影在俯视图的正六边形上
a' b'(f') c'(e') d' f e a d b c	绘制主视图：利用“长对正”的规律

（续）

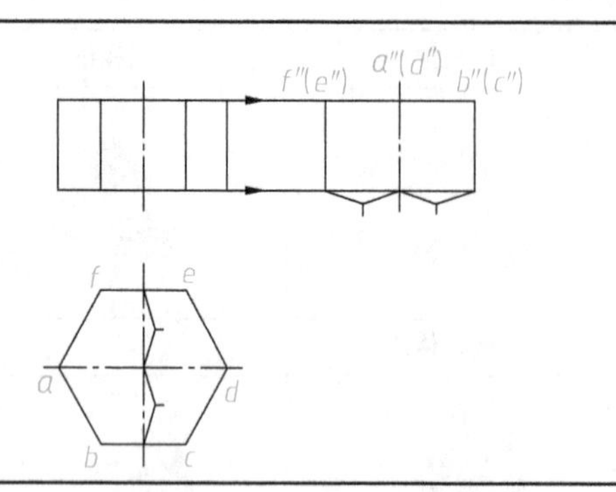	绘制左视图：利用“高平齐”和“宽相等”的规律 注：左视图中的宽度可用分规从俯视图中量取得到

【绘图步骤 3】 检查图形，加粗定稿

完成草图，擦掉多余的作图痕迹。检查草图无误后，加粗定稿。

【绘图步骤 4】 标注尺寸

【知识点 2-3-3】 平面立体的尺寸注法

正六棱柱在投影为正六边形上一般标注两个尺寸，一个是六边形的对边尺寸，也称为扳手尺寸，是生产图样中要标明的尺寸；另一个是对角尺寸，即六边形外接圆的直径，是画图时的参考尺寸，一般加上括号标注，见表 2-3-3 中正六棱柱俯视图的尺寸标注示例。五种常见平面立体的三视图及其标注，见表 2-3-3。

表 2-3-3 五种常见平面立体的三视图及其标注

四棱柱	三棱柱	正六棱柱	正四棱台	三棱锥
		( )	□ □	

注：□为正方形符号，符号边长等于字体高度。□20 表示边长为 20mm 的正方形。

【小结】

通过绘制正六棱柱的三视图，学习正六边形的画法和尺寸注法；认识常见的基本几何体，掌握绘制平面立体三视图的一般思路和步骤；掌握常见的柱体、三棱锥、正四棱台的标注方法。

任务 2-4 压　　板

机械加工中常用压板将工件固定在工作台上。压板的形状多样，可根据实际应用来设

计。图 2-4-1 所示是常见的一种压板。

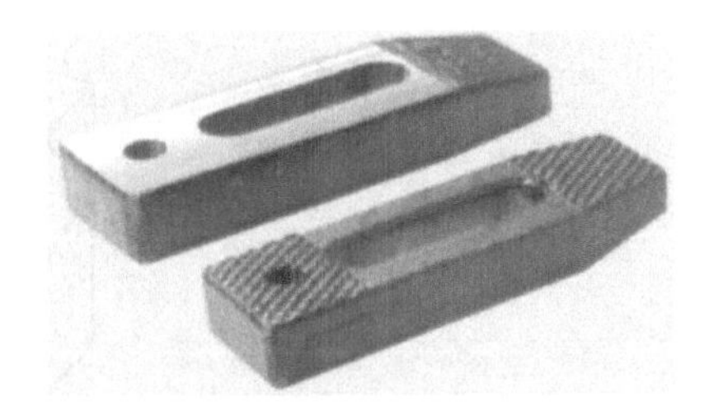

图 2-4-1　常见压板

本次课程任务是绘制图 2-4-2a 所示压板三视图，仅画压板头部，忽略压板的槽和孔。

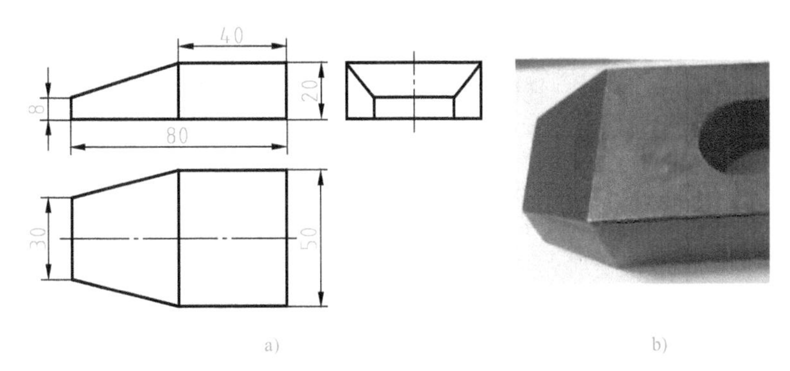

a)　　　　b)

图 2-4-2　压板

a）压板三视图　b）压板的实体

【绘图步骤 1】　分析压板的形状

从主视图可看出长方体状的压板左上角被截切，从俯视图可看出压板左前、左后两个角被截切，左视图中可看到压板被截切后形成的截交线。图 2-4-2b 所示为压板的实体。

【知识点 2-4-1】　截交线

用平面（截平面）截切基本体在其表面形成的线称为截交线。所有截交线均为封闭的平面图形（封闭性），且截交线既在截平面上，也在立体表面上，是两者的共有线。截交线上的点均为截平面与立体表面的共有点（共有性）。

【知识点 2-4-2】　截交线的投影作图

根据截交线的共有性，求作截交线就是求截平面与立体表面的共有点和共有线。截交线的投影作图步骤：

1）先画出立体被切割前的三视图。

2）在截平面投影积聚为直线的那个视图上作截交线，顺次注出截平面与立体各棱边的交点，并在另一视图也注出对应的各个交点。

3）按投影法作出各个交点在第三视图的投影，并将各视图上的交点顺次连接。

例 1：如图 2-4-3 所示，正四棱柱被一个截平面截切，补画第三个视图。

作图分析：正四棱柱被截平面 *EFGH* 切割，平面 *EFGH* 与正四棱柱的四条棱分别交于点 *E*、*F*、*G*、*H*，如图 2-4-4 所示。

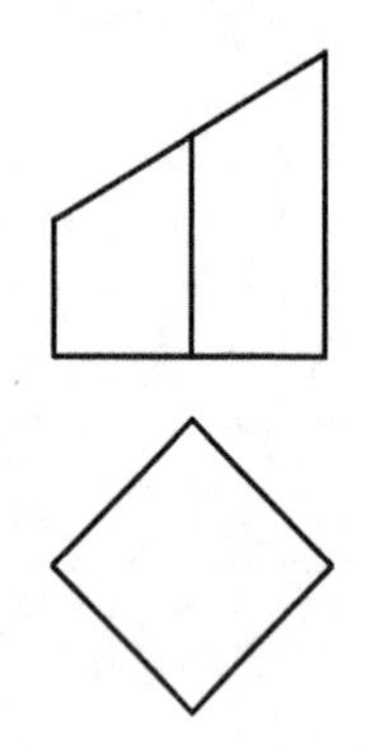

图 2-4-3　正四棱柱被截切的主、俯视图

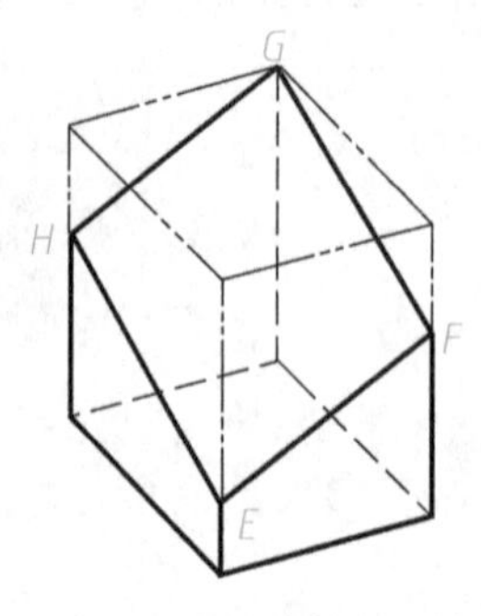

图 2-4-4　四棱柱被截切轴测图

作图过程：

1）作正四棱柱被切割前的三视图，并确保四条棱的位置对应好，如图 2-4-5a 所示。

2）在主视图上作截交线，分别在主、俯视图中注出截平面与各棱边的交点，如图 2-4-5b所示。

3）通过“高平齐”的投影规律，在左视图对应的棱上作出点 e''、f''、g''和 h''，依次连接各点，如图 2-4-5c 所示。

4）擦去多余线段，判断线段可见性并加深轮廓线，得到第三个视图，如图 2-4-5d 所示。

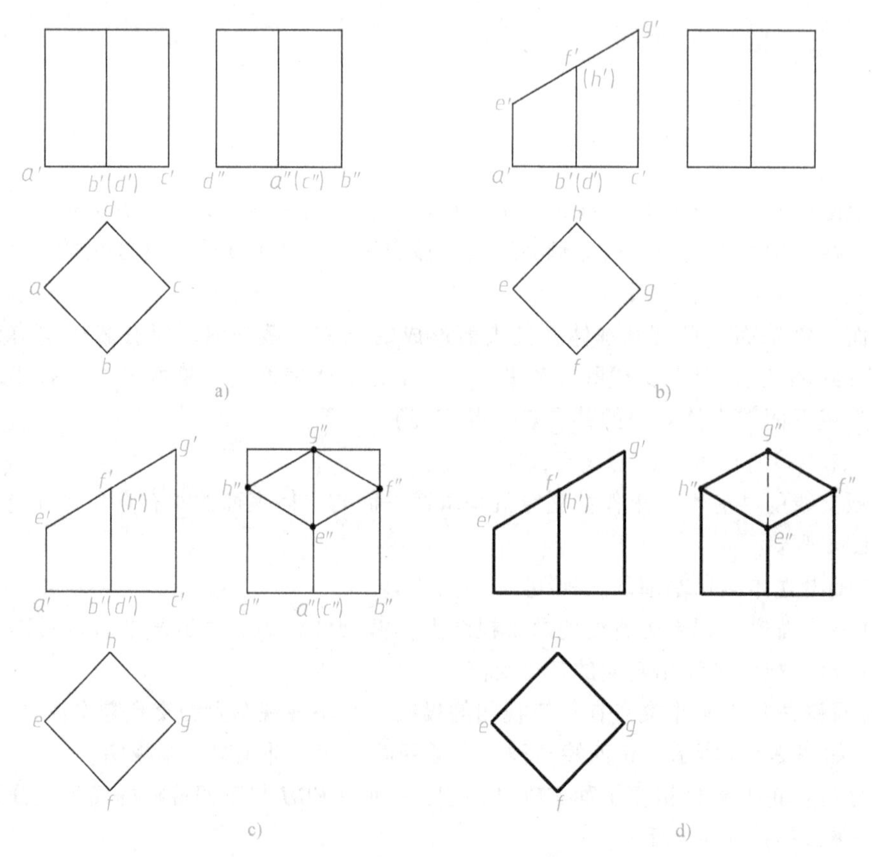

图 2-4-5　正四棱柱截交线的投影作图

例 2：如图 2-4-6 所示，正六棱柱被两个截平面截切，补画第三个视图。

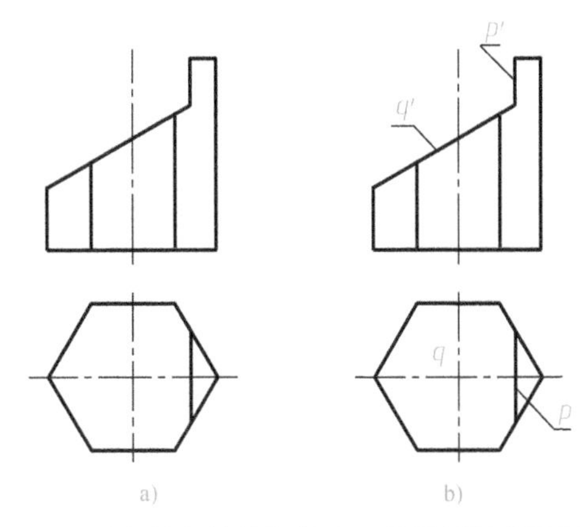

图 2-4-6　正六棱柱被截切的主、俯视图及截平面分析

a）已知主、俯视图　b）截切的两个截平面

作图分析：正六棱柱被侧平面 *P* 和正垂面 *Q* 截切。侧平面 *P* 交正六棱柱上表面于点 1 和点 2；正垂面 *Q* 交正六棱柱的五条棱，分别得到点 *A*、*B*、*C*、*D* 和 *E*；侧平面 *P* 和正垂面 *Q* 交于线段 34。

具体作图过程如图 2-4-7 所示。

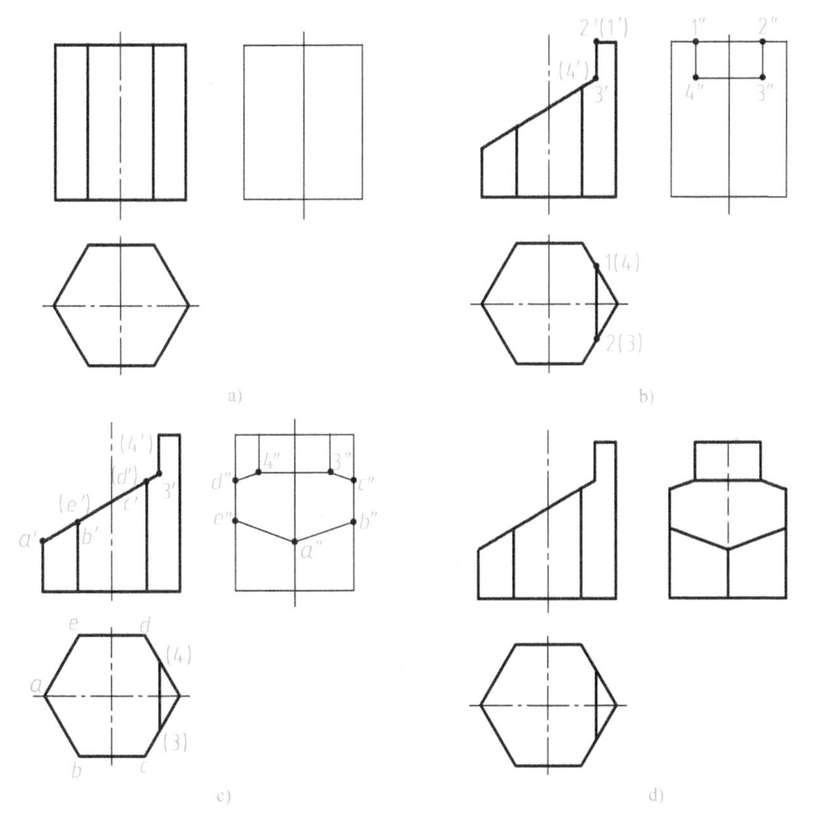

图 2-4-7　六棱柱截交线的投影作图

a）补画基本体的第三个视图　b）侧平面 *P* 截切后形成的截交线　c）正垂面 *Q* 截切后形成的截交线　d）完整三视图

【绘图步骤 2】 绘制压板三视图

在 A4 图纸上布图，并预留标注尺寸的位置。具体绘图步骤见表 2-4-1。

表 2-4-1　压板三视图的绘制步骤

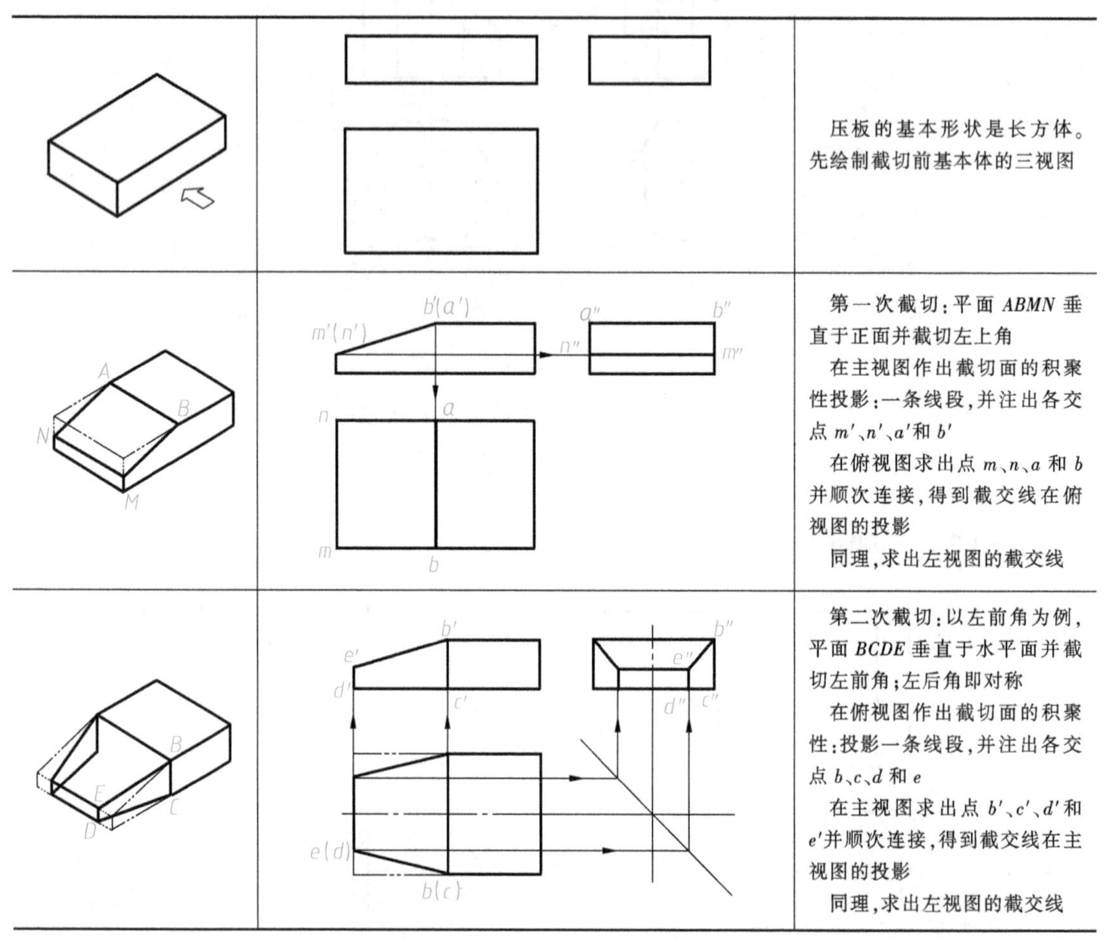

立体图	三视图	说明
		压板的基本形状是长方体。先绘制截切前基本体的三视图
		第一次截切：平面 *ABMN* 垂直于正面并截切左上角 在主视图作出截切面的积聚性投影：一条线段，并注出各交点 m'、n'、a'和 b' 在俯视图求出点 m、n、a 和 b 并顺次连接，得到截交线在俯视图的投影 同理，求出左视图的截交线
		第二次截切：以左前角为例，平面 *BCDE* 垂直于水平面并截切左前角；左后角即对称 在俯视图作出截切面的积聚性：投影一条线段，并注出各交点 b、c、d 和 e 在主视图求出点 b'、c'、d'和 e'并顺次连接，得到截交线在主视图的投影 同理，求出左视图的截交线

【绘图步骤 3】 检查图形，加粗定稿

完成草图，擦掉多余的作图痕迹。检查草图无误后，加粗定稿。

【绘图步骤 4】 标注尺寸

图 2-4-2 所示压板的尺寸 40mm、8mm 和 30mm，既是定形尺寸，也是定位尺寸，分别确定了第一次和第二次截平面的截切位置。

【知识拓展 1】 利用“宽相等”规律的三种作图方法

如图 2-4-8 所示，已知点 *A* 的正面（*V*）投影 a'和水平面（*H*）投影 a，求点 *A* 的侧面（*W*）投影 a''。

作“宽相等”图线时建议用分规量取，分规量取作图法简便、精确度高。但图形较复杂时，可使用 45°辅助线，以便快速准确地找到对应点的投影。线、面都是由各个点组成

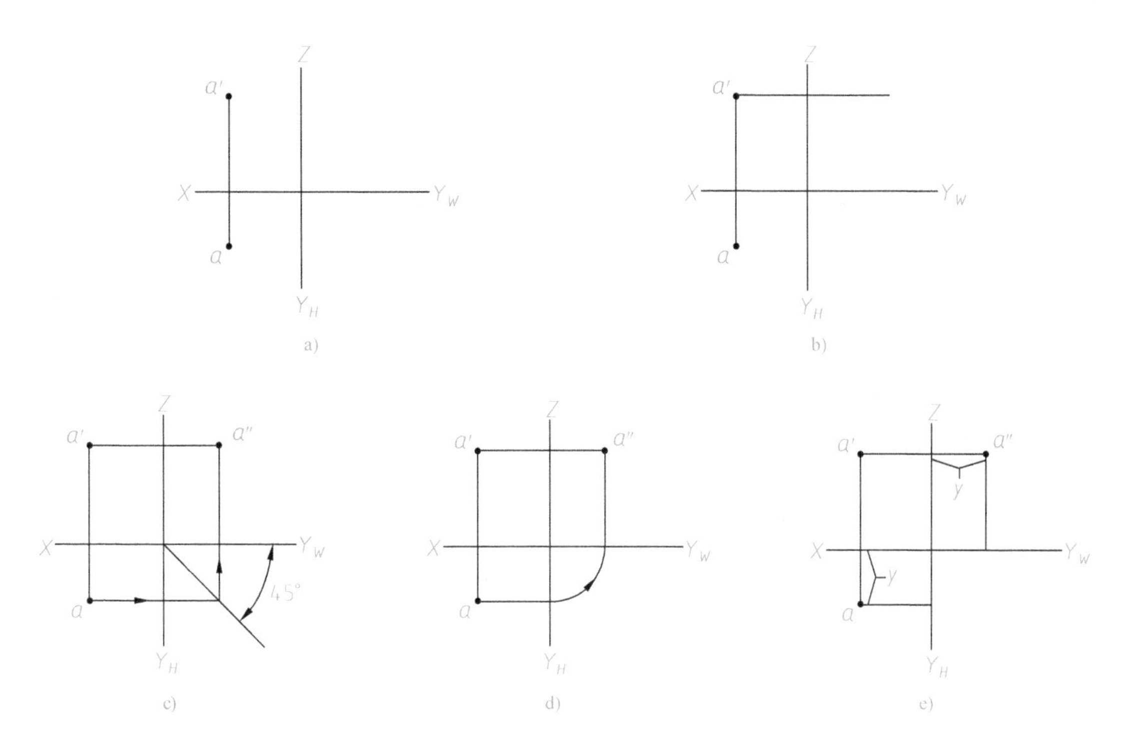

图 2-4-8　利用“宽相等”规律的三种作图方法

a）已知“长对正”　b）找“高平齐”　c）借 45°辅助线作“宽相等”点

d）借 1/4 圆作“宽相等”点　e）用分规量取作“宽相等”点

的，所以通过求点的投影，可求出各种复杂形体的投影。

【知识拓展 2】　线和面的空间位置分析

利用正投影法的基本性质，能分析出线、面在空间的各种位置关系。直线或平面相对于投影面的位置有垂直、平行和倾斜三种情况。

根据直线与投影面的相对位置不同，可分为投影面垂直线、投影面平行线和一般位置直线三种。垂直于一个投影面（平行于两个投影面）的直线，称为投影面的垂直线；平行于一个投影面的直线，称为投影面的平行线；不平行任何一个投影面的直线，称为一般位置直线。空间各种位置直线的投影特性见表 2-4-2。

表 2-4-2　空间各种位置直线的投影特性

名称		立体图	投影图	平面投影特性
平行线	水平线	Z V a' b' A B a'' b'' W X O a b H Y	Z a' b' a'' b'' Y_W X a b Y_H	直线的水平投影反映实长 正面投影和侧面投影小于实长，且分别平行于 OX、OY_W 轴

（续）

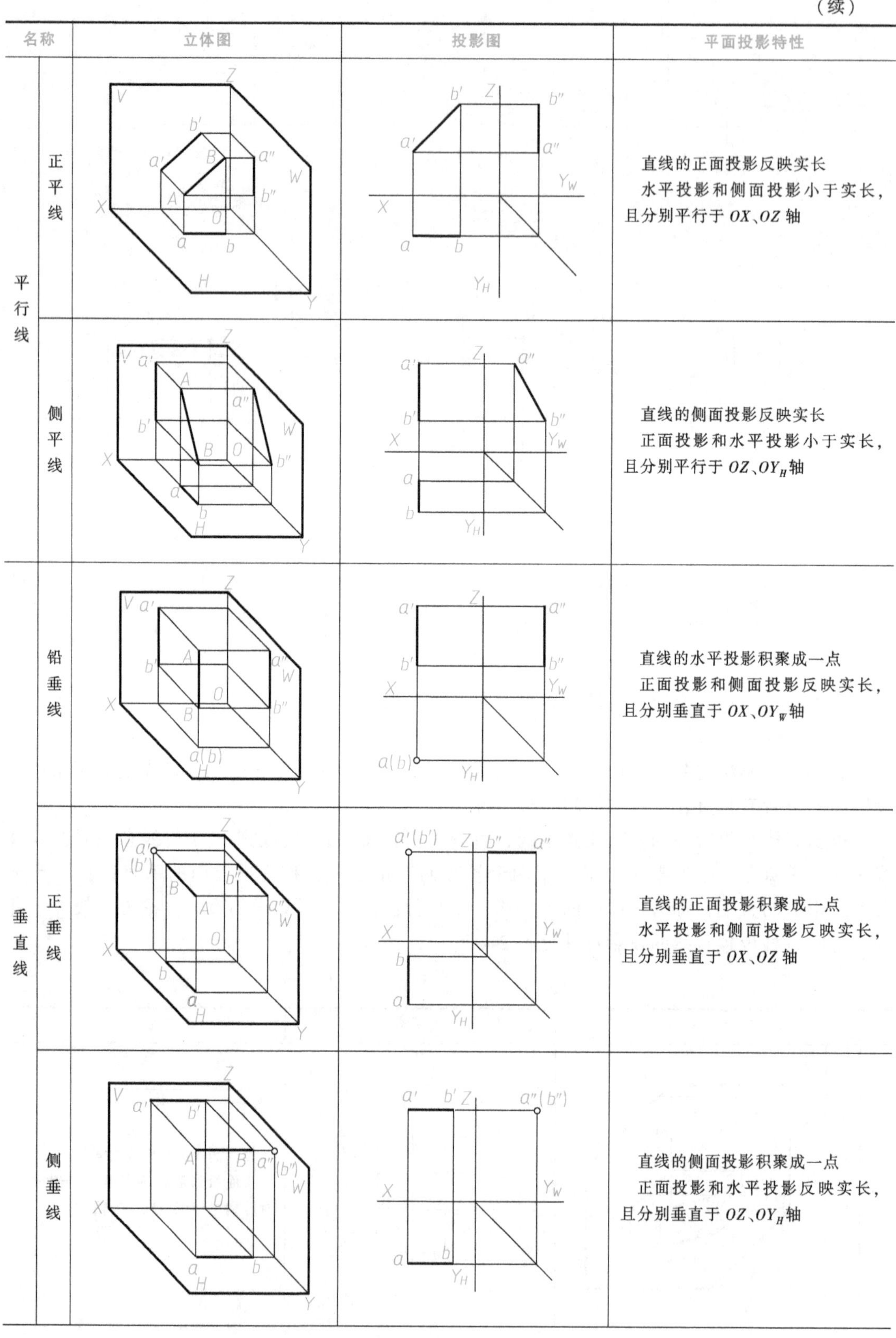

名称		立体图	投影图	平面投影特性
平行线	正平线			直线的正面投影反映实长 水平投影和侧面投影小于实长，且分别平行于 OX、OZ 轴
	侧平线			直线的侧面投影反映实长 正面投影和水平投影小于实长，且分别平行于 OZ、OY_H 轴
垂直线	铅垂线			直线的水平投影积聚成一点 正面投影和侧面投影反映实长，且分别垂直于 OX、OY_W 轴
	正垂线			直线的正面投影积聚成一点 水平投影和侧面投影反映实长，且分别垂直于 OX、OZ 轴
	侧垂线			直线的侧面投影积聚成一点 正面投影和水平投影反映实长，且分别垂直于 OZ、OY_H 轴

（续）

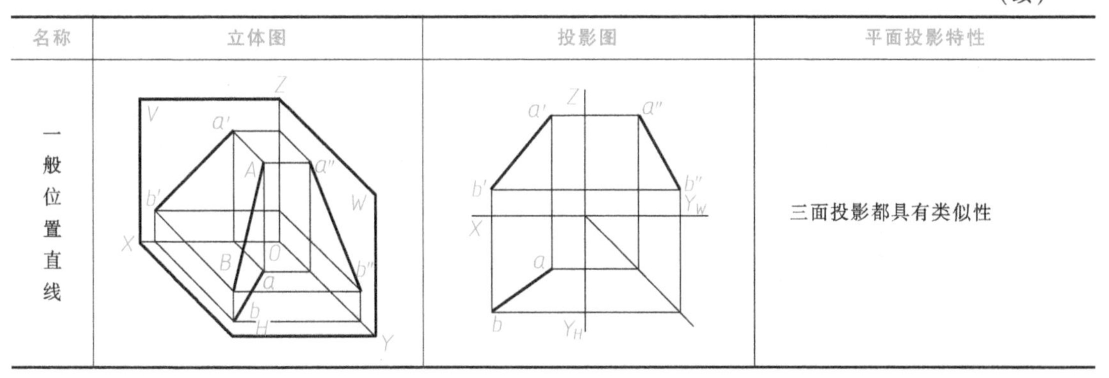

名称	立体图	投影图	平面投影特性
一般位置直线			三面投影都具有类似性

根据平面与投影面的相对位置不同，可分为：一般位置平面、投影面的平行面、投影面的垂直面。与三个投影面都倾斜的平面，称为一般位置平面；平行于一个投影面的平面，称为投影面的平行面；只垂直于一个投影面（倾斜于另外两个投影面）的平面，称为投影面的垂直面。空间各种位置平面的投影特性见表 2-4-3。

表 2-4-3　空间各种位置平面的投影特性

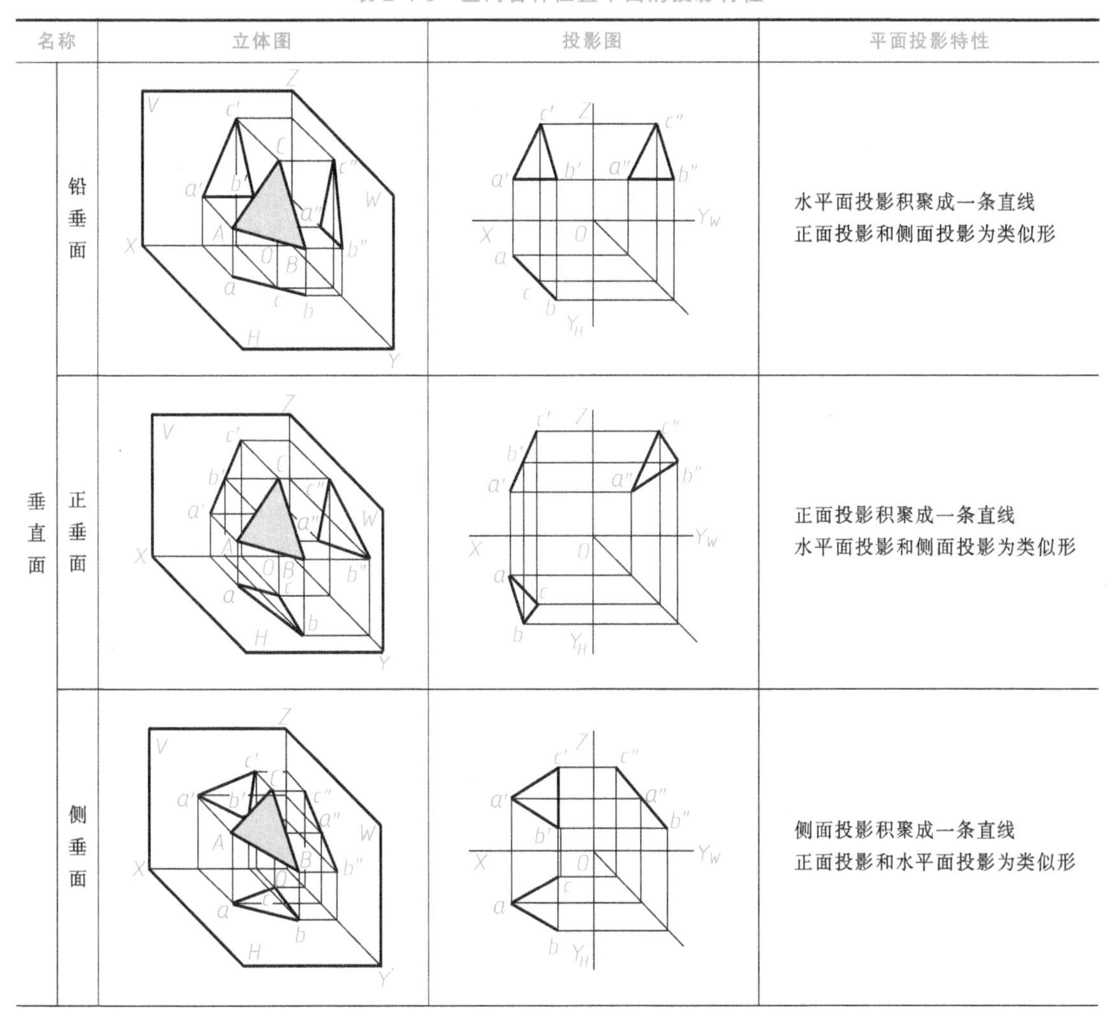

名称		立体图	投影图	平面投影特性
垂直面	铅垂面			水平面投影积聚成一条直线 正面投影和侧面投影为类似形
	正垂面			正面投影积聚成一条直线 水平面投影和侧面投影为类似形
	侧垂面			侧面投影积聚成一条直线 正面投影和水平面投影为类似形

（续）

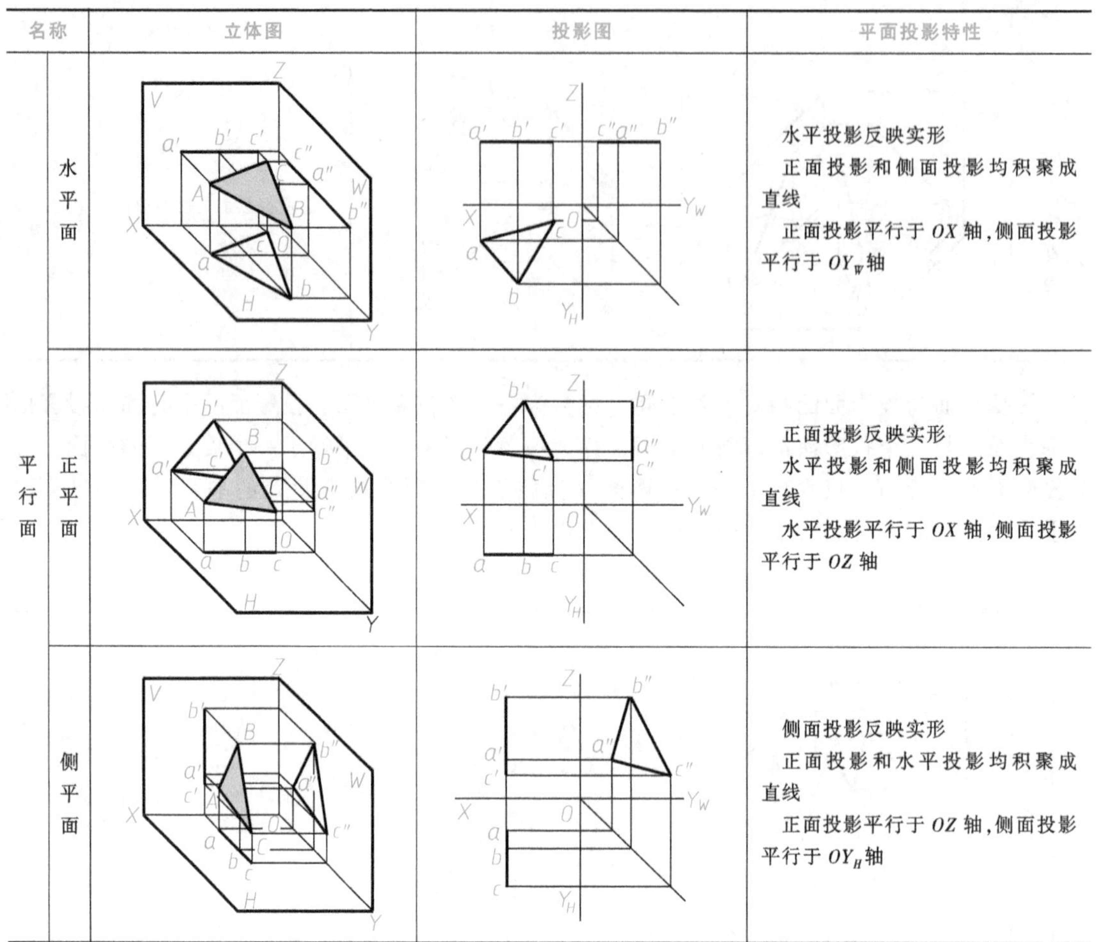

名称		立体图	投影图	平面投影特性
平行面	水平面			水平投影反映实形 正面投影和侧面投影均积聚成直线 正面投影平行于 OX 轴，侧面投影平行于 OY_W 轴
	正平面			正面投影反映实形 水平投影和侧面投影均积聚成直线 水平投影平行于 OX 轴，侧面投影平行于 OZ 轴
	侧平面			侧面投影反映实形 正面投影和水平投影均积聚成直线 正面投影平行于 OZ 轴，侧面投影平行于 OY_H 轴

【小结】

通过绘制压板三视图，掌握根据截交线的特点、作截交线投影的方法和步骤；学习“宽相等”规律的三种作图方法；此外，还认识了空间线、面的位置关系和投影特点。

任务 2-5　圆柱销和圆锥销

销是标准件，主要用于零件的联接和定位，是装配、组合加工时的辅助零件。销联接是一种可拆连接。销的常见类型有圆柱销、圆锥销和开口销等，如图 2-5-1 所示。

本次课程任务是分别绘制图 2-5-2 所示的圆柱销：销 GB/T 119.2　6×30 和图 2-5-3 所示的圆锥销：销 GB/T 117　10×50。销的具体尺寸可查国家标准。

【绘图步骤 1】　分析销的形状

圆柱销外形是圆柱体，为便于安装，两端加工倒角，使得两端呈圆台状。

圆锥销外形是圆锥体，带有 1∶50 的锥度，两端为球面，尺寸 R11mm 和 R13mm 均省略

a)

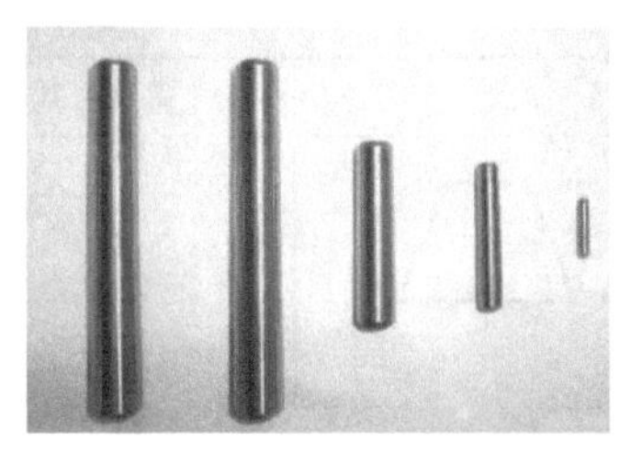

b)

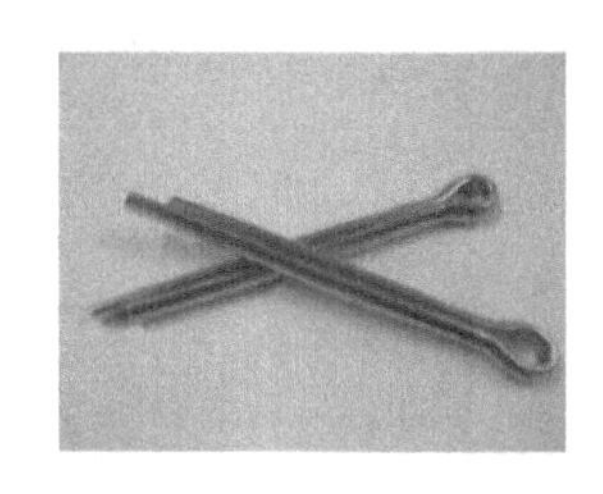

c)

图 2-5-1　销的常见类型

a）圆柱销　b）圆锥销　c）开口销

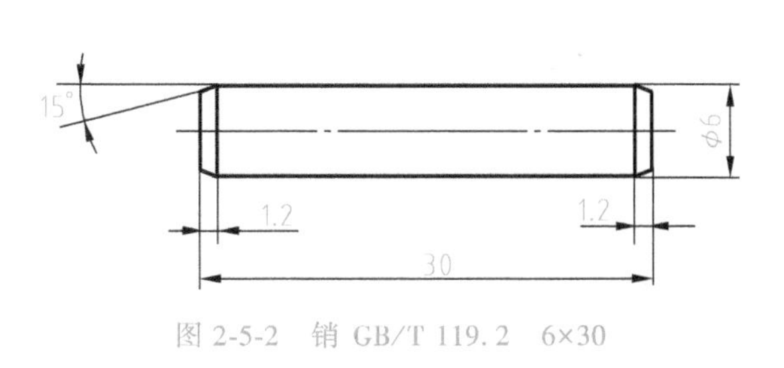

图 2-5-2　销 GB/T 119.2　6×30

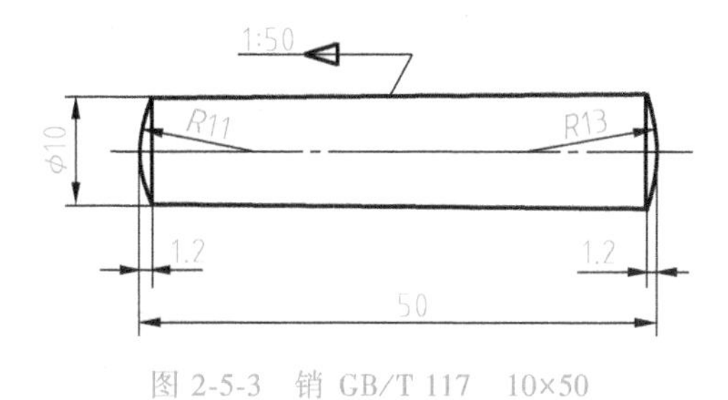

图 2-5-3　销 GB/T 117　10×50

了 *S*。详见项目一任务 1-1 中表 1-1-7 的“圆或圆弧的标注示例”。

【知识点 2-5-1】　曲面立体的视图表达

基本体包括平面立体和曲面立体，圆柱、圆锥、圆台、圆球均为曲面立体，也称为回转体。圆柱是以矩形的一条边为旋转轴旋转而成；圆锥是以直角三角形的一条直角边为旋转轴旋转而成；圆球是以圆的直径为旋转轴旋转而成。

回转体视图中必须绘出其回转轴线，回转轴线用细点画线表示。常见曲面立体的视图表达见表 2-5-1。

表 2-5-1　常见曲面立体的视图表达

曲面立体	用三个视图表达	用两个视图表达	用一个视图+标注尺寸表达
圆柱			24 φ20
圆锥			24 φ20

（续）

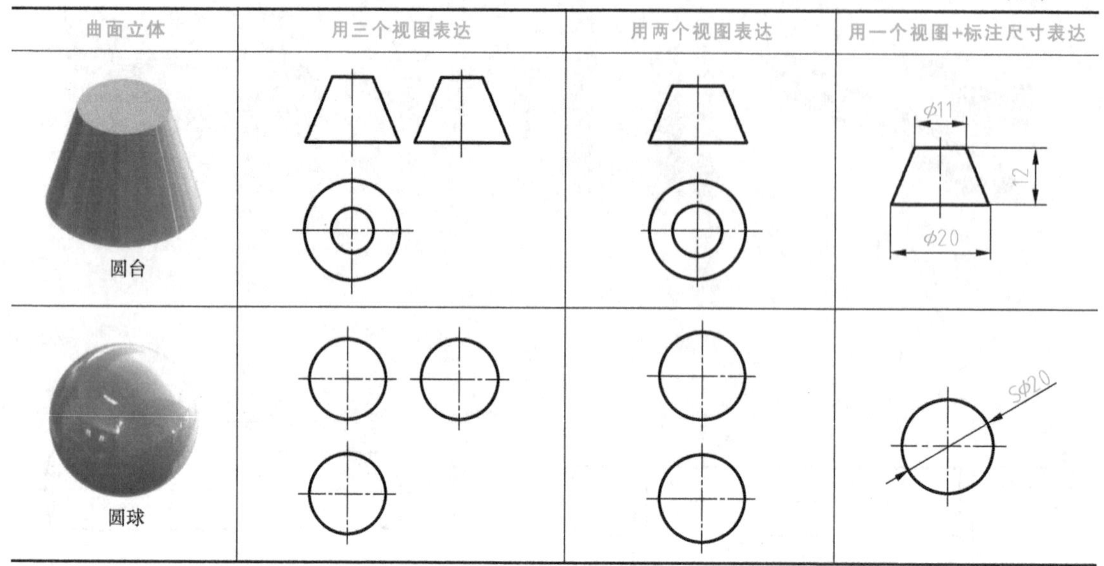

曲面立体	用三个视图表达	用两个视图表达	用一个视图+标注尺寸表达
圆台			ϕ11 12 ϕ20
圆球			Sϕ20

表中所示的圆柱、圆锥、圆台和圆球，用主、俯两个视图已完整表达其形状；尺寸标注完整仅用一个视图表达即可。圆的直径通常标注在非圆的视图上。

【知识点 2-5-2】 倒角

为了去除零件因加工产生的毛刺和便于安装，轴和孔的端部一般加工成圆台面，称为倒角。倒角通常为 45°，也可加工成 30°或 60°。45°倒角可用字母 *C* 表示。倒角的尺寸注法如图 2-5-4 所示，*C*1 表示轴向距离为 1mm 的 45°倒角。

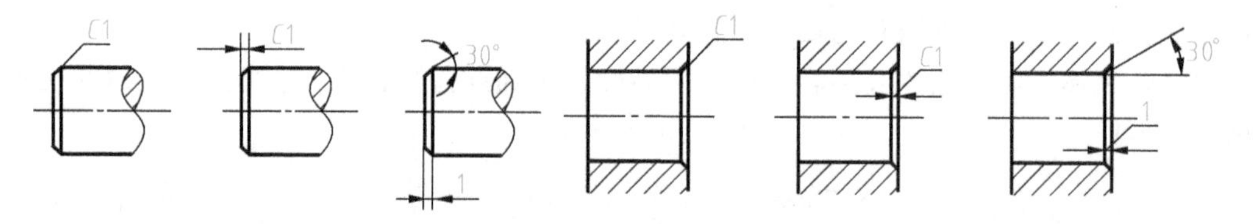

图 2-5-4 倒角的尺寸注法

【知识点 2-5-3】 锥度

锥度是指圆锥底圆直径与锥体高度之比，用 1∶*n* 表示，如图 2-5-5a 所示。符号“▷”或“◁”表示锥度，用粗实线绘制，夹角为 30°，如图 2-5-5b 所示。标注时锥度符号方向应与圆锥方向一致，标注方法如图 2-5-5c 所示。

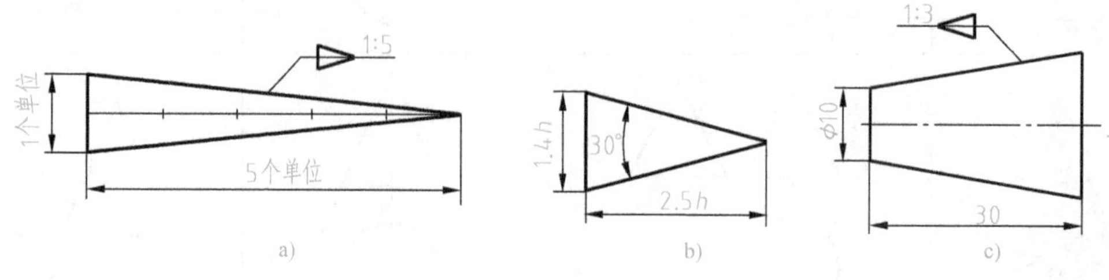

图 2-5-5 锥度及锥度符号

a）锥度 b）锥度符号 c）锥度的标注

【绘图步骤 2】 绘制圆柱销、圆锥销草图

在 A4 图纸上布图，并预留标注尺寸的位置。具体绘图步骤见表 2-5-2 和表 2-5-3。

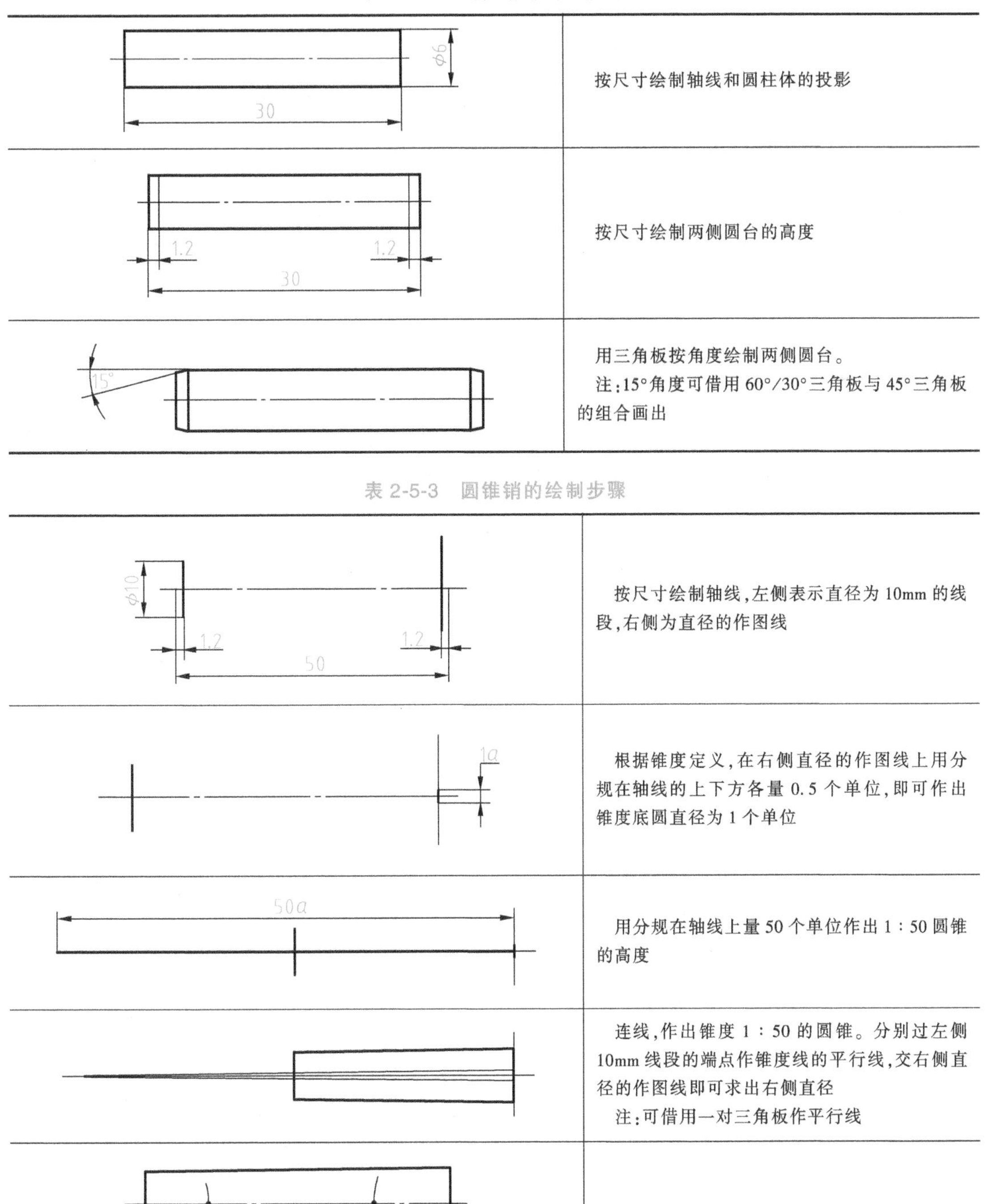

表 2-5-2 圆柱销的绘制步骤

图示	说明
	按尺寸绘制轴线和圆柱体的投影
	按尺寸绘制两侧圆台的高度
	用三角板按角度绘制两侧圆台。 注：15°角度可借用 60°/30°三角板与 45°三角板的组合画出

表 2-5-3 圆锥销的绘制步骤

图示	说明
	按尺寸绘制轴线，左侧表示直径为 10mm 的线段，右侧为直径的作图线
	根据锥度定义，在右侧直径的作图线上用分规在轴线的上下方各量 0.5 个单位，即可作出锥度底圆直径为 1 个单位
	用分规在轴线上量 50 个单位作出 1 : 50 圆锥的高度
	连线，作出锥度 1 : 50 的圆锥。分别过左侧 10mm 线段的端点作锥度线的平行线，交右侧直径的作图线即可求出右侧直径 注：可借用一对三角板作平行线
	找 $R11$mm 和 $R13$mm 的圆心

（续）

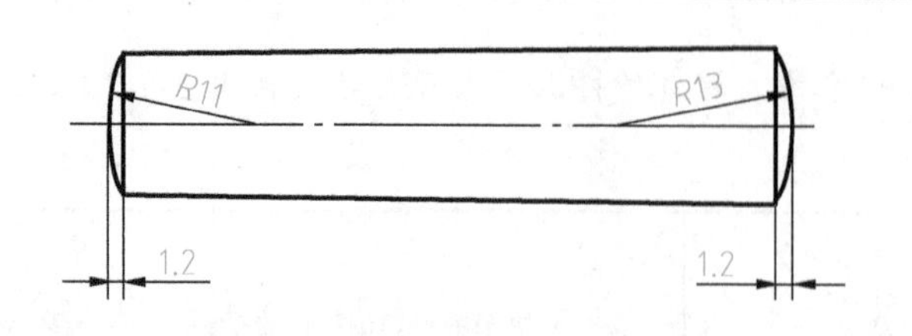	画 R11mm 和 R13mm 的圆弧，完成草图

【绘图步骤 3】　检查图形，加粗定稿

完成草图，擦掉多余的作图痕迹。检查草图无误后，加粗定稿。

【绘图步骤 4】　标注尺寸

由于销是标准件，各尺寸已标准化，因此不必在图形中标注具体尺寸，只需将销的标记注写在图形下方。另外，标准件一般不需要画其零件图，本任务仅作为练习之用。

【小结】

通过绘制圆柱销和圆锥销，掌握了曲面立体三视图的画法及其标注、锥度的画法和标注；学习了倒角的标注及含义，并能绘制倒角。

任务 2-6　接　　头

接头常用于管路或零件间的连接，形状与结构因使用部位不同而各异。

本次课程任务是绘制图 2-6-1 所示的接头三视图，并标注尺寸。

【绘图步骤 1】　分析接头的形状

由图 2-6-1 所示的接头三视图可知，接头为一端开槽，另一端切肩的圆柱体，三维实体如图 2-6-2 所示。

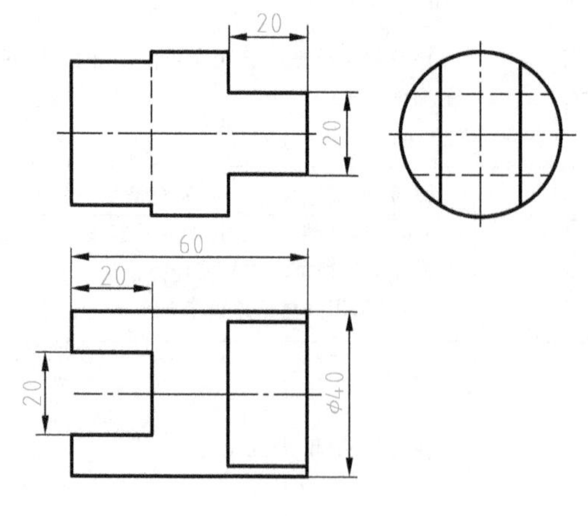

图 2-6-1　接头三视图

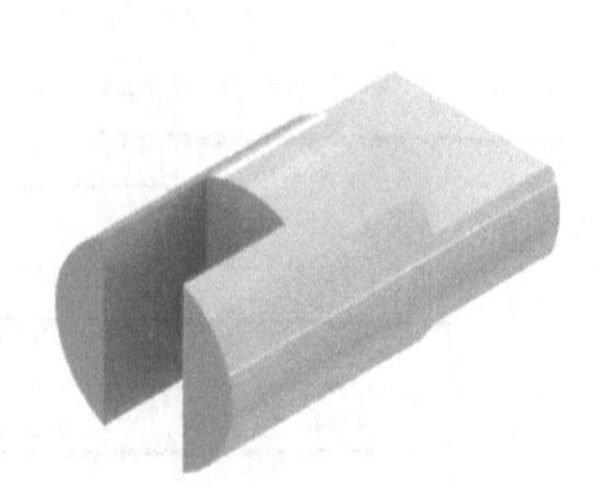
图 2-6-2　接头三维实体

【知识点 2-6-1】　开槽圆柱体的投影作图

开槽与切肩的圆柱体如图 2-6-3 所示。开槽圆柱体的投影作图如图 2-6-4 所示。

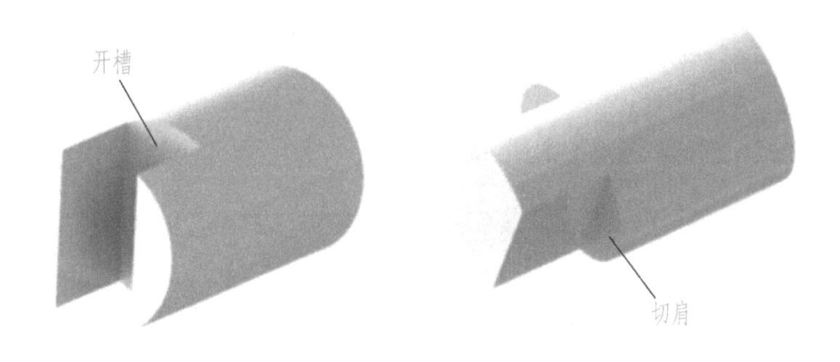

图 2-6-3　开槽与切肩的圆柱体

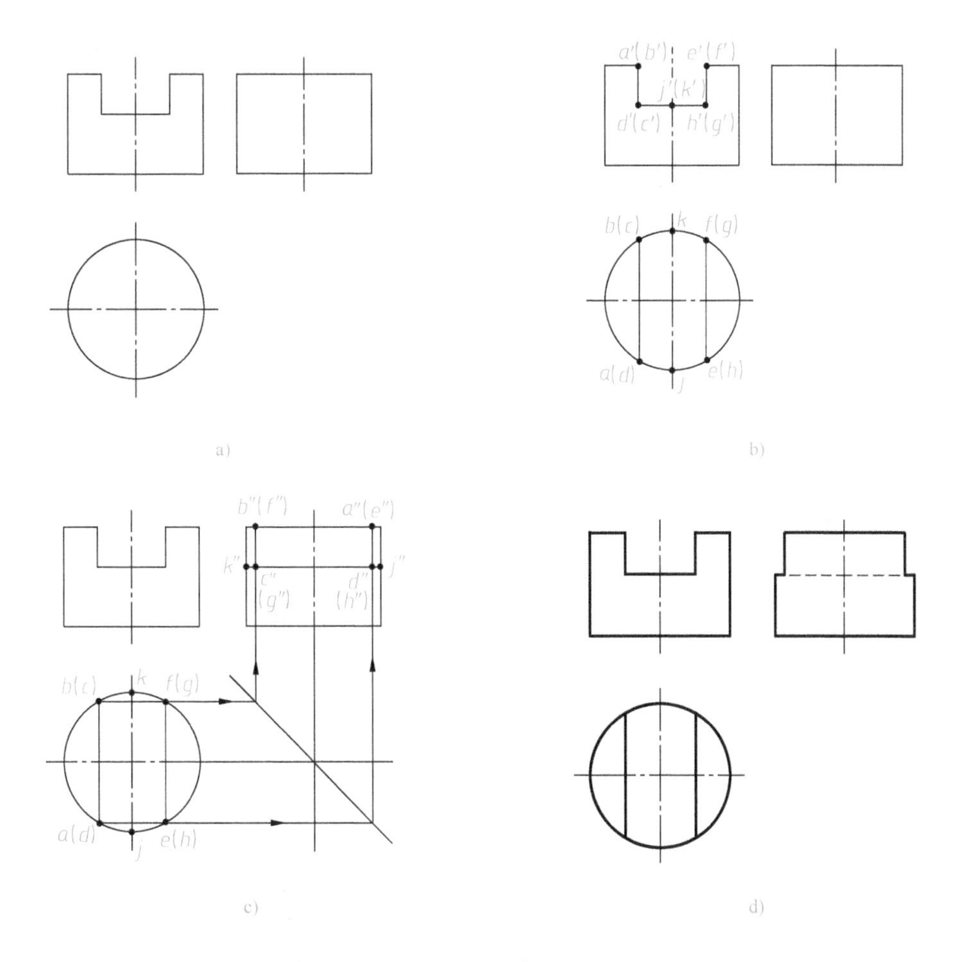

图 2-6-4　开槽圆柱体的投影作图

作图分析：圆柱从前往后开了一条通槽，主视图最能反映物体的形状特征，故从主视图开始绘制，如图 2-6-4a 所示。两个侧平面的投影在主视图和俯视图中均积聚为直线；槽底水平面在俯视图中反映实形，在主视图中积聚为直线，如图 2-6-4b 所示。根据“宽相等”规律，对应找到左视图中各点的投影；两个侧平面在左视图的投影反映实形，如图 2-6-4c 所示。在左视图中清晰可见最前、最后轮廓线的上半部分被截切后，投影凹向轴线；槽底水平面在左视图中积聚为不可见直线，用虚线绘制，如图 2-6-4d 所示。

【知识点 2-6-2】 切肩圆柱体的投影作图

切肩圆柱体的投影作图如图 2-6-5 所示。

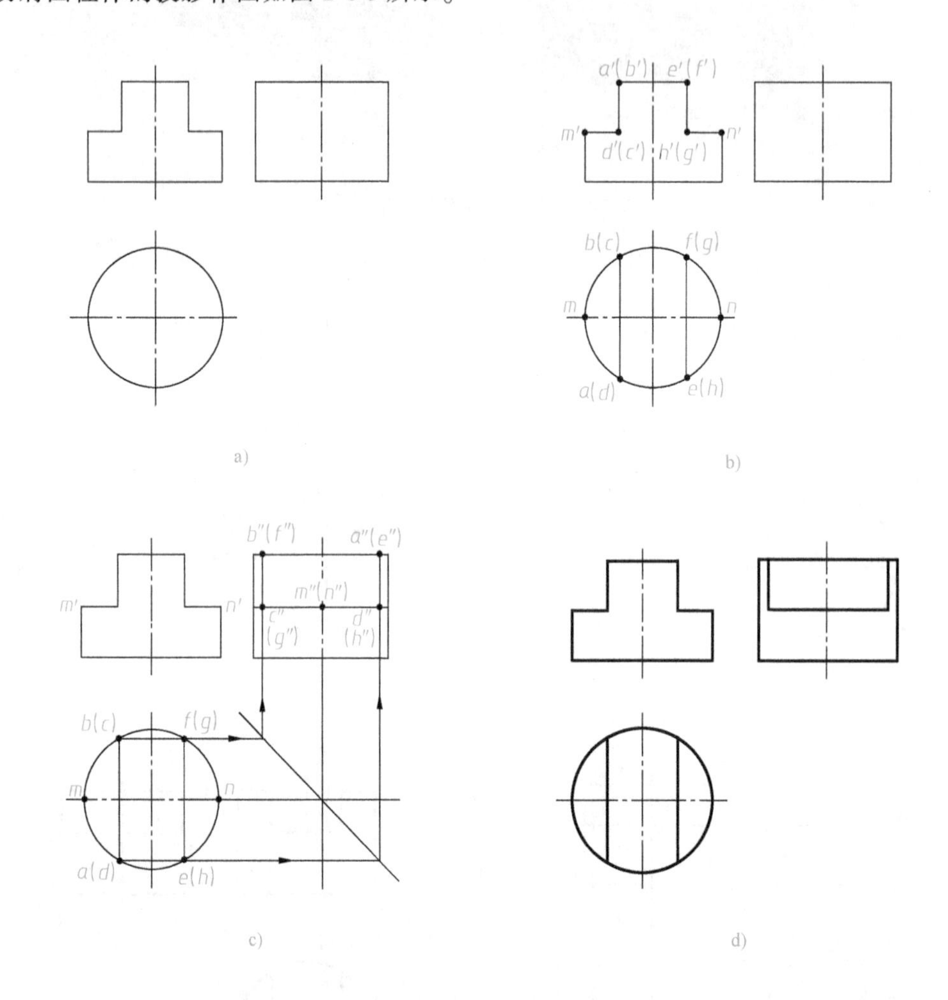

图 2-6-5 切肩圆柱体的投影作图

作图分析：主视图最能反映物体的形状特征，故从主视图开始绘制，如图 2-6-5a 所示。根据“长对正”规律，对应找到俯视图中各点的投影，如图 2-6-5b 所示。左视图中点 m''和 n''的投影重合在轴线处；两个侧平面在左视图的投影反映实形，如图 2-6-5c 所示。依次连接各点，得到完整的左视图投影，如图 2-6-5d 所示。

【绘图步骤 2】 绘制接头三视图

在 A4 图纸上布图，并预留标注尺寸的位置。具体绘图步骤见表 2-6-1。

表 2-6-1 接头三视图的绘制步骤

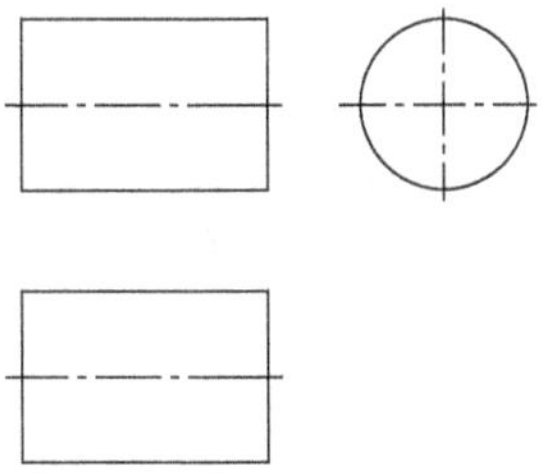	绘制截切前的圆柱体的三视图
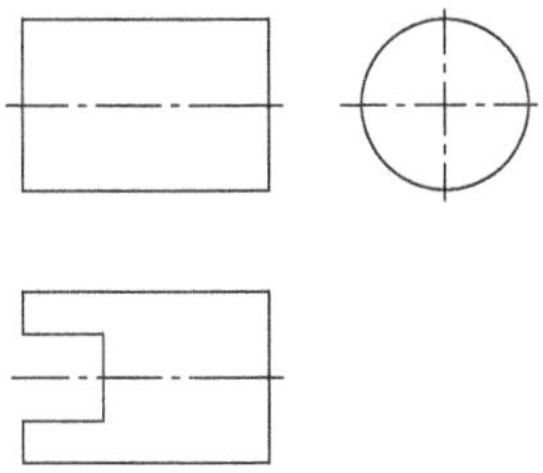	分析截切形状,从最能反映形状特征的视图开始绘制 左侧开槽部分,从俯视图开始绘制
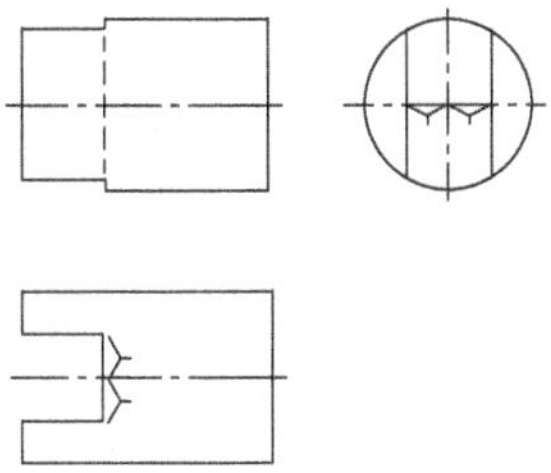	用分规量取作“宽相等” 注意:不可见轮廓用细虚线表示
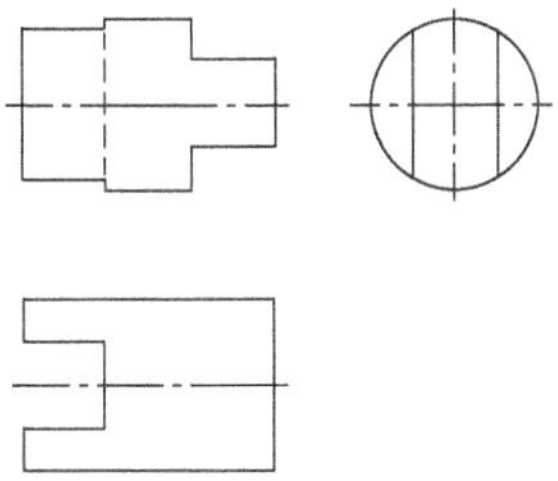	绘制右侧切肩部分,从主视图开始绘制
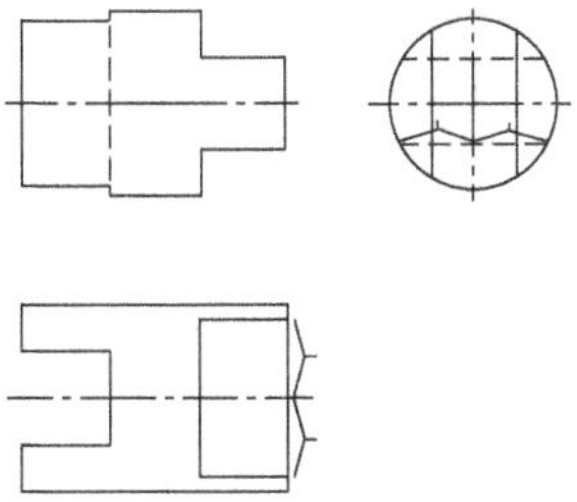	用分规量取作“宽相等”规律的线段 注意:不可见轮廓用细虚线表示

【绘图步骤 3】 检查图形,加粗定稿

完成草图,擦掉多余的作图痕迹。检查草图无误后,加粗定稿。

【绘图步骤 4】 标注尺寸

【知识点 2-6-3】 带切口几何体的标注

对于带切口的形体，除了要标注基本体的尺寸以外，还要标注出截平面的位置尺寸。

如图 2-6-6 所示，标注截交线的形状是初学者常会犯的错误。正确作法是先要确定截平面的位置，才有截交线的形状。由图 2-6-6 所示，高度尺寸 30mm 和 10mm 确定了截平面的准确位置，因此需要标注的是截平面的位置尺寸，截交线上不标注尺寸。

图 2-6-7 所示是常见截切体的尺寸注法。

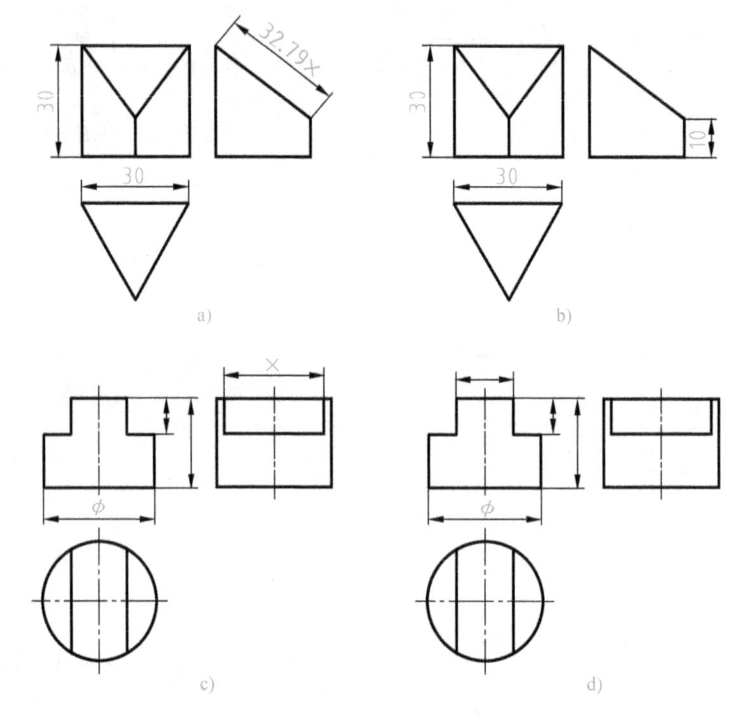

图 2-6-6 截切体尺寸注法正误比较

a)、c) 错误标注 b)、d) 正确标注

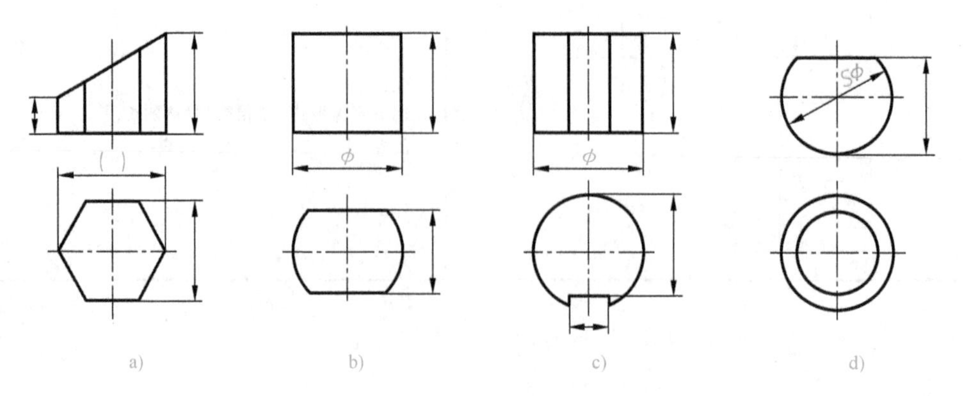

图 2-6-7 常见截切体的尺寸注法

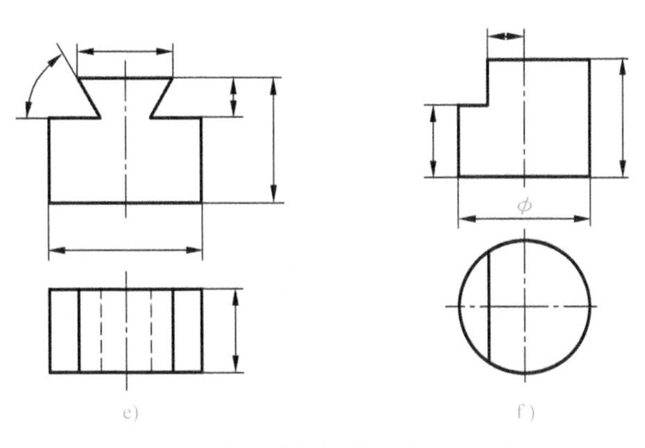

图 2-6-7　常见截切体的尺寸注法（续）

【小结】

圆柱体的切肩与开槽属于圆柱体的经典截切。通过绘制接头三视图，掌握圆柱体切肩和开槽的投影作图方法；理解带切口几何体的标注含义。

任务 2-7　千斤顶顶块

千斤顶是一种常用的简单起重设备，由多个零部件装配而成，具体形式多样。图 2-7-1a 所示为其中一种千斤顶，位于顶部的零件称为顶块。

本次课程任务是绘制图 2-7-1b 所示经过简化的顶块（忽略顶部滚花）的三视图，如图 2-7-2 所示。

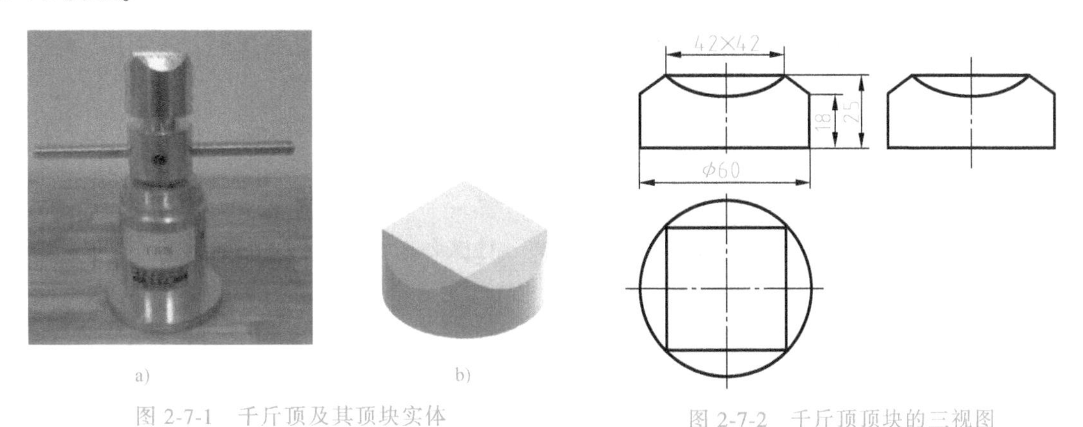

图 2-7-1　千斤顶及其顶块实体

图 2-7-2　千斤顶顶块的三视图

【绘图步骤 1】　分析千斤顶顶块的形状

该千斤顶顶块的外形为圆柱体，分别被 4 个方向上的斜面截切，每个截平面与圆柱轴线的夹角相等。

【知识点 2-7-1】　斜截圆柱体的投影作图

斜截圆柱体的截交线为椭圆或圆。已知一个直立圆柱，其截平面是一个正垂面，则截交线在主视图中投影积聚为一条直线，在俯视图中投影与圆周重合，如图 2-7-3 所示，现要求解左视图的投影。

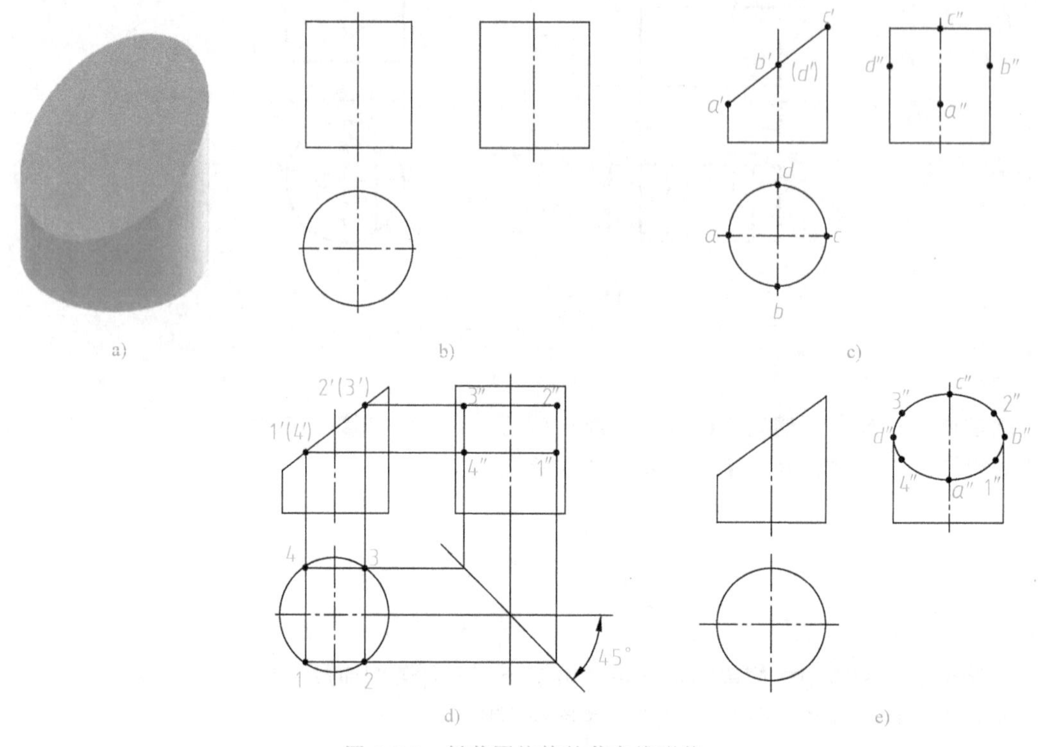

图 2-7-3　斜截圆柱体的截交线形状

求解该截交线形状的步骤：

第一步：求 4 个特殊点——点 A、点 B、点 C、点 D。

第二步：求任意 4 个一般点——点 1、点 2、点 3、点 4。

第三步：用光滑曲线依次连接各点，顺序为 a''-$1''$-b''-$2''$-c''-$3''$-d''-$4''$-a''。

【绘图步骤 2】　绘制千斤顶顶块的三视图

在 A4 图纸上布图，并预留标注尺寸的位置。具体绘图步骤见表 2-7-1。

表 2-7-1　千斤顶顶块三视图的绘制步骤

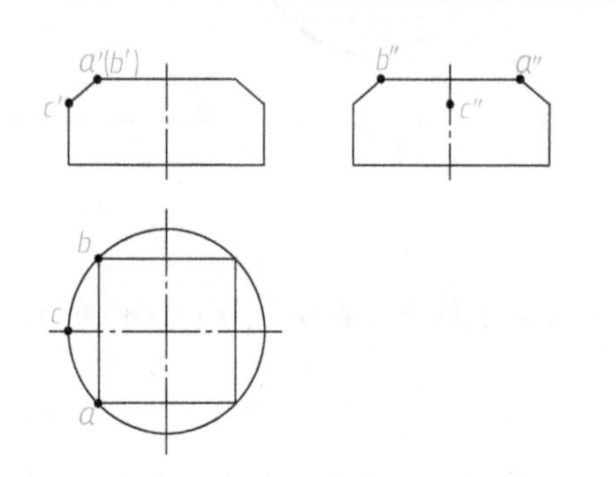	顶块左右前后均对称，以左侧截切面为例讲解求左视图的截交线 确定三个特殊点：点 A、点 B、点 C 的投影

（续）

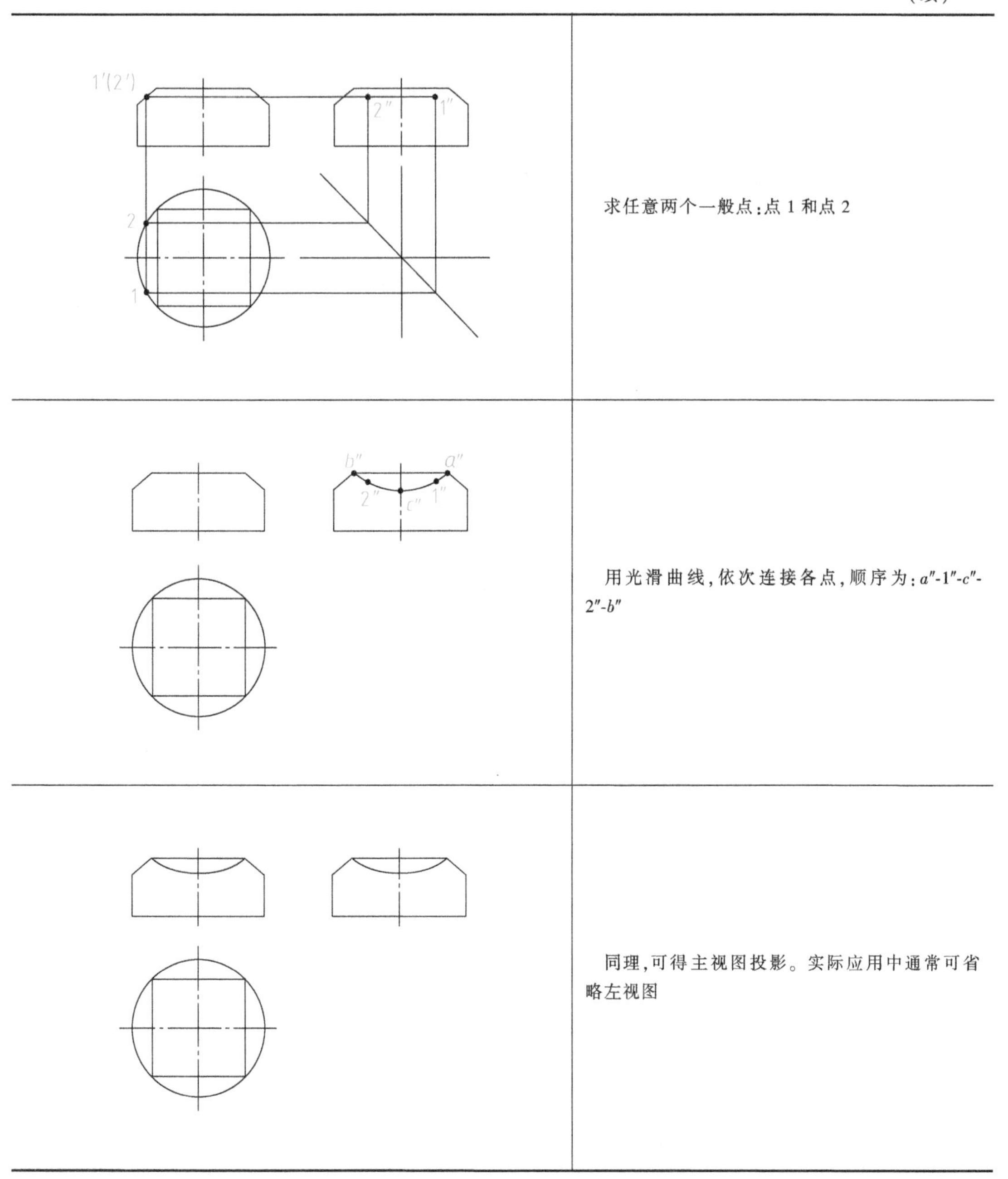

【绘图步骤 3】　检查图形，加粗定稿

完成草图，擦掉多余的作图痕迹。检查草图无误后，加粗定稿。

【绘图步骤 4】　标注尺寸

【知识点 2-7-2】　圆柱的三种截切类型

表 2-7-2 归纳了圆柱三种截切类型的投影图和截交线性质。

表 2-7-2　圆柱的三种截切类型

截平面位置		投影图	截交线性质
与轴线垂直			截交线是圆
与轴线平行			截交线是与圆柱轴线平行的矩形
与轴线倾斜			截交线是椭圆或圆（45°时），或椭圆弧加直线

【小结】

通过绘制千斤顶顶块的三视图，掌握了通过作特殊点和一般点求圆柱截交线的方法、圆柱的三种截切类型，并能将三视图与空间形体对应起来。

任务2-8　螺　钉　头

螺钉是一种常作为紧固连接的标准件，且种类繁多，日常使用时，常根据螺钉头部形状称谓，如沉头螺钉、盘头螺钉、六角头螺钉等。螺钉头部的形状可以看作基本体经过截切后的形状，如图 2-8-1 所示。

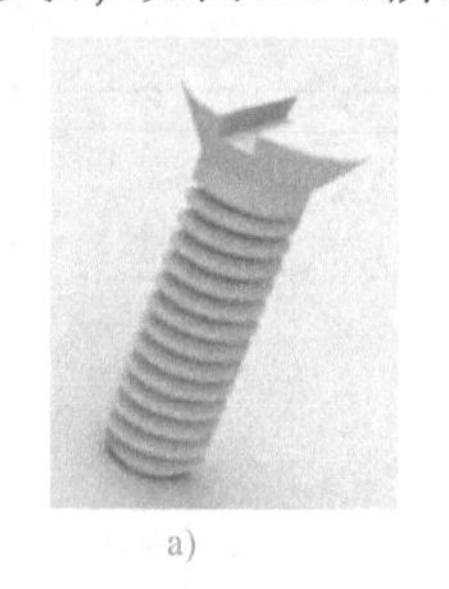
a)

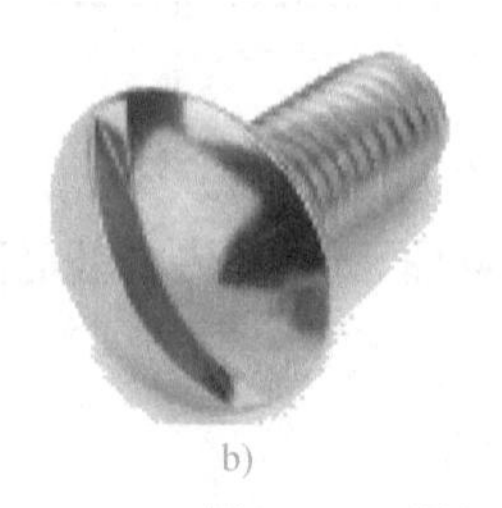
b)

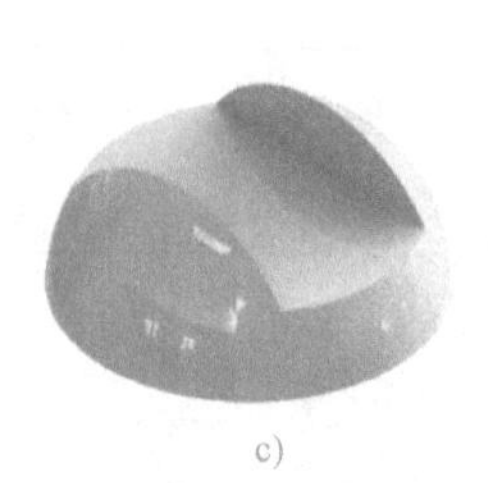
c)

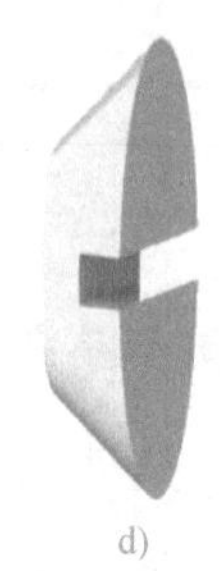
d)

图 2-8-1　螺钉及螺钉头

a）开槽沉头螺钉　b）开槽圆头螺钉　c）开槽半球实体　d）开槽圆台实体

本次课程任务是绘制开槽半球、开槽圆台的三视图，如图 2-8-2 和图 2-8-3 所示。其中开槽圆台中各具体尺寸取自开槽沉头螺钉 M20（GB/T 68—2016）。

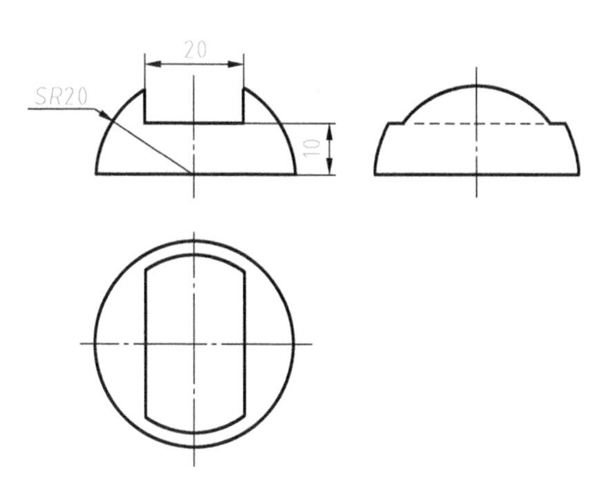

图 2-8-2　开槽半球三视图

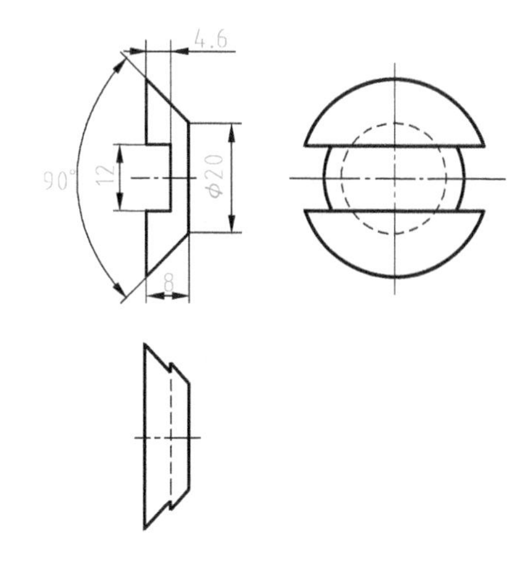

图 2-8-3　开槽圆台的三视图

【绘图步骤 1】　分析三视图的形状

读图 2-8-2 所示三视图，根据“平面切割圆球，其交线均为圆”的规律可知，图中所示为半球体球面中部开一字槽，实体如图 2-8-1c 所示。

读图 2-8-3 所示三视图，根据“用垂直圆台轴线的平面切割圆台，其交线均为圆”的规律可知，图中所示为圆台中部开一字槽，实体如图 2-8-1d 所示。

【绘图步骤 2】　分别绘制钉头三视图

在 A4 图纸上布图，并预留标注尺寸的位置。具体绘图步骤分别见表 2-8-1 和表 2-8-2。

表 2-8-1　开槽半球三视图的绘制步骤

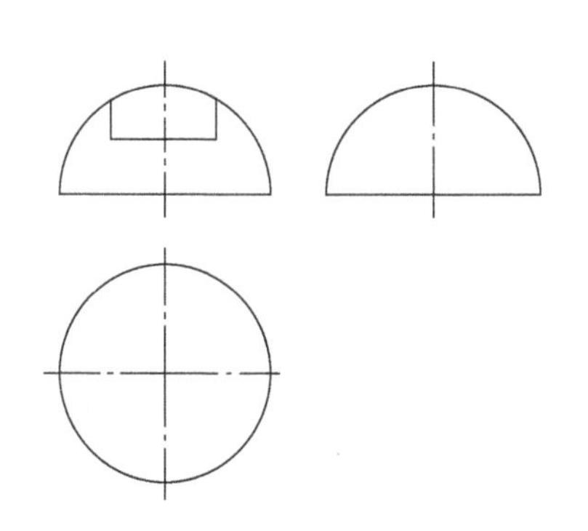	按尺寸绘制半球体的三视图 在主视图绘制一字槽

（续）

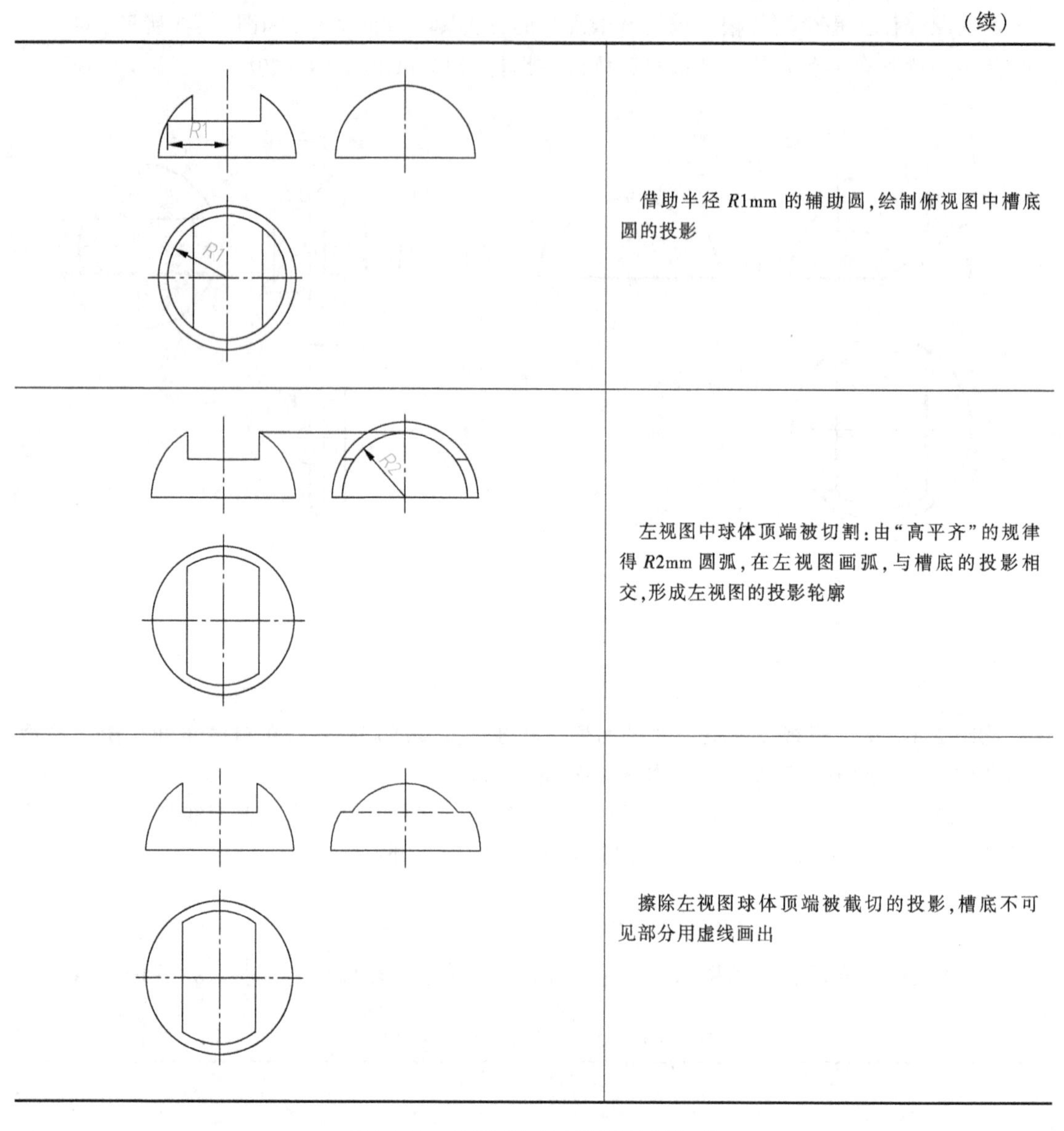

借助半径 $R1$mm 的辅助圆，绘制俯视图中槽底圆的投影

左视图中球体顶端被切割：由“高平齐”的规律得 $R2$mm 圆弧，在左视图画弧，与槽底的投影相交，形成左视图的投影轮廓

擦除左视图球体顶端被截切的投影，槽底不可见部分用虚线画出

表 2-8-2　开槽圆台三视图的绘制步骤

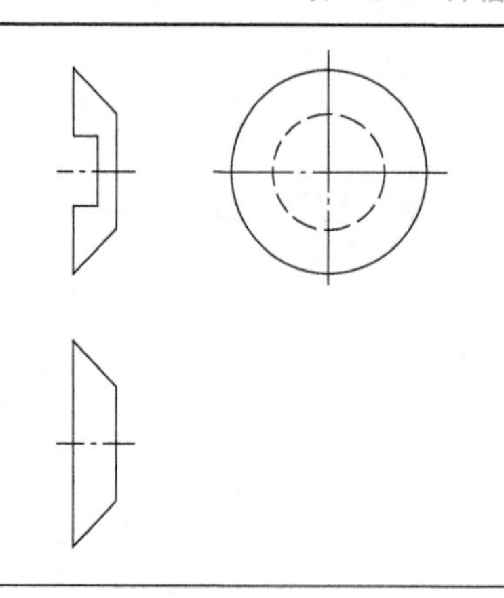

绘制圆台的三视图
在主视图绘制一字槽

（续）

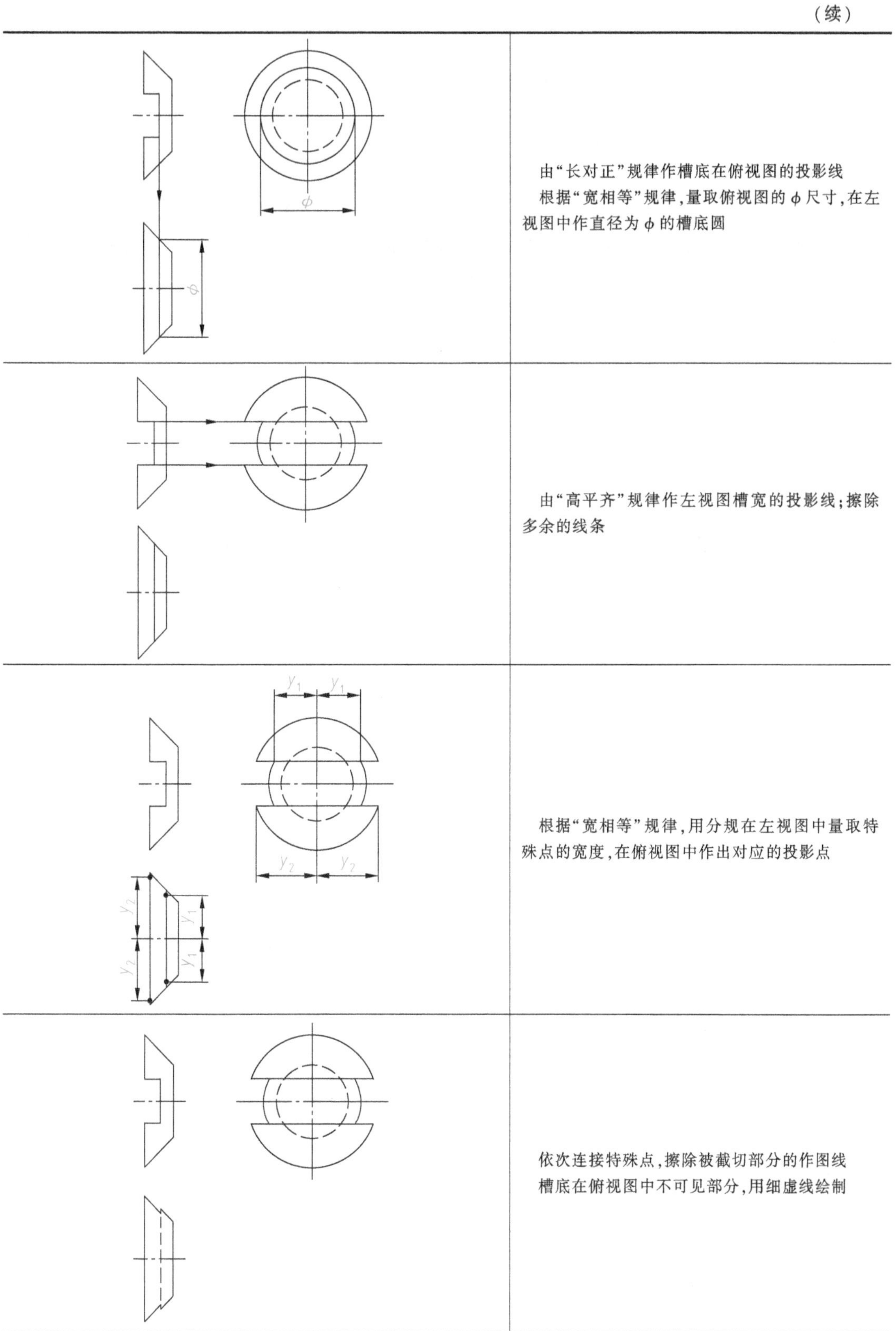

由“长对正”规律作槽底在俯视图的投影线

根据“宽相等”规律，量取俯视图的 ϕ 尺寸，在左视图中作直径为 ϕ 的槽底圆

由“高平齐”规律作左视图槽宽的投影线；擦除多余的线条

根据“宽相等”规律，用分规在左视图中量取特殊点的宽度，在俯视图中作出对应的投影点

依次连接特殊点，擦除被截切部分的作图线

槽底在俯视图中不可见部分，用细虚线绘制

【绘图步骤3】 检查图形，加粗定稿

完成草图，擦掉多余的作图痕迹。检查草图无误后，加粗定稿。

【绘图步骤4】 标注尺寸

【知识拓展1】 辅助线法求点的表面投影

已知圆锥面上的一点 *M* 的正面投影 *m′*和水平面投影 *m*，求侧面投影 *m″*。

由于圆锥面的投影没有积聚性，因此要在圆锥面上作出一条包括该点的辅助线（直线或曲线），先求辅助线的投影，再求辅助线上点的投影。

过锥顶作包含点 *M* 的素线 *SA*（*s′a′*、*sa*、*s″a″*），投影点 *m′*、*m* 和 *m″*必在该素线相应投影面的投影上。如图 2-8-4 所示。

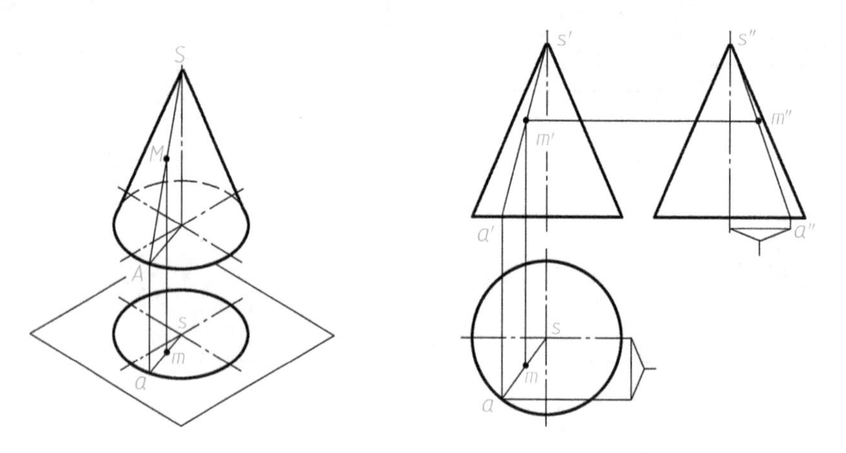

图 2-8-4 用辅助线法求圆锥面上点的投影

【知识拓展2】 辅助纬圆法求点的表面投影

在锥面上过点 *M* 作一辅助纬圆（垂直于圆锥轴线的圆），则点 *M* 的各投影必在该圆的同面投影上。如图 2-8-5 所示。

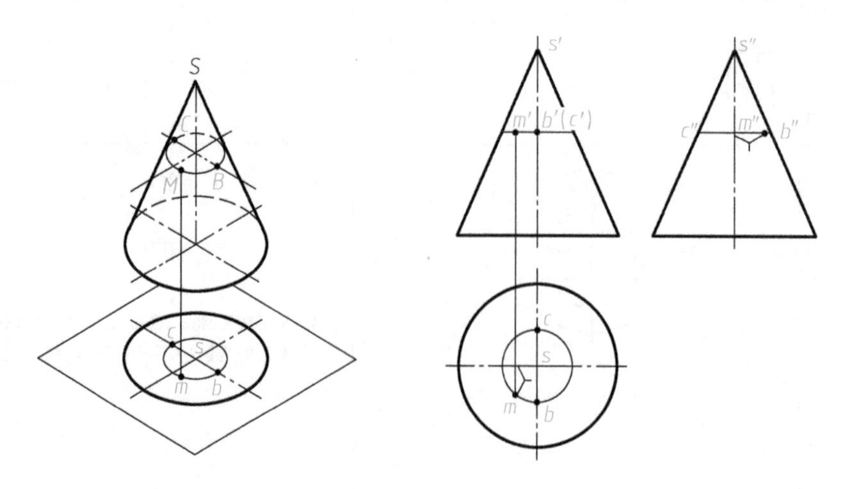

图 2-8-5 用辅助纬圆法求圆锥面上点的投影

【小结】

通过绘制螺钉头，掌握了利用“平面切割圆球，其交线均为圆”和“用垂直圆台轴线的平面切割圆台，其交线均为圆”等规律作圆球、圆台截交线的方法；有能力的同学可以尝试用辅助线法、辅助纬圆法求点的表面投影。

任务2-9　顶　　尖

顶尖种类多样，常用在机床上，用于定心并承受工件的重力和切削力。图2-9-1所示为半缺固定顶尖。

本次课程任务是绘制图2-9-2b所示半缺固定顶尖头部三视图。

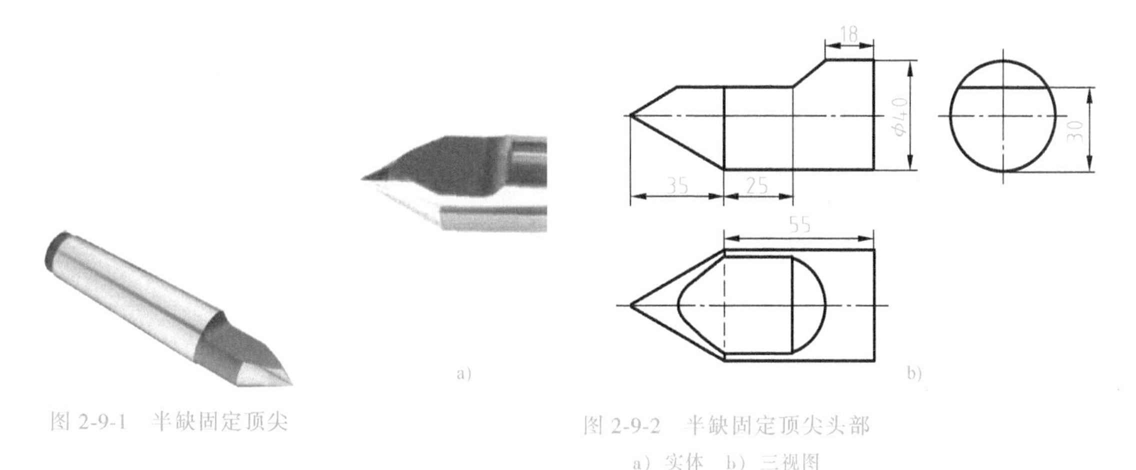

图2-9-1　半缺固定顶尖

图2-9-2　半缺固定顶尖头部

a）实体　b）三视图

【绘图步骤1】　分析顶尖头部的形状

顶尖头部由一个圆柱和一个圆锥经过组合切割而成。其中圆柱与圆锥的直径相同，同轴叠加在一起，被一水平截面和一正垂截面截切，形成缺口的形状，如图2-9-2a所示。

【绘图步骤2】　绘制顶尖三视图

在A4图纸上布图，并预留标注尺寸的位置。具体绘图步骤见表2-9-1。

表2-9-1　半缺固定顶尖头部三视图的绘制步骤

	绘制圆锥和圆柱的基本投影 在主视图中绘制两个截切面：水平截面和正垂截面（两截切面投影均积聚为直线） 作两截切面在左视图的投影（水平面积聚为直线，正垂面为上小半圆弧加直线）

（续）

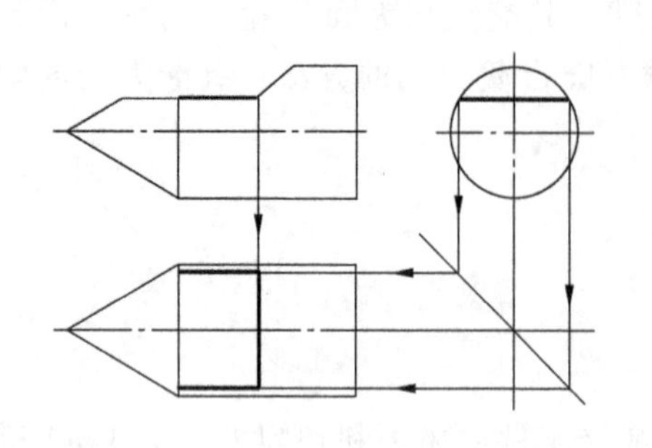	圆柱被水平面截切，在俯视图中截交线为矩形。注意借用分规作“宽相等”规律的线段
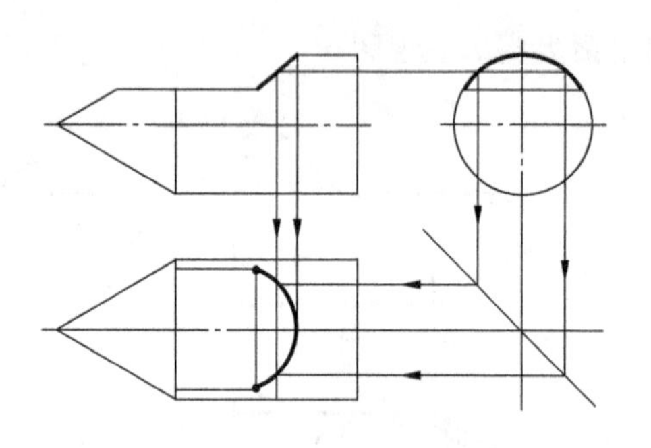	圆柱被正垂截面截切，在俯视图中截交线为椭圆弧加直线；用三个特殊点加两个一般点可作出俯视图中的椭圆弧，详细步骤可参考任务 2-7 中相关内容
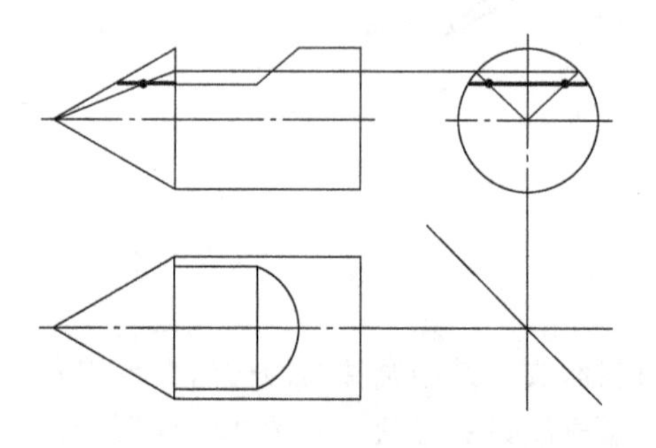	圆锥被水平截面截切，在俯视图中截交线为双曲线，用三个特殊点加两个一般点可作出。方法同上
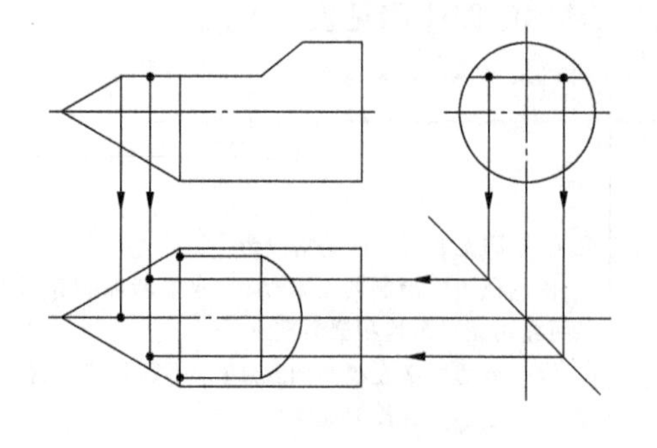	在俯视图中求五个点的投影作法。注意借用分规作“宽相等”规律的线段

（续）

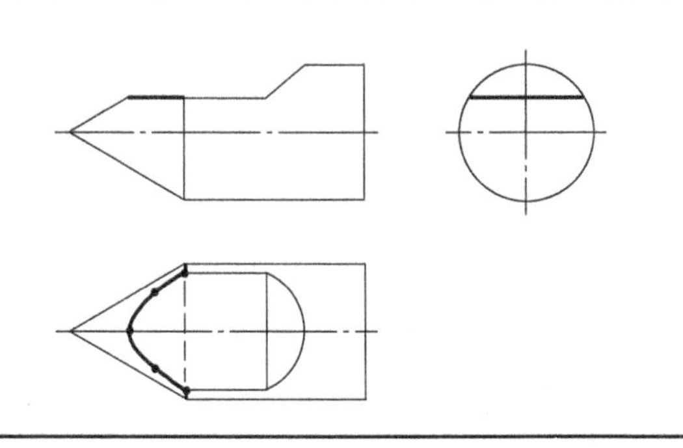	依次光滑连接各点，得到截交线投影 注意：圆锥和圆柱的交线被截切后，水平截面以上的交线被切除，水平截面以下的交线仍然存在，故在俯视图中被切除的交线应擦除，仍然存在的交线可见部分用粗实线绘制，不可见部分用细虚线绘制

【绘图步骤3】　检查图形，加粗定稿

完成草图，擦掉多余的作图痕迹。检查草图无误后，加粗定稿。

【绘图步骤4】　标注尺寸

【知识点2-9】　圆锥的五种截切类型

表2-9-2归纳了圆锥五种截切类型的三视图和截交线性质。

表2-9-2　圆锥的五种截切类型

截平面位置		三　视　图	截交线性质
与轴线垂直			截交线是圆
与轴线平行			截交线是双曲线加直线

（续）

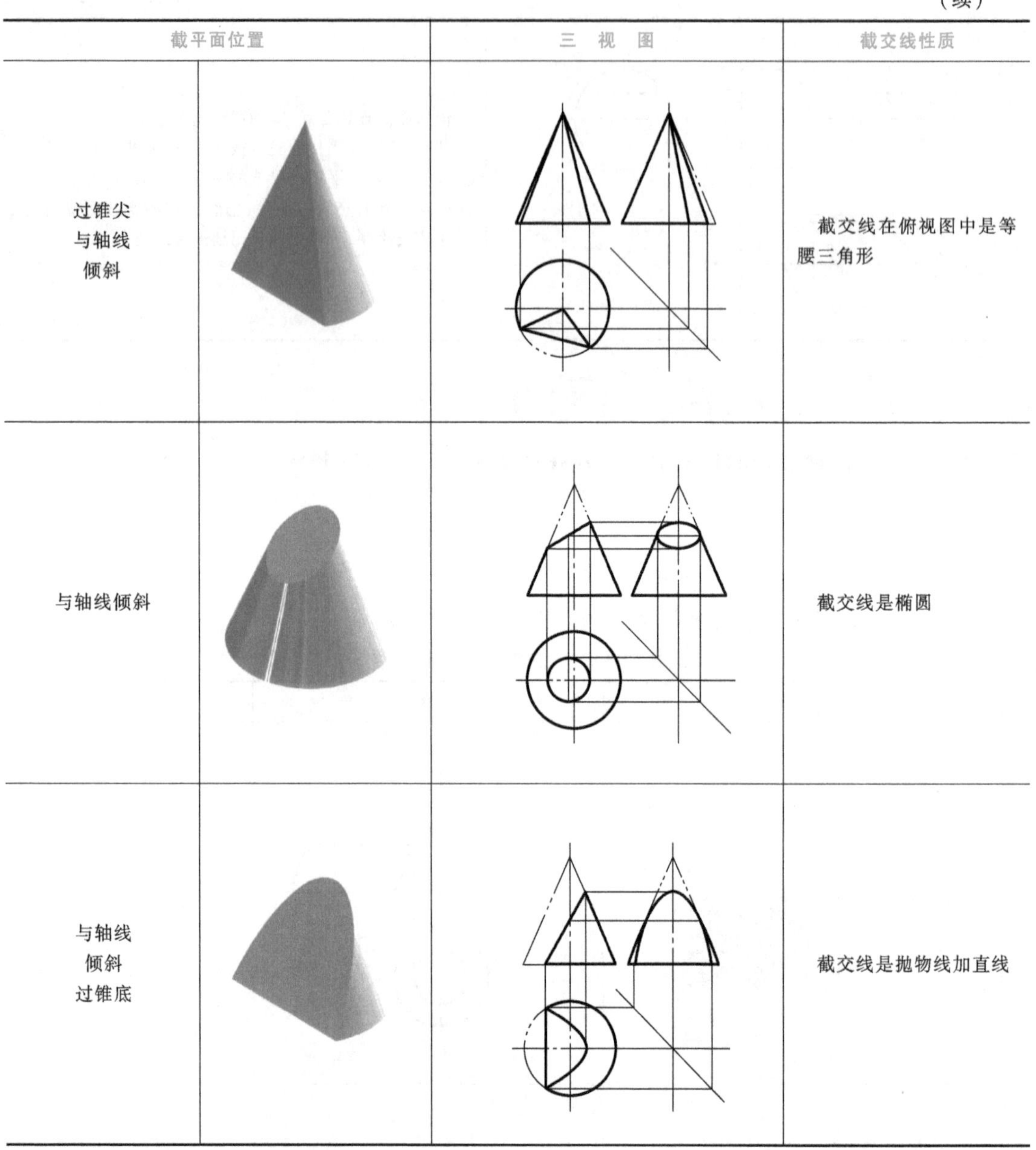

截平面位置		三 视 图	截交线性质
过锥尖 与轴线 倾斜			截交线在俯视图中是等腰三角形
与轴线倾斜			截交线是椭圆
与轴线 倾斜 过锥底			截交线是抛物线加直线

【小结】

通过绘制顶尖三视图，掌握通过作特殊点和一般点求圆锥截交线的方法、熟悉圆锥的五种截切类型特点，并能将三视图与空间形体对应起来。

项目3

绘制两个组合型机械零件

任务 3-1　导向轴支座

导向轴支座起到支撑及固定导向轴的作用，同时还能承受一定的载荷。图 3-1-1 所示为常见的法兰型导向轴支座，其中法兰形状多样，圆形、方形最常见。圆筒和法兰上有孔或开槽，以便与其他机件连接。

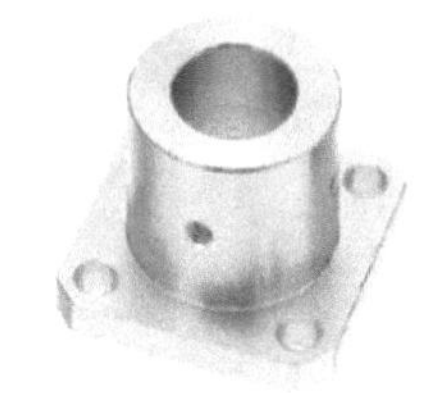

图 3-1-1　导向轴支座

本次课程任务是绘制导向轴支座三视图，如图 3-1-2b 所示。

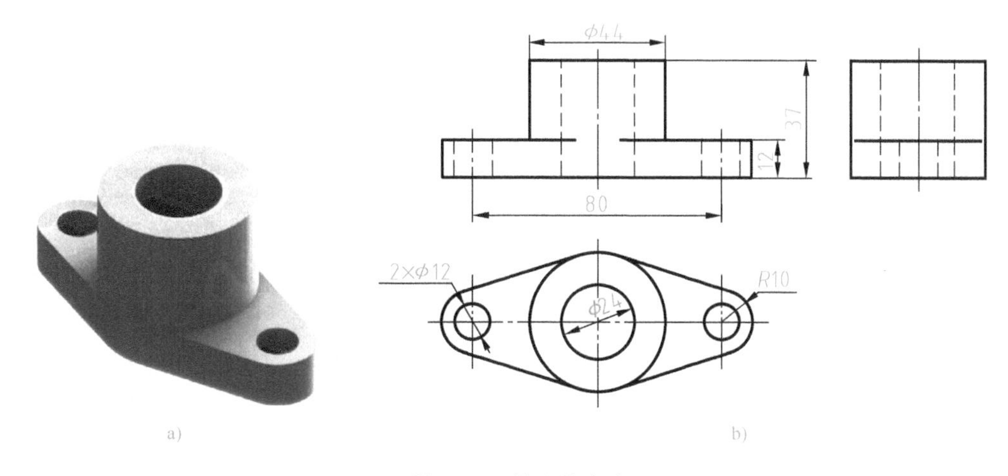

图 3-1-2　导向轴支座

a）导向轴支座实体　b）导向轴支座三视图

【绘图步骤 1】 分析导向轴支座的形状

导向轴支座由圆筒与法兰叠加而成，法兰上有两个安装孔，法兰两侧面与圆筒相切，如图 3-1-2a 所示。

【知识点 3-1-1】 表面连接关系

由两个或两个以上基本几何体组合构成的整体称为组合体。组合体中形体的相邻表面之间可能形成共面与不共面、相切或相交三种特殊关系。

1. 共面与不共面

两物体相邻表面共面时，在共面处没有交线，如图 3-1-3a 所示。两物体相邻表面不共面时，在两物体的连接处应有交线，如图 3-1-3b 所示。

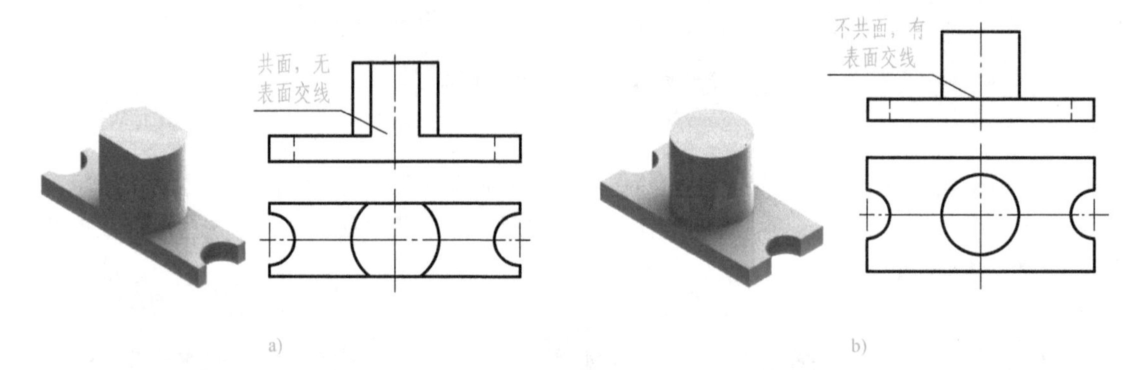

图 3-1-3 两表面共面与不共面画法

a）共面 b）不共面

2. 相切

相切是光滑过渡，因此，当两形体相邻表面相切时，相切处没有投影线，如图 3-1-4 所示。

3. 相交

两物体相交时，其相邻表面必产生交线，在相交处应画出交线的投影，如图 3-1-5 所示。

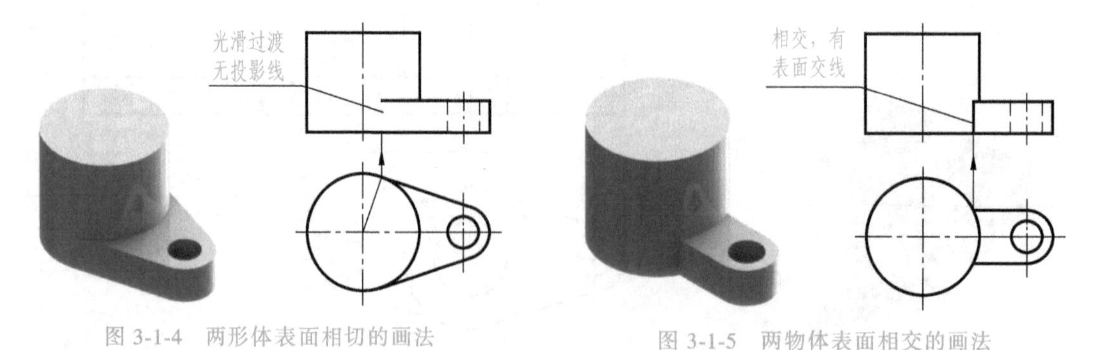

图 3-1-4 两形体表面相切的画法

图 3-1-5 两物体表面相交的画法

【绘图步骤 2】 绘制导向轴支座三视图

在 A4 图纸上布图，并预留标注尺寸的位置。具体绘图步骤见表 3-1-1。

表 3-1-1　导向轴支座三视图的绘制步骤

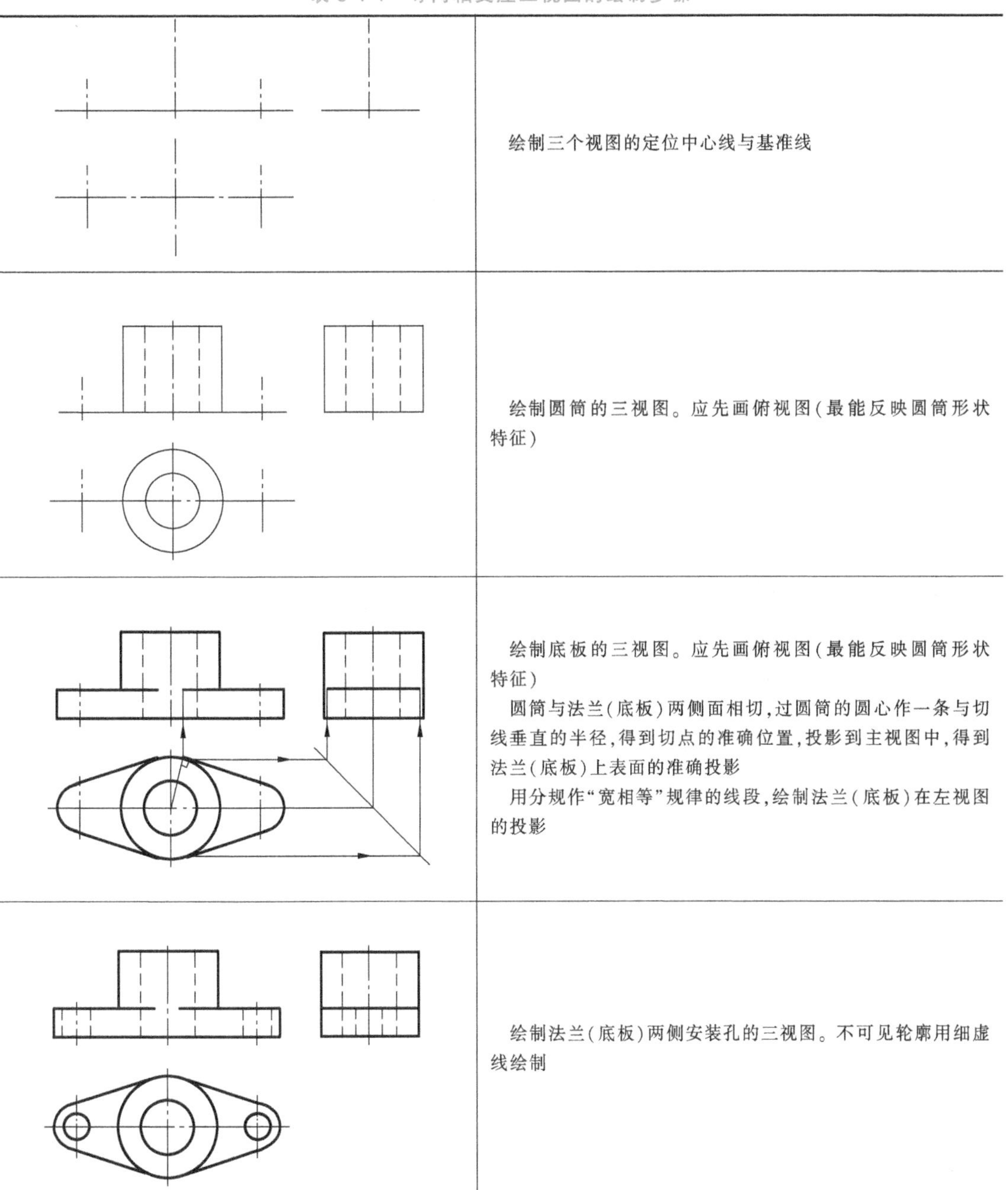

图示	说明
	绘制三个视图的定位中心线与基准线
	绘制圆筒的三视图。应先画俯视图(最能反映圆筒形状特征)
	绘制底板的三视图。应先画俯视图(最能反映圆筒形状特征) 圆筒与法兰(底板)两侧面相切,过圆筒的圆心作一条与切线垂直的半径,得到切点的准确位置,投影到主视图中,得到法兰(底板)上表面的准确投影 用分规作“宽相等”规律的线段,绘制法兰(底板)在左视图的投影
	绘制法兰(底板)两侧安装孔的三视图。不可见轮廓用细虚线绘制

【绘图步骤 3】　检查图形，加粗定稿

完成草图，擦掉多余的作图痕迹。检查草图无误后，加粗定稿。

【绘图步骤 4】　标注尺寸

【知识拓展 1】　相切的特殊情况

两个圆柱相切，当圆柱面的公共切平面垂直于投影面时，应画出两个圆柱面的分界线，

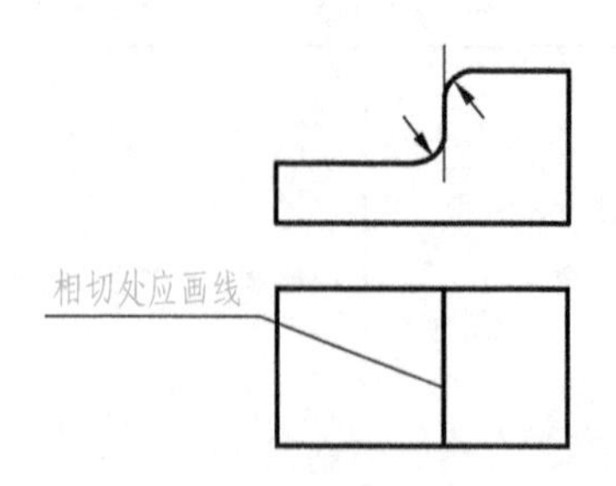

图 3-1-6　相切的特殊情况

如图 3-1-6 所示。

【知识拓展 2】　常见法兰（底板）的尺寸注法

常见法兰（底板）的尺寸注法见表 3-1-2。

表 3-1-2　常见法兰（底板）的尺寸注法

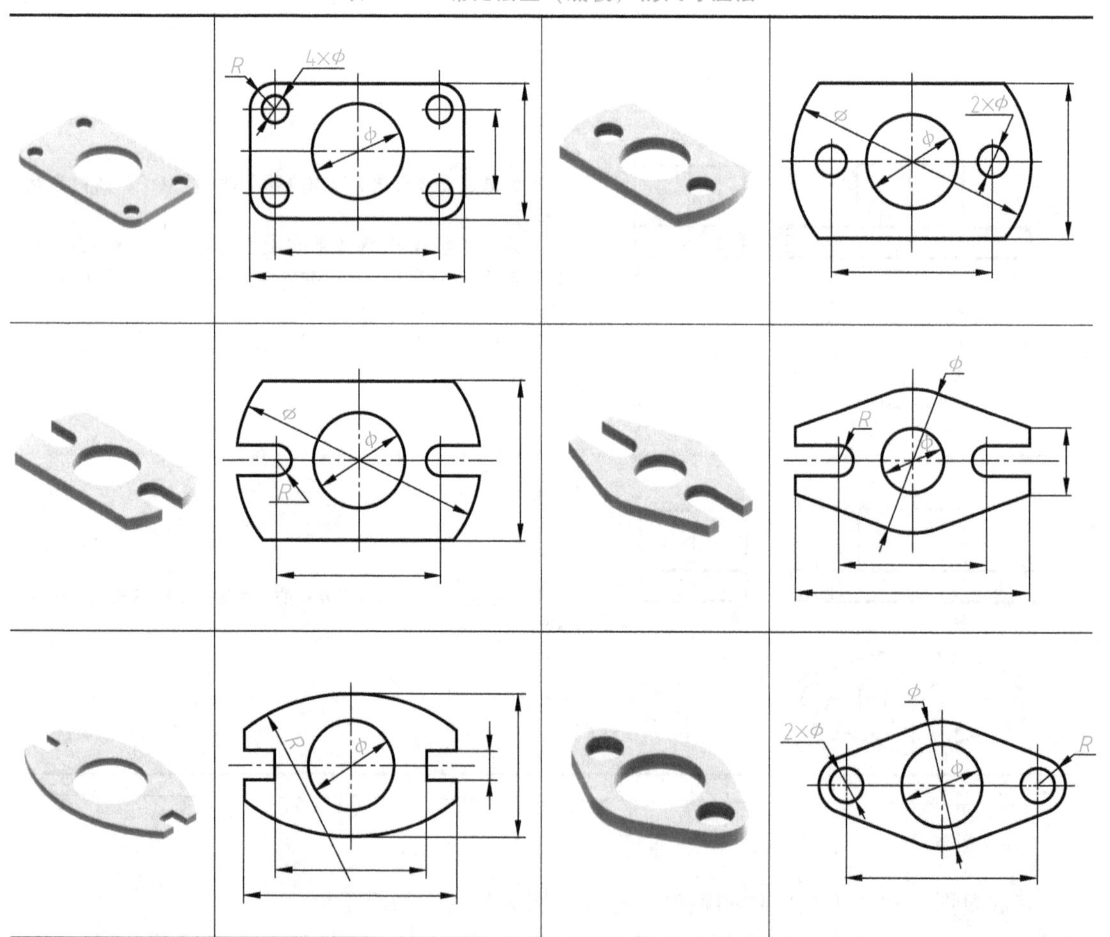

【小结】

通过绘制导向轴支座三视图，学习了组合体表面共面与不共面、相交和相切三种连接方式的投影特点及画法；掌握常见的法兰（底板）的形状和尺寸注法。

任务3-2 座 体

本次课程任务是绘制座体三视图，如图 3-2-1b 所示。

在绘制组合体视图时，首先将组合体分解成若干简单的基本几何体，并按各部分的位置关系和组合形式，然后画出各基本几何体的投影，根据表面连接关系综合起来，即得到整个组合体视图。

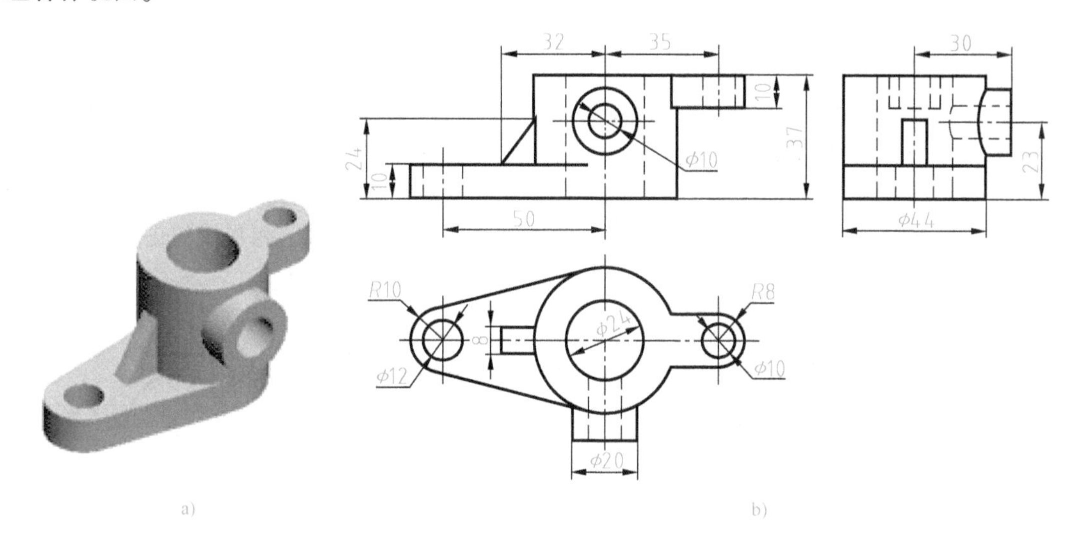

图 3-2-1 座体

a）座体实体图 b）座体三视图

【绘图步骤 1】 分析座体的形状

读图可知，座体由底板、圆筒、凸台、耳板及肋板五部分组成，其中圆筒与底板两侧面相切；肋板底面与底板上表面重合，与圆筒相交；耳板侧面与圆筒相交；凸台与圆筒轴线垂直相贯，内部的通孔连通。如图 3-2-2 所示。

【知识点 3-2-1】 形体分析法

这种假想把复杂的组合体分解成若干个基本几何体，分析它们的形状、组合形式、相对位置和表面连接关系的方法称为形体分析法。它是组合体的画图、尺寸标注和读图的基本方法。

【知识点 3-2-2】 相贯线

两回转体相交的交线称为相贯线。常见的是圆柱与圆柱相交、圆锥与圆柱相交以及圆柱与圆球相交，如图 3-2-3 所示。

1. 相贯线的特性

（1）封闭性 相贯线一般为封闭的空间曲线，在特殊情况下是平面曲线或直线。

（2）共有性 相贯线是两回转体表面上的共有线，也是两回转体表面的分界线。

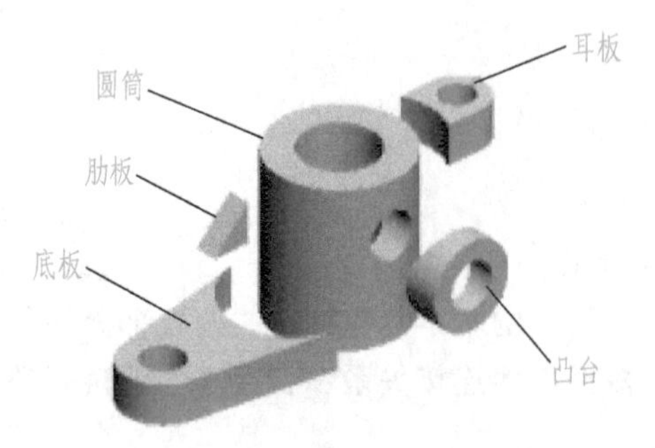

图 3-2-2　座体分解图

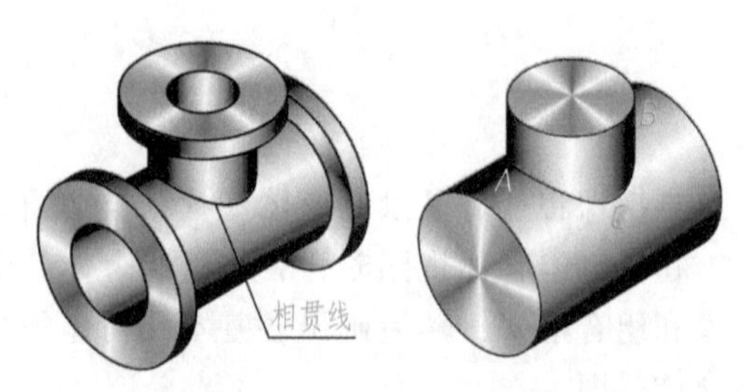

图 3-2-3　圆柱与圆柱相贯及其相贯线

2. 相贯线的作图方法

两回转体的相贯线实际上是两回转体表面上一系列共有点的连接，求作共有点的方法可以采用表面取点法和辅助纬圆法（详见任务 2-8 相关内容）。

为了简化作图，国家标准规定，允许采用简化画法作出相贯线的投影，即以圆弧代替非圆弧曲线。当轴线垂直相交且平行于正面的两个不等径圆柱相交时，相贯线的正面投影以大圆柱的半径为半径画圆弧即可。简化画法的作图过程如图 3-2-4 所示。

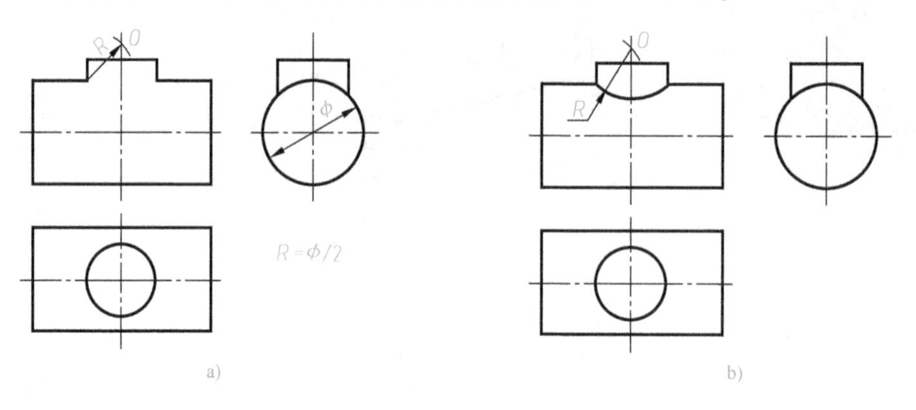

图 3-2-4　相贯线的简化画法

【绘图步骤 2】　绘制座体三视图

在 A3 图纸上布图，并预留标注尺寸的位置，用 2∶1 的比例绘制。具体绘图步骤见表 3-2-1。

表 3-2-1　座体三视图的绘制步骤

	绘制三个视图的定位轴线和基准线

（续）

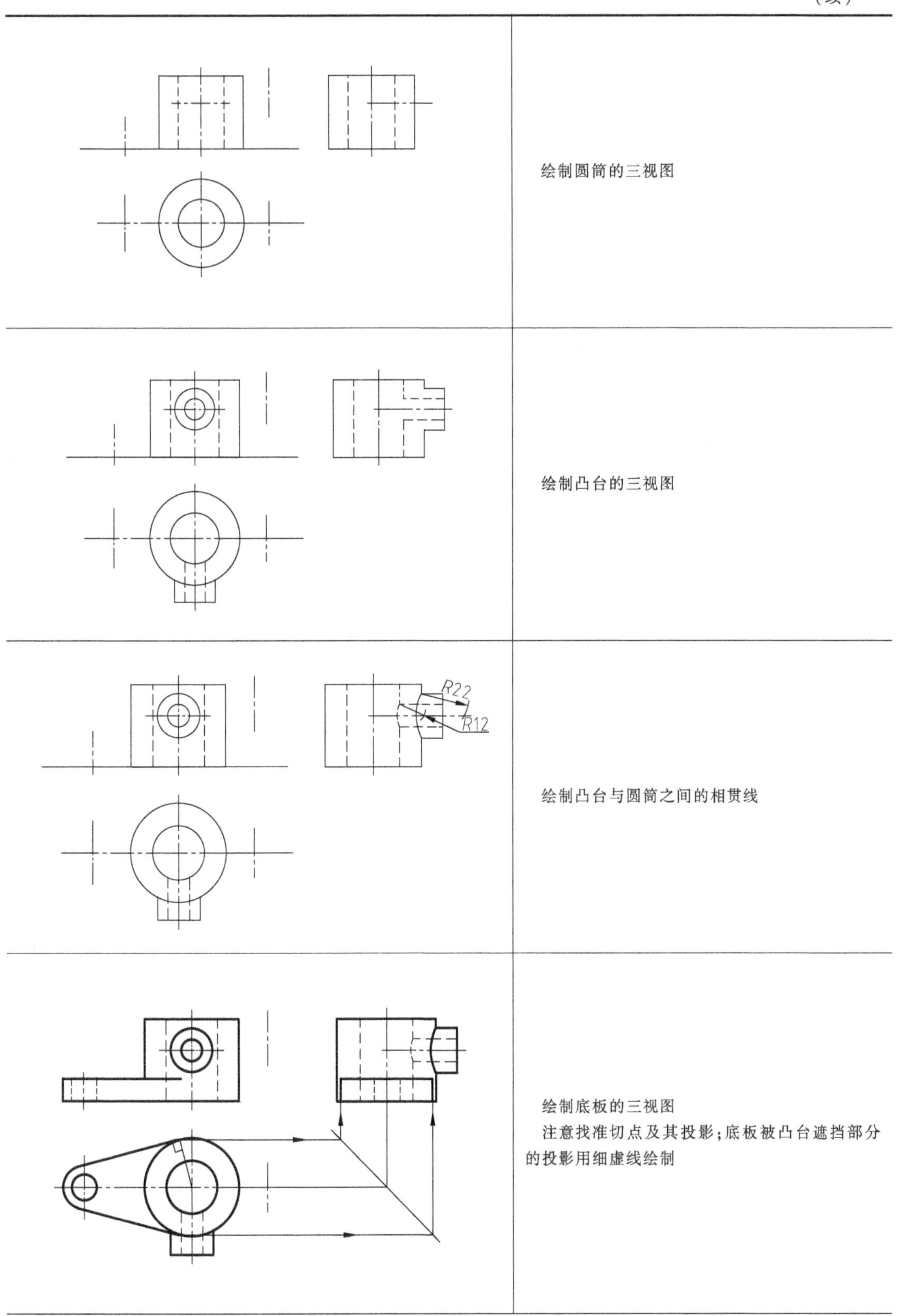

绘制圆筒的三视图

绘制凸台的三视图

绘制凸台与圆筒之间的相贯线

绘制底板的三视图

注意找准切点及其投影；底板被凸台遮挡部分的投影用细虚线绘制

（续）

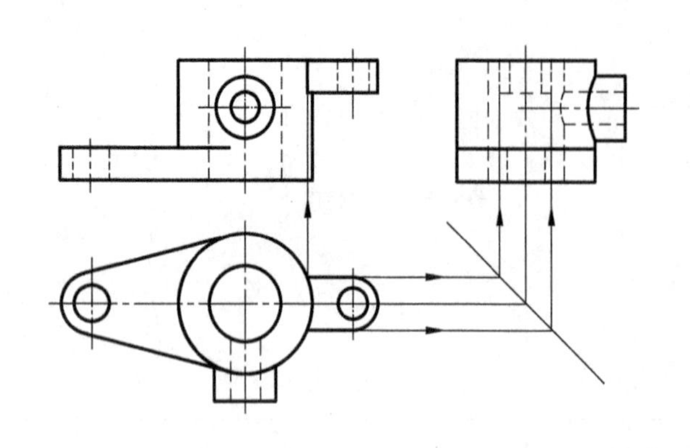	绘制耳板的三视图 注意圆筒被耳板遮挡部分的投影用细虚线绘制
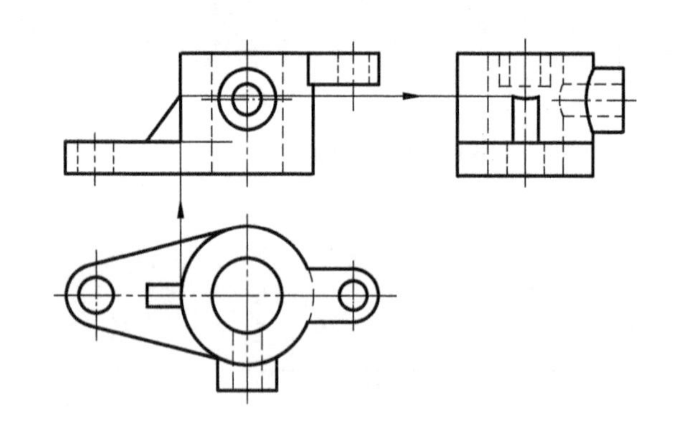	绘制肋板的三视图 注意肋板与圆筒相交处的投影

【绘图步骤 3】 检查图形，加粗定稿

完成草图，擦掉多余的作图痕迹。检查草图无误后，加粗定稿。

【绘图步骤 4】 标注尺寸

【知识拓展 1】 常见简单相贯线的介绍

1. 两圆柱直径的变化对相贯线的影响

当两圆柱轴线正交且平行于同一投影面时，两圆柱的直径大小相对变化引起了它们表面的相贯线的形状和位置产生变化，如图 3-2-5 所示。变化的趋势是相贯线总是从小圆柱向大圆柱的轴线方向弯曲，当两圆柱等径时，相贯线由两条空间曲线变为两条平面曲线——椭圆，此时它们的正面投影为相交两直线。

2. 两回转体具有公共轴线

当两回转体具有公共轴线时，相贯线为垂直于轴线的圆，如图 3-2-6 所示。

3. 两圆柱轴线平行或两圆锥共锥顶

当两圆柱轴线平行或两圆锥共锥顶时，它们的相贯线为直线，如图 3-2-7 所示。

4. 相贯线的几种简化画法

相贯线的几种简化画法见表 3-2-2。

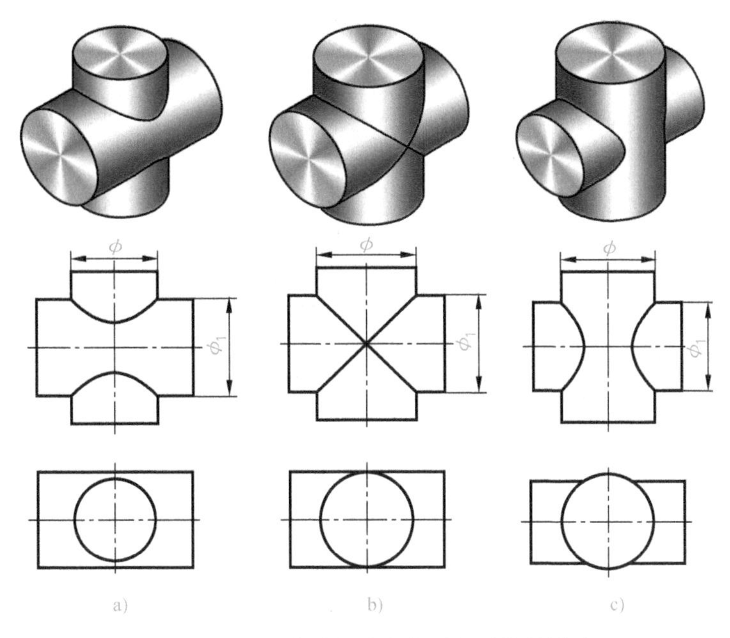

图 3-2-5　两圆柱直径的变化对相贯线的影响

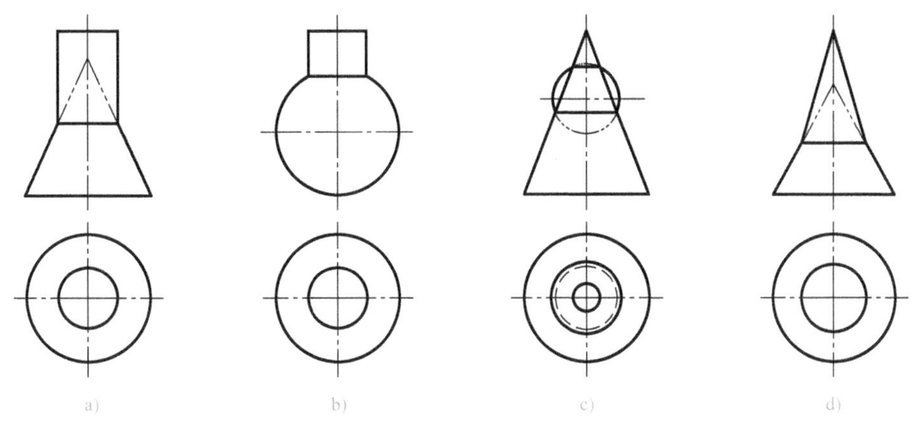

图 3-2-6　两回转体具有公共轴线时的相贯线

a）圆柱和圆锥　b）圆柱和球　c）圆锥和球　d）圆锥和圆锥

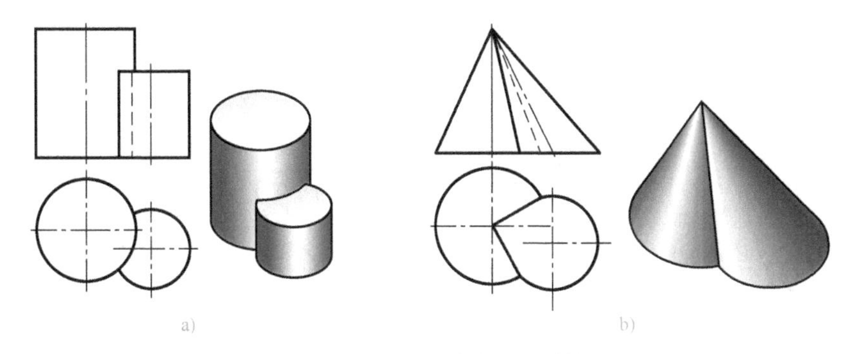

图 3-2-7　相贯线为直线的两种情况

a）两圆柱轴线平行相贯　b）两圆锥共锥顶相贯

表 3-2-2 相贯线的几种简化画法

实　例	类　型	简化画法	说　明
	用圆弧代替非圆曲线		按 $R=\phi/2$ 的简化画法绘制
	用直线代替非圆曲线		在直径较小,且不致引起误会的情况下可用直线
	模糊画法		如圆柱与圆锥两轴垂直相贯,可用模糊画法表示相贯线

【知识拓展 2】 线面分析法

读图方法一般有两种，一种是形体分析法，另一种是线面分析法。线面分析法是在形体分析法的基础上，对较难理解的部分，利用线和面的投影特点来分析形体的方法。

图 3-2-8a 所示四种不同形状的物体，它们的主视图均相同。图 3-2-8b 所示的十组图形，

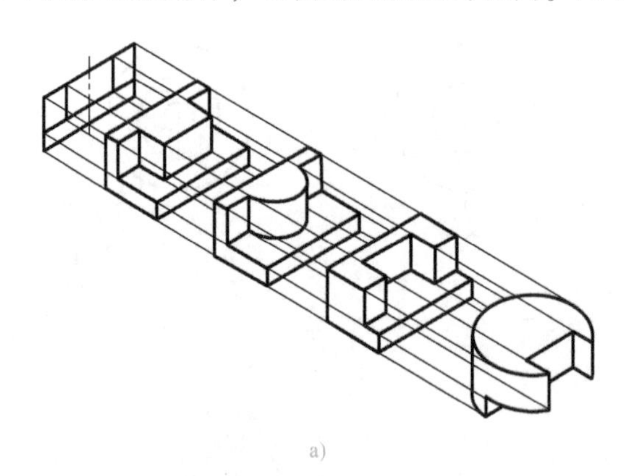

a)

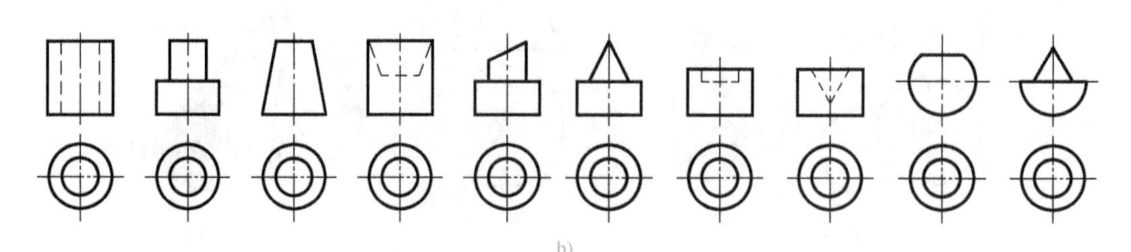

b)

图 3-2-8　一个视图相同的不同形体

其俯视图相同，单从俯视图不能确定其形状，只有主、俯视图结合，方可判断其形状。所以读图的要领是几个视图联系起来，从最能反映其形状特征的视图读起。此外，还要灵活运用形体分析法和线面分析法对图形进行分析，才能更快速准确地读懂形体。

例 1：构思图 3-2-9 所示的形状，并补画其左视图。

构图思路：从已知的主、俯视图，初步判断外形可能是长方体。在图 3-2-10 所示长方体上，根据主视图的投影，构思出图 a；根据俯视图的投影，构思出图 b；综合两图发现，空间两条线可确定一个平面，如图 c 所示，审核后此构思可行，由此可得图 d。

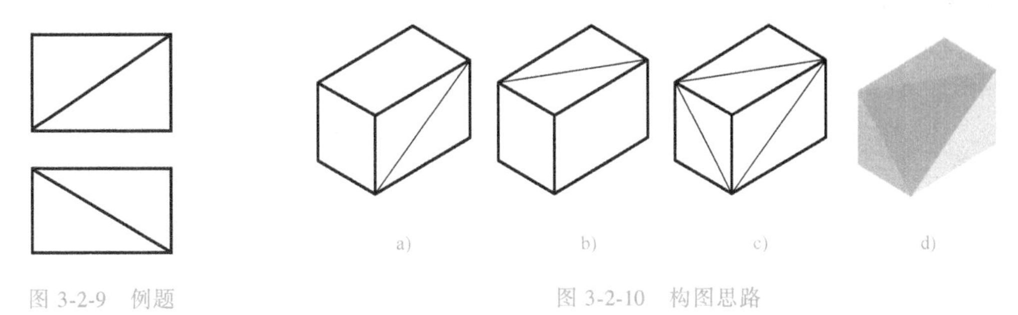

图 3-2-9　例题　　图 3-2-10　构图思路

补画左视图后的三视图如图 3-2-11 所示。

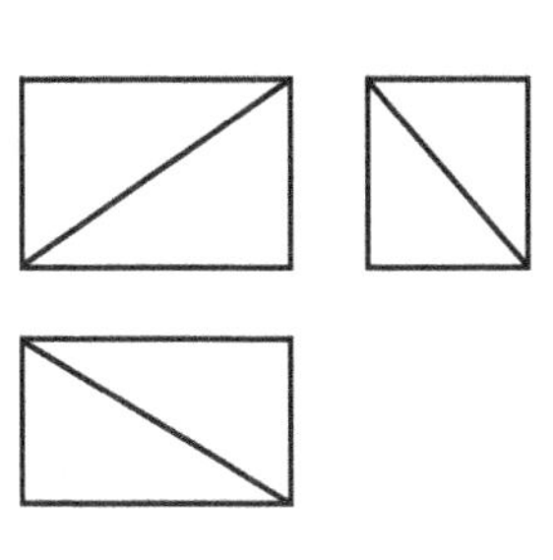

图 3-2-11　补画左视图

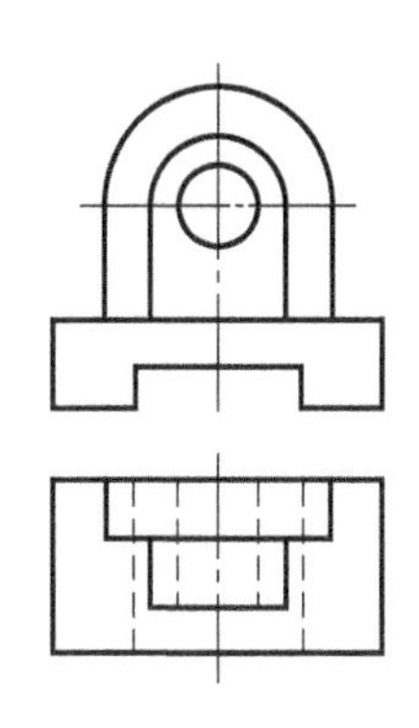

图 3-2-12　例题

例 2：构思图 3-2-12 所示的形状，并补画其左视图。

已知主、俯视图，利用“长对正”规律，划分线框，将复杂的组合体分解成简单的基本几何体，想象每个部分空间形体形状，如图 3-2-13 所示。再将各部分形体根据原有视图进行组合，综合想象出整个形体，如图 3-2-14 所示。

从俯视图可知，线框 2 大半圆头板与线框 1 底座的后表面平齐，且位于正中位置；线框 3 小半圆头板紧贴线框 2 大半圆头板，同样位于底板正中位置；线框 4 小圆柱实际上是贯穿两块半圆头板的通孔。由此，能整理想象出整个形体的形状结构，如图 3-2-14 所示。左视图的作图步骤如图 3-2-15 所示。

该组合体是叠加式组合体，适合使用形体分析法读图。形体分析法读图的步骤：

1）画线框，分部分。

2）对投影，想形状。

3）分析连接方式，综合想象。

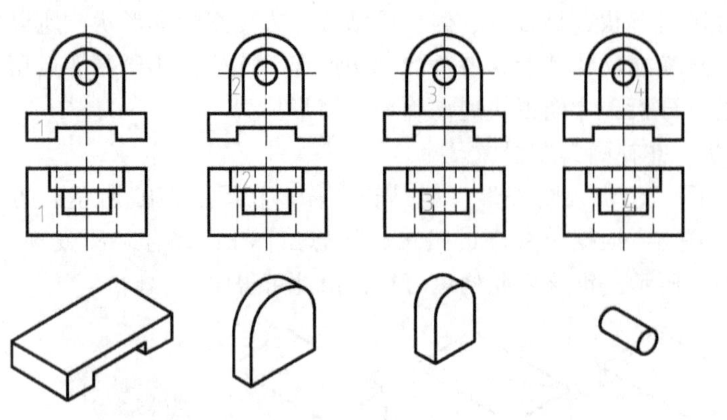

图 3-2-13　划分线框，想象各个线框的形状

图 3-2-14　综合想象整个形体

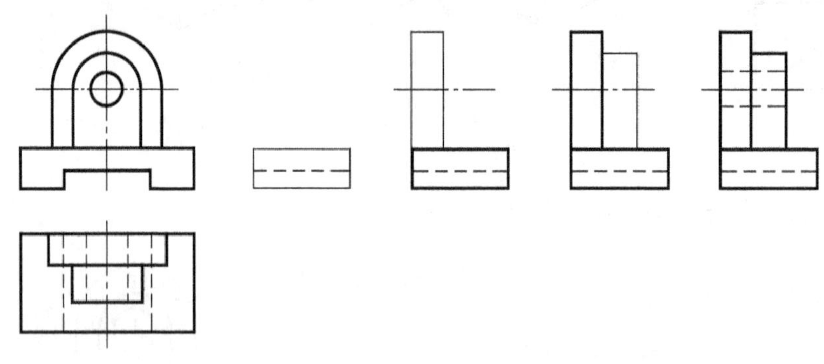

图 3-2-15　作图步骤

例 3：补画图 3-2-16 所示切割体的俯视图。

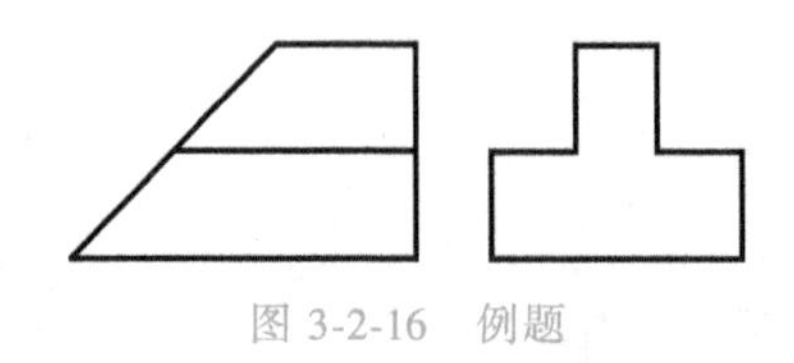

图 3-2-16　例题

该切割体可看作由长方体切割而成。长方体首先被正垂面 *M* 截切，形成图 3-2-17b 所示的三视图。

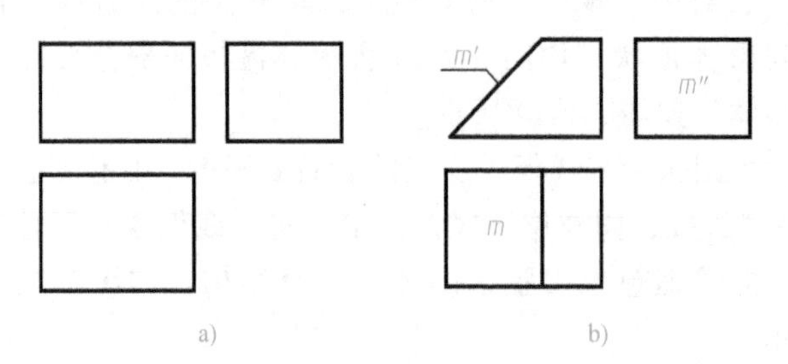

图 3-2-17　被 *M* 面截切

该切割体被正平面 *Q* 和水平面 *P* 再次截切，前后对称，形成左视图所呈现的阶梯状。

Q 面和 *P* 面垂直相交于直线 *AB*，直线 *AB* 是侧垂线。*Q* 面在俯视图中的投影与直线 *ab* 重合；*P* 面在主视图中的投影与直线 *a′b′*重合。

由于 *M* 面是倾斜的，所以点 *B* 在俯视图中清晰可见。截切的结果使得 *M* 面形成了一个倒 T 字形状，在俯视图和左视图中能反映出类似性的形状。补画俯视图的构思与步骤可参考图 3-2-18。

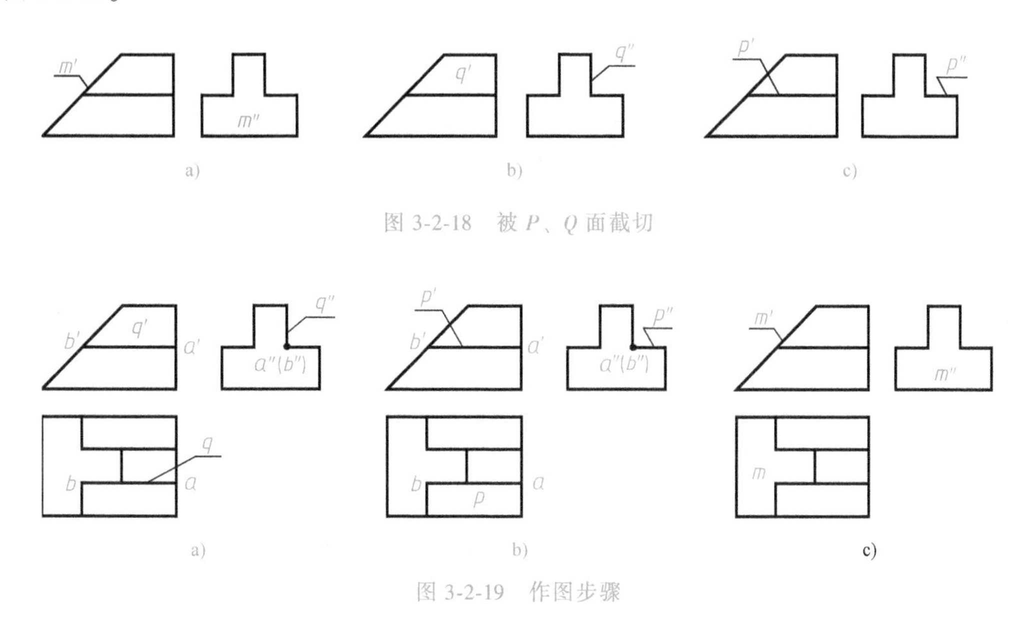

图 3-2-18　被 *P*、*Q* 面截切

图 3-2-19　作图步骤

线面分析法多用于切割式组合体，读图的要点是善于利用线和面的投影性质读图，即实形性、积聚性和类似性。线面分析法读图的步骤：

1）分线框，分析面的形状和位置。

2）识交线，分析面与面相交时各交线的形状和相对位置。

读图是一个分析、想象和判断不断循环的过程。读图时一般两种方法同时使用，常以形体分析法分析主体结构，以线面分析法分析细节和具体形状。

【小结】

通过绘制座体三视图，掌握了运用形体分析法和线面分析法读图和绘图、用简化画法绘制相贯线的相关知识，熟悉常见的曲面立体间的相贯特点。

项目4

绘制十个典型机械零件

零件图是制造和检验零件的主要依据，一幅零件图的基本内容应包括一组视图、完整尺寸、技术要求和标题栏。本项目以各种典型零件为例，学习全剖视图、半剖视图、局部剖视图、向视图、移出断面图、重合断面图、局部放大图、螺纹、齿轮、键槽、尺寸基准、尺寸公差、几何公差和表面粗糙度等相关知识，掌握各种典型零件的绘制方法。

零件按其结构特点可分为轴套类、盘盖类、箱体类和叉架类类型。

任务4-1　轴　　套

轴套类零件包括各种轴、丝杠、套筒等，在机器中主要用来支承传动件如齿轮、带轮等，实现旋转运动并传递动力。从结构上分析，轴套类零件大多由位于同一轴线上数段直径不同的回转体组成，其轴向尺寸一般比径向尺寸大。这类零件上常有键槽、销孔、螺纹、退刀槽、砂轮越程槽、中心孔、倒角、圆角、锥度等结构。

图4-1-1a所示为轴套实体，图4-1-1b所示为被剖切的轴套。图b中轴套通过剖切并移开剖切的前半部分，可以清晰地看到轴套在剖切位置处的内部结构。

在机械图样中，常采用剖视图的画法来表达零件内部结构。

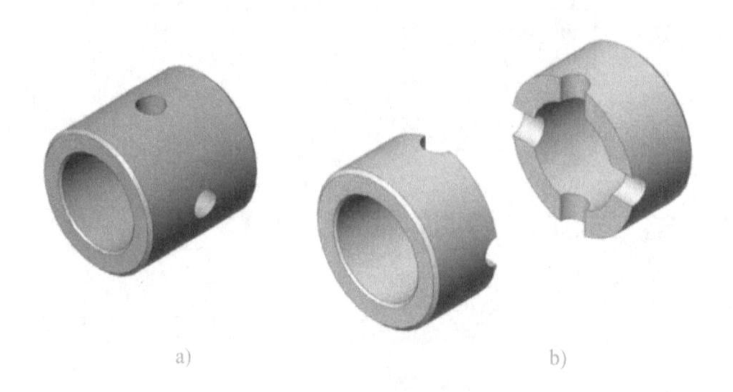

图4-1-1　轴套
a）轴套实体　b）被剖切的轴套

本次课程任务是绘制图 4-1-2 所示的轴套零件图（几何公差和表面粗糙度暂未注出）。

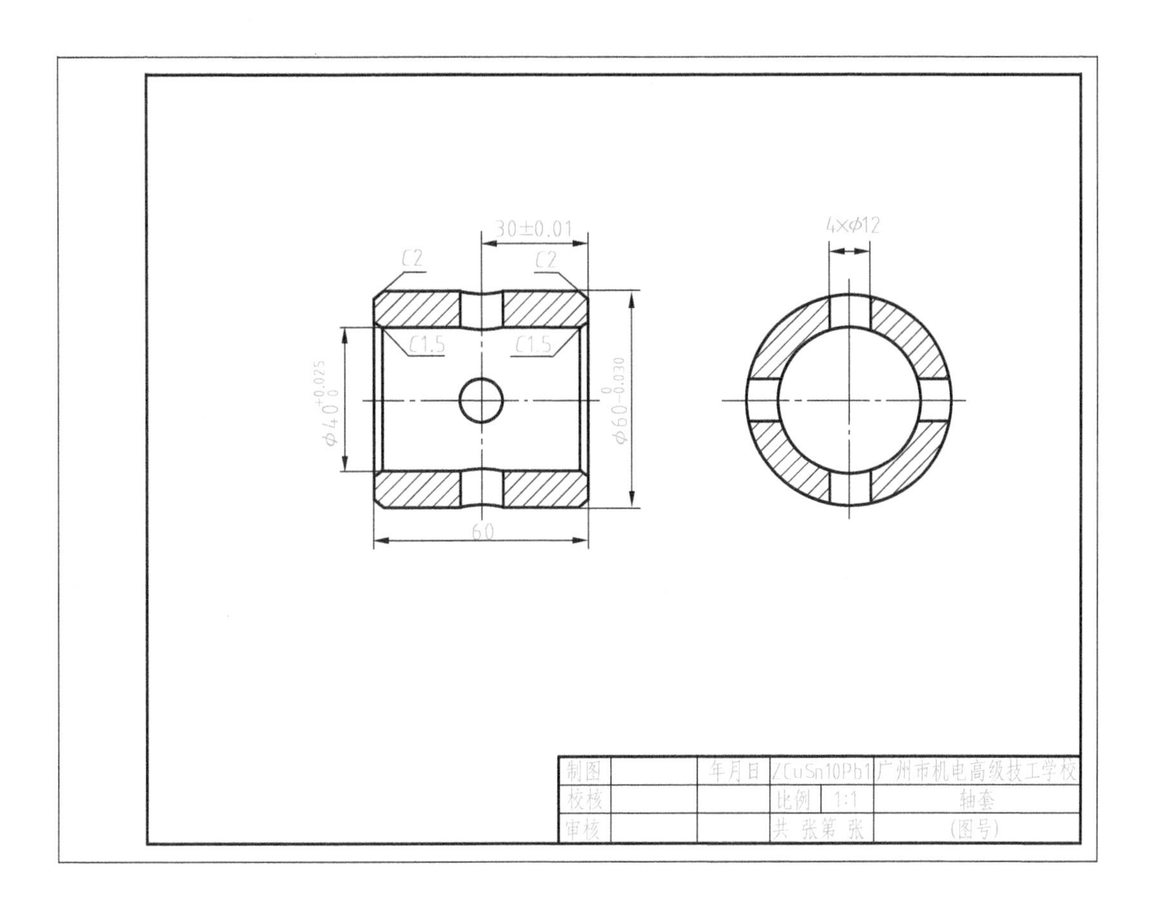

图 4-1-2　轴套零件图

【绘图步骤 1】　分析轴套的形状

从轴套零件图可知轴套是圆筒状结构，两端内外均有倒角，筒身上有四个通孔，作为轴套的油孔。轴套零件采用了主、左两个视图来表达，为了清楚表达内部结构，两个视图均采用了全剖画法。轴套实体如图 4-1-1 所示。

【知识点 4-1-1】　剖视图

假想用剖切面剖开机件，将处在观察者与剖切面之间的部分移去，将其余部分向投影面投射所得的图形称为剖视图，如图 4-1-3 所示。其中图 a 是轴套被假想剖切并移开前半部分，将后半部分投射到正面得到的全剖主视图，图 b 是轴套被假想剖切并移开左半部分，将右半部分投射到侧面得到的全剖左视图。经过假想剖切后，内部结构由原来不可见变得可见，故用粗实线绘制。

剖切面与机件接触部分称为剖面区域，规定剖面区域应绘制剖面符号。国标规定了各种材质的剖面符号，如金属、木材等，具体可查阅 GB/T 4457. 5—2013。图 4-1-4a 所示为金属

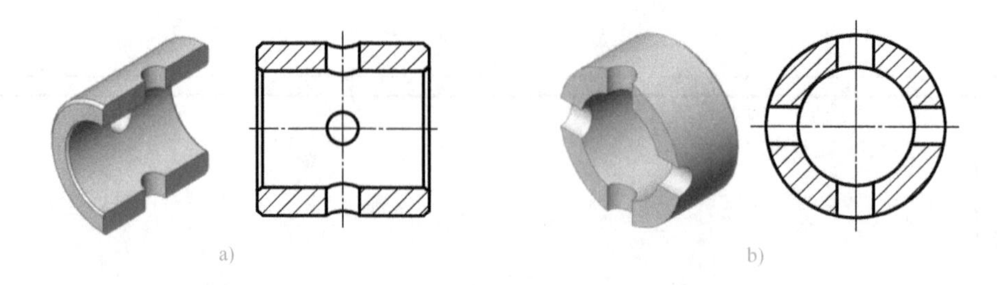

图 4-1-3 轴套被假想剖切后的视图

a）轴套被假想剖切后的主视图 b）轴套被假想剖切后的左视图

材料的剖面符号（已有规定剖面符号者除外），由 45°的平行且间距相等的细实线构成。图 4-1-4b、c 所示为非金属材料和木材的剖切符号。

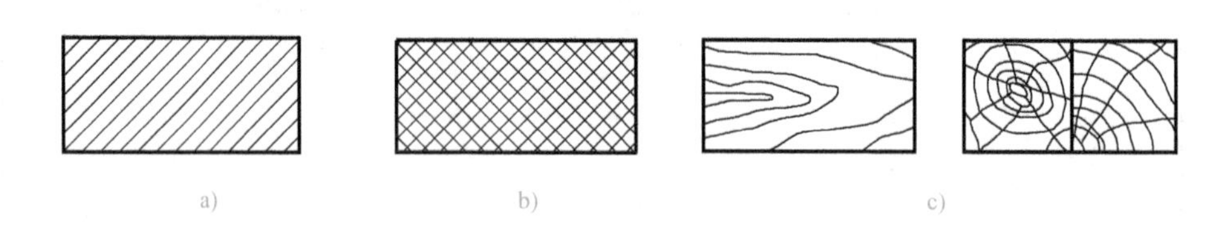

图 4-1-4 剖面符号

a）金属材料的剖面符号 b）非金属材料的剖面符号 c）木材的纵、横剖面符号

【知识点 4-1-2】 全剖视图

用剖切面完全地剖开机件所得的剖视图称为全剖视图，如图 4-1-3 所示。全剖视图一般适用于外形较简单、内部结构较复杂的机件。

【绘图步骤 2】 分析轴套的尺寸

轴套四个油孔的位置由尺寸（30±0.01）mm 确定，该尺寸以轴套的右端面作为尺寸基准。轴套外径尺寸 $\phi60_{-0.030}^{\ 0}$mm，ϕ60mm 为公称尺寸，0 和−0.030mm 分别是上极限偏差和下极限偏差。轴套内径尺寸 $\phi40_{\ 0}^{+0.025}$mm，ϕ40mm 为公称尺寸，+0.025mm 和 0 分别是上极限偏差和下极限偏差。

【知识点 4-1-3】 尺寸基准

尺寸基准是标注、测量尺寸的起点，机件具有长、宽、高三个方向的尺寸，每个方向都应该选择尺寸基准。尺寸基准通常是零件上的对称面、加工面、安装底面、端面、回转轴线、圆柱素线或球心等，但具体选择哪些面或线作为基准，需要根据零件的设计要求和加工要求确定。

轴套类零件通常有径向和轴向两个方向，这两个方向的基准称为径向基准和轴向基准。径向基准通常是轴的中心线，轴向基准通常是左端面、右端面或肩面。图 4-1-5 标注了轴套的径向基准和轴向基准。

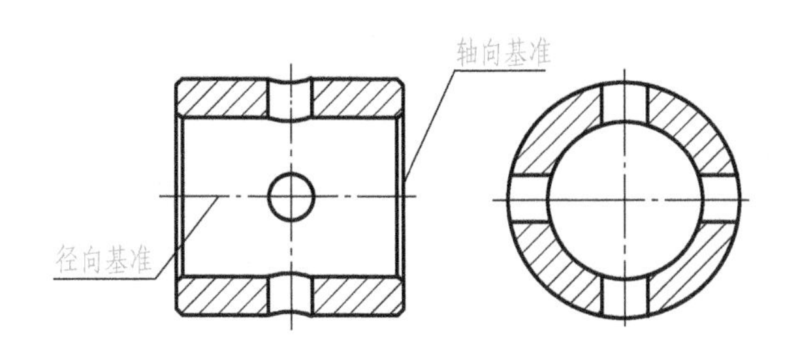

图 4-1-5　轴套的基准

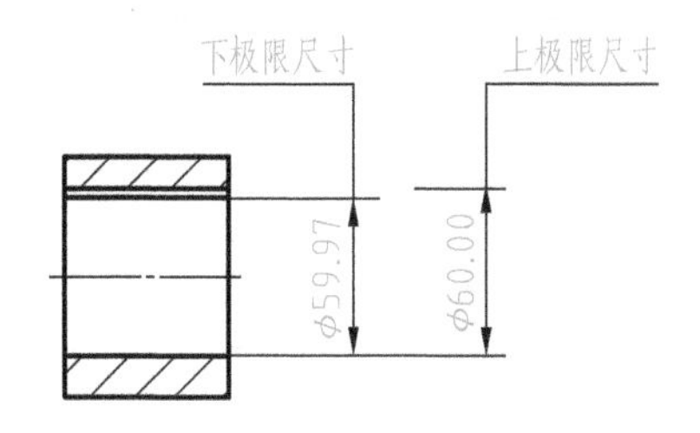

图 4-1-6　上极限尺寸和下极限尺寸

【知识点 4-1-4】　公差

在制造零件的过程中，因为制造、测量误差的影响，不可能把零件的尺寸加工得绝对准确，而允许实际尺寸控制在一个范围内即为合格。尺寸允许的变动量称为尺寸公差，简称公差。

现以轴套外径尺寸 $\phi60^{\ 0}_{-0.030}$mm 为例，说明尺寸公差的相关概念。

1）公称尺寸：$\phi60^{\ 0}_{-0.030}$mm 中 ϕ60mm 称为公称尺寸。公称尺寸是设计给定的尺寸，一般圆整为整数。

2）极限尺寸：指允许尺寸变动的两个极限值，如图 4-1-6 所示。

上极限尺寸 60mm+0mm=60mm

下极限尺寸 60mm−0. 030mm=59. 97mm

3）极限偏差：指上极限偏差和下极限偏差，0 和−0. 030mm 是 60mm 的上、下极限偏差。

4）尺寸公差：指允许尺寸的变动量，等于上极限尺寸与下极限尺寸之差或上极限偏差减下极限偏差。

$\phi60^{\ 0}_{-0.030}$mm 的尺寸公差=60mm−59. 97mm=0. 03mm，或 0−(−0. 030mm) = 0. 03mm

尺寸公差是一个没有符号的绝对值。在公称尺寸相同的情况下，尺寸公差越小，则尺寸精度越高。

【绘图步骤 3】　绘制轴套零件图

在 A4 图纸上布图，并预留标注尺寸的位置。具体绘图步骤见表 4-1-1。

表 4-1-1　轴套零件图的绘制步骤

	绘制定位的中心线和基准线
	绘制轴套的主体结构 注意：轴套被剖切后不可见轮廓变得可见，应画为粗实线

（续）

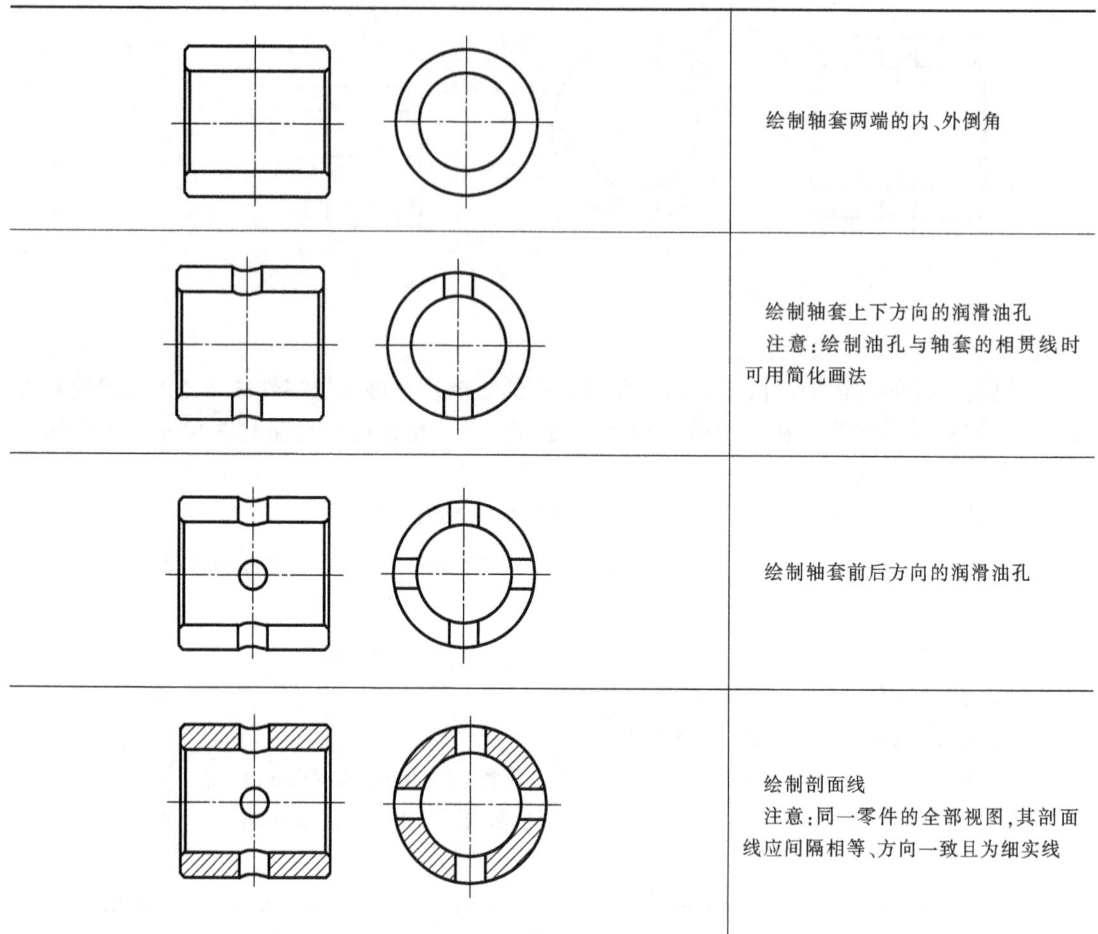

图示	说明
	绘制轴套两端的内、外倒角
	绘制轴套上下方向的润滑油孔 注意：绘制油孔与轴套的相贯线时可用简化画法
	绘制轴套前后方向的润滑油孔
	绘制剖面线 注意：同一零件的全部视图，其剖面线应间隔相等、方向一致且为细实线

【绘图步骤 4】 检查图形，加粗定稿

完成草图，擦掉多余的作图痕迹。检查草图无误后，加粗定稿。

【绘图步骤 5】 标注尺寸

尺寸 $\phi60^{\ 0}_{-0.030}$mm 的上、下极限偏差为 0 和−0.030mm，其字高应比公称尺寸 ϕ60mm 的字高小一号，且正负号对齐、小数点对齐；若为 0，正负号、小数点均不用写。(30±0.01) mm 中 0.01mm 与 30mm 同一字高。

【知识拓展 1】 绘制剖面线的注意事项

1）在同一金属零件的图样中，剖面符号要一致，包括剖面线的方向和间隔，一般画成 45°。

2）当图形主要轮廓线与水平成 45°时，该图形的剖面线应画成 0°或 90°。

3）当图形主要轮廓线不与水平成 45°时，该图形的剖面线应画成 30°或 60°的平行线。如图 4-1-7 所示。

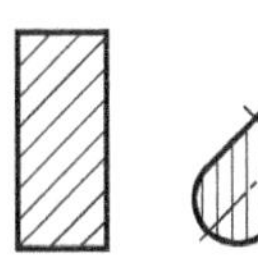 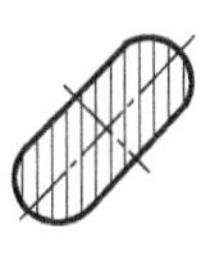  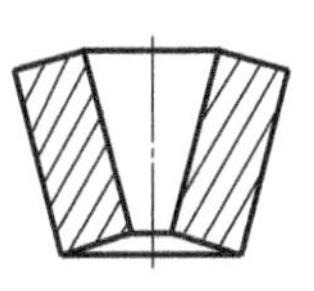 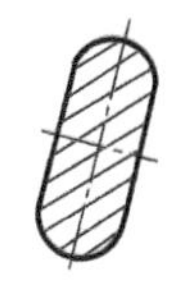

图 4-1-7　剖面线的方向

【知识拓展 2】　配合

由代表上、下极限偏差的两条直线所限定的区域称为公差带。

公称尺寸相同且相互结合的孔和轴公差带之间的关系称为配合。配合可分为间隙配合、过盈配合和过渡配合。

1. 间隙配合

配合的孔和轴（公称尺寸相同），若孔的实际尺寸总比轴的实际尺寸大，称为间隙配合。间隙配合的轴在孔中可自由转动或移动，如图 4-1-8 所示。

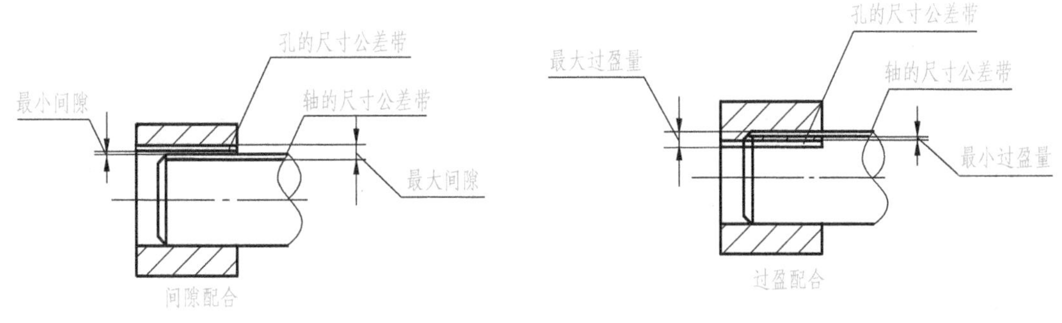

图 4-1-8　间隙配合　　图 4-1-9　过盈配合

2. 过盈配合

配合的孔和轴，孔的实际尺寸总比轴的实际尺寸小，称为过盈配合。过盈配合的孔和轴，在装配时需要一定的外力或者通过加热使孔膨胀后，才能将轴装入孔中。孔与轴配合后不能做相对运动，如图 4-1-9 所示。

3. 过渡配合

配合的孔和轴，孔的实际尺寸比轴的实际尺寸有时大，有时小。孔和轴配合后可能是间隙配合，也可能是过盈配合，称为过渡配合，如图 4-1-10 所示。

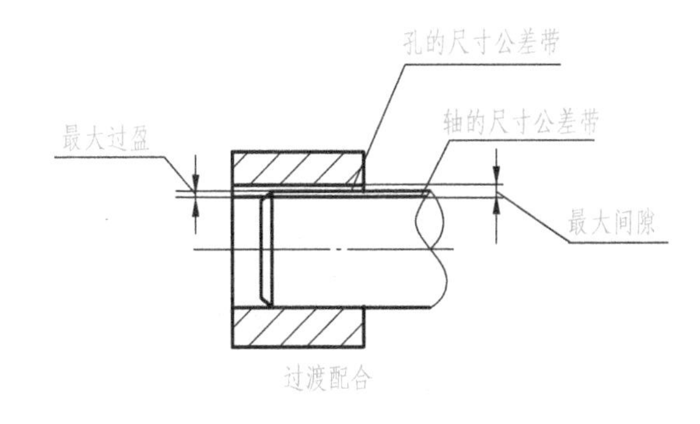

图 4-1-10　过渡配合

【知识拓展3】 标准公差与基本偏差

1. 公差带图和零线

一般只画出上、下极限偏差围成的方框简图，称为公差带图。在公差带图中表示公称尺寸的一条直线称为零线。

2. 标准公差

标准公差是由国家标准规定的，用于确定公差带大小的任一公差。公差等级确定尺寸的精确程度，国家标准把公差等级分为20个等级，即IT01、IT0、IT1~IT18。IT表示公差，数字表示公差等级。IT01公差值最小，精度最高，IT18公差值最大，精度最低。IT01~IT11用于配合尺寸，IT12~IT18用于非配合尺寸，见表4-1-2。

表4-1-2 标准公差数值（摘自GB/T 1800.1—2009）

公称尺寸/mm		标准公差等级																	
		IT1	IT2	IT3	IT4	IT5	IT6	IT7	IT8	IT9	IT10	IT11	IT12	IT13	IT14	IT15	IT16	IT17	IT18
大于	至	μm											mm						
—	3	0.8	1.2	2	3	4	6	10	14	25	40	60	0.1	0.14	0.25	0.4	0.6	1	1.4
3	6	1	1.5	2.5	4	5	8	12	18	30	48	75	0.12	0.18	0.3	0.48	0.75	1.2	1.8
6	10	1	1.5	2.5	4	6	9	15	22	36	58	90	0.15	0.22	0.36	0.58	0.9	1.5	2.2
10	18	1.2	2	3	5	8	11	18	27	43	70	110	0.18	0.27	0.43	0.7	1.1	1.8	2.7
18	30	1.5	2.5	4	6	9	13	21	33	52	84	130	0.21	0.33	0.52	0.84	1.3	2.1	3.3
30	50	1.5	2.5	4	7	11	16	25	39	62	100	160	0.25	0.39	0.62	1	1.6	2.5	0.39
50	80	2	3	5	8	13	19	30	46	74	120	190	0.3	0.46	0.74	1.2	1.9	3	4.6
80	120	2.5	4	6	10	15	22	35	54	87	140	220	0.35	0.54	0.87	1.4	2.2	3.5	5.4
120	180	3.5	5	8	12	18	25	40	63	100	160	250	0.4	0.63	1	1.6	2.5	4	6.3
180	250	4.5	7	10	14	20	29	46	72	115	185	290	0.46	0.72	1.15	1.85	2.9	4.6	7.2
250	315	6	8	12	16	23	32	52	81	130	210	320	0.52	0.81	1.3	2.1	3.2	5.2	8.1
315	400	7	9	13	18	25	36	57	89	140	230	360	0.57	0.89	1.4	2.3	3.6	5.7	8.9
400	500	8	10	15	20	27	40	63	97	155	250	400	0.63	0.97	1.55	2.5	4	6.3	9.7

注：公称尺寸小于或等于1mm时，无IT14~IT18。

3. 基本偏差

用以确定公差带相对于零线位置的上极限偏差或下极限偏差，一般是指靠近零线的那个偏差称为基本偏差。当公差带在零线上方时，基本偏差为下极限偏差；当公差带在零线下方时，基本偏差为上极限偏差。基本偏差用拉丁字母表示。大写字母代表孔（EI、ES），小写字母代表轴（ei、es），如图4-1-11。

国家标准GB/T 1800.1—2009对孔和轴各规定了28个不同的基本偏差，如图4-1-12所示。从基本偏差系列图中可以看出：孔的基本偏差A~H和轴的基本偏差j~zc为下极限偏差；孔的基本偏差J~ZC和轴的基本偏差a~h为上极限偏差，JS和js没有基本偏差，其公差带对称分布于零线两边，孔和轴的上、下极限偏差分别都是+IT/2、-IT/2。基本偏差系列图只表示公差带的位置，不表示公差的大小，因此，公差带一端是开口，开口的另一端由标准公差限定。

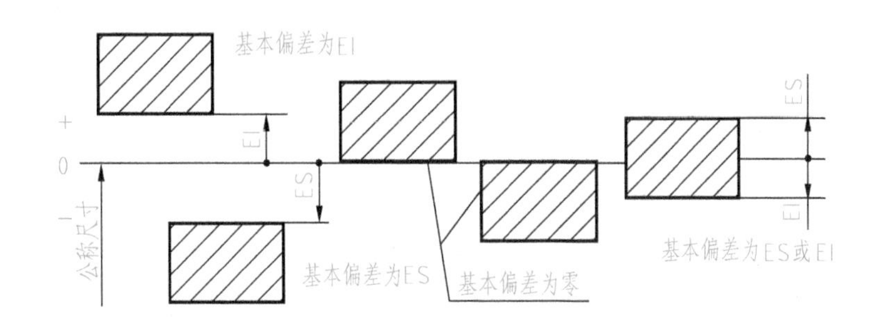

图 4-1-11　基本偏差

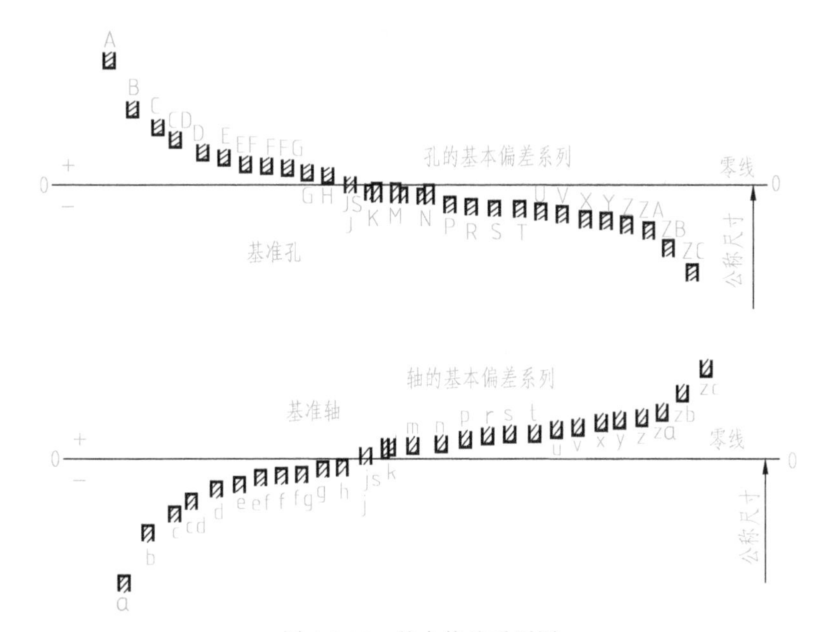

图 4-1-12　基本偏差系列图

轴和孔的公差带代号由基本偏差代号和公差等级代号组成，如图 4-1-13 所示。只标注公差带代号，例如 $\phi 20h6$，适用于大批量的生产要求；只标注上下极限偏差数值的方法，例如 $\phi 20_{-0.013}^{\ 0}$ mm，适用于单件或小批量的生产要求；公差带代号与极限偏差共同标注的方法，例如 $\phi 20h6(_{-0.013}^{\ 0})$ mm，适用于批量不定的生产要求。

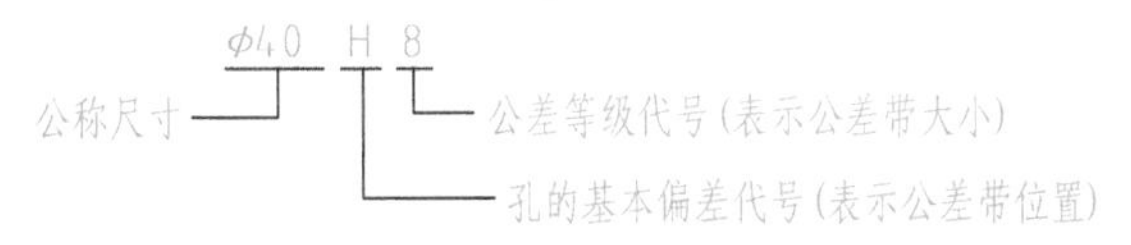

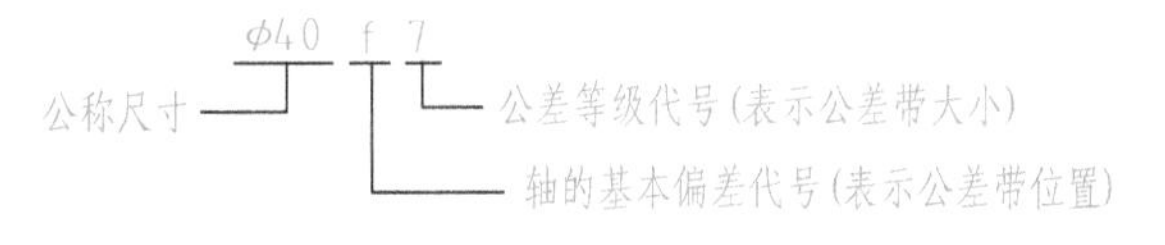

图 4-1-13　孔、轴的公差带代号

例：查表 4-1-3 和表 4-1-4 写出 $\phi20js8$ 和 $\phi12H7$ 的公称尺寸和极限偏差。

解：$\phi20js8$：小写字母表示轴，公称尺寸为 $\phi20mm$，js8 表示基本偏差，公差等级为 IT8。查表 4-1-2，得到 IT8 = 33μm。js 上极限偏差是+IT/2 = 16.5μm，下极限偏差是−IT/2 = −16.5μm，即 $\phi20js8=(\phi20\pm0.0165)mm$。

$\phi12H7$：大写字母表示孔，公称尺寸为 $\phi12mm$，H7 表示基本偏差，公差等级为 IT7。

查表 4-1-2，得到 IT7 = 18μm；查表 4-1-4，得到上极限偏差 = +18μm，下极限偏差 = 0，即 $\phi12H7=\phi12^{+0.018}_{0}mm$。

注意事项：

1）基本偏差代号大写的查孔的基本偏差数值表，小写的查轴的基本偏差数值表。

2）查表时注意基本尺寸段的划分，如 $\phi30$ 应划在 24~30mm 尺寸段内。

3）分清基本偏差是上极限偏差还是下极极偏差。

表 4-1-3 优先配合中轴的极限偏差（摘自 GB/T 1800.2—2009）（单位：μm）

公称尺寸/mm		公差带												
		c	d	f	g	h				k	n	p	s	u
大于	至	11	9	7	6	6	7	9	11	6	6	6	6	6
—	3	-60 -120	-20 -45	-6 -16	-2 -8	0 -6	0 -10	0 -25	0 -60	+6 0	+10 +4	+12 +6	+20 +14	+24 +18
3	6	-70 -145	-30 -60	-102 260	-4 -12	0 -8	0 -12	0 -30	0 -75	+9 +1	+16 +8	+20 +12	+27 +19	+31 +23
6	10	-80 -170	-40 -76	-13 -28	-5 -14	0 -9	0 -15	0 -36	0 -90	+10 +1	+19 +10	+24 +15	+32 +23	+37 +28
10	18	-95 -205	-50 -93	-16 -34	-6 -17	0 -11	0 -18	0 -43	0 -110	+12 +1	+23 +12	+29 +18	+39 +28	+44 +33
18	24	-110 -240	-65 -117	-20 -41	-7 -20	0 -13	0 -21	0 -52	0 -130	+15 +2	+28 +15	+35 +22	+48 +35	+54 +41
24	30													+61 +48
30	40	-120 -280	-80 -142	-25 -50	-9 -25	0 -16	0 -25	0 -62	0 -160	+18 +2	+33 +17	+42 +26	+59 +43	+76 +60
40	50	-130 -290												+86 +70
50	65	-140 -330	-100 -174	-30 -60	-10 -29	0 -19	0 -30	0 -74	0 -190	+21 +2	+39 +20	+51 +32	+72 +53	+106 +87
65	80	-150 -340											+78 +59	+121 +102
80	100	-170 -390	-120 -207	-36 -71	-12 -34	0 -22	0 -35	0 -87	0 -220	+25 +3	+45 +23	+59 +37	+93 +71	+146 +124
100	120	-180 -400											+101 +79	+166 +144
120	140	-200 -450											+117 +92	+195 +170
140	160	-210 -460	-145 -245	-43 -83	-14 -39	0 -25	0 -40	0 -100	0 -250	+28 +3	+52 +27	+68 +43	+125 +100	+215 +190
160	180	-230 -480											+133 +108	+235 +210

（续）

公称尺寸/mm		公差带												
		c	d	f	g	h				k	n	p	s	u
大于	至	11	9	7	6	6	7	9	11	6	6	6	6	6
180	200	-240 -530											+151 +122	+265 +236
200	225	-260 -550	-170 -285	-50 -96	-15 -44	0 -29	0 -46	0 -115	0 -290	+33 +40	+60 +31	+79 +50	+159 +130	+287 +258
225	250	-280 -570											+169 +140	+313 +284
250	280	-300 -620	-190 -320	-56 -108	-17 -49	0 -32	0 -52	0 -130	0 -320	+36 +4	+66 +34	+88 +56	+190 +158	+347 +315
280	315	-330 -650											+202 +170	+382 +350
315	355	-360 -720	-210 -350	-62 -119	-18 -54	0 -36	0 -57	0 -140	0 -360	+40 +4	+73 +37	+98 +62	+226 +190	+426 +390
355	400	-400 -760											+244 +208	+471 +435
400	450	-440 -840	-230 -385	-68 -131	-20 -60	0 -40	0 -63	0 -155	0 -400	+45 +5	+80 +40	+108 +68	+272 +232	+530 +490
450	500	-480 -880											+292 +252	+580 +540

表 4-1-4 优先配合中孔的极限偏差（摘自 GB/T 1800.2—2009） （单位：μm）

公称尺寸/mm		公差带												
		C	D	F	G	H				K	N	P	S	U
大于	至	11	9	8	7	7	8	9	11	7	7	7	7	7
—	3	+120 +60	+45 +20	+20 +6	+12 +2	+10 0	+14 0	+25 0	+60 0	0 -10	-4 -14	-6 -16	-14 -24	-18 -28
3	6	+145 +70	+60 +30	+28 +10	+16 +4	+12 0	+18 0	+30 0	+75 0	+3 -9	-4 -16	-8 -20	-15 -27	-19 -31
6	10	+170 +80	+76 +40	+35 +13	+20 +5	+15 0	+22 0	+36 0	+90 0	+5 -10	-4 -16	-9 -24	-17 -32	-22 -37
10	18	+205 +95	+93 +50	+43 +16	+24 +6	+18 0	+27 0	+43 0	+110 0	+6 -12	-5 -23	-11 -29	-21 -39	-26 -44
18	24	+240 +110	+117 +65	+53 +20	+28 +7	+21 0	+33 0	+52 0	+130 0	+6 -15	-7 -28	-14 -35	-27 -48	-33 -54
24	30													-40 -61
30	40	+280 +120	+142 +80	+64 +25	+34 +9	+25 0	+39 0	+62 0	+160 0	+7 -18	-8 -33	-17 -42	-34 -59	-51 -76
40	50	+290 +130												-61 -86
50	65	+330 +140	+174 +100	+76 +30	+40 +10	+30 0	+46 0	+74 0	+190 0	+9 -21	-9 -39	-21 -51	-42 -72	-76 -106
65	80	+340 +150											-48 -78	-91 -121
80	100	+390 +170	+207 +120	+90 +36	+47 +12	+35 0	+54 0	+87 0	+220 0	+10 -25	-10 -45	-24 -59	-58 -93	-111 -146
100	120	+400 +180											-66 -101	-131 -166

（续）

公称尺寸/mm		公差带												
		C	D	F	G	H				K	N	P	S	U
大于	至	11	9	8	7	7	8	9	11	7	7	7	7	7
120	140	+450 +200											-77 -117	-155 -195
140	160	+460 +210	+245 +145	+106 +43	+54 +14	+40 0	+63 0	+100 0	+250 0	+12 -28	-12 -52	-28 -68	-85 -125	-175 -215
160	180	+480 +230											-93 -133	-195 -235
180	200	+530 +240											-105 -151	-219 -265
200	225	+550 +260	+285 +170	+122 +50	+61 +15	+46 0	+72 0	+115 0	+290 0	+13 -33	-14 -60	-33 -79	-113 -159	-241 -287
225	250	+570 +280											-123 -169	-267 -313
250	280	+620 +300	+320 +190	+137 +56	+69 +17	+52 0	+81 0	+130 0	+320 0	+16 -36	-14 -66	-36 -88	-138 -190	-295 -347
280	315	+650 +330											-150 -202	-330 -382
315	355	+720 +360	+350 +210	+151 +62	+75 +18	+57 0	+89 0	+140 0	+360 0	+17 -40	-16 -73	-41 -98	-169 -226	-369 -426
355	400	+760 +400											-187 -244	-414 -471
400	450	+840 +440	+385 +230	+165 +68	+83 +20	+63 0	+97 0	+155 0	+400 0	+18 -45	-17 -80	-45 -108	-209 -272	-467 -530
450	500	+880 +480											-229 -292	-517 -580

【知识拓展 4】 配合制

在制造互相配合的零件时，采用其中一个零件作为基准件，使其基本偏差不变，通过改变另一个零件的基本偏差来获得不同性质的配合要求称为配合制。国家标准规定了两种配合制，分别为基孔制和基轴制。

1. 基孔制配合

基本偏差为一定的孔的公差带，与不同基本偏差的轴的公差带形成各种配合的一种制度。一般优先选择基孔制，这样可以减少加工刀具、量具的数量，比较经济合理。基孔制配合的孔称为基准孔，其基本偏差代号为 H，下极限偏差为零。即它的下极限尺寸等于公称尺寸。

2. 基轴制配合

基本偏差为一定的轴的公差带，与不同基本偏差的孔的公差带形成各种配合的一种制度。基轴制配合的轴称为基准轴，其基本偏差代号为 h，上极限偏差为零。即它的上极限尺寸等于公称尺寸。基轴制通常用在以下情况：

1）所用配合的公差等级不高（IT8 及以下）；

2）选用基孔制时会导致阶梯轴，不易装配；

3）同一公称尺寸的各个部分需要装上不同配合的零件。

【知识拓展 5】 剖视图的配置和标注

剖视图应首先考虑配置在基本视图上的方位，当难以按基本视图的方位配置时，也可按投影关系配置在相应位置上。必要时才考虑配置在其他适当位置上。剖视图的标注有以下内容：

1）剖切线：指示剖切面位置的线，用细点画线表示，剖视图中通常省略。

2）剖切符号：指示剖切面起、讫和转折位置（用粗实线的短画表示）及投射方向（用箭头表示）的符号。

3）剖视图的名称，用大写拉丁字母注写在剖视图的上方。

剖视图的标注方法可分为三种情况，即全标、不标和省标，见表 4-1-5。

表 4-1-5　剖视图的配置和标注

名称	图　　例	说　明
全标	A—A A　A　A	剖切线、剖切符号和字母全部标出，这是基本规定
不标		同时满足以下三个条件，可以不加任何标注 1. 单一剖切平面通过机件的对称平面或基本对称平面剖切 2. 剖视图按投影关系配置 3. 剖视图与相应视图之间没有其他图形隔开
省标	A　A　A—A	仅满足不标条件的后两项，可省略表示投射方向的箭头

【小结】

通过绘制轴套，对剖视图、全剖视图、尺寸基准（径向基准与轴向基准）、公称尺寸、公差（上、下极限尺寸和上、下极限偏差等）、配合、标准公差、基本偏差、配合制等相关国家标准进行了简明的介绍。需要重点掌握的是全剖视图的画法及其标注。

任务4-2 轴

本次课程任务是绘制图 4-2-1 所示轴零件图（几何公差和表面粗糙度暂未注出）。

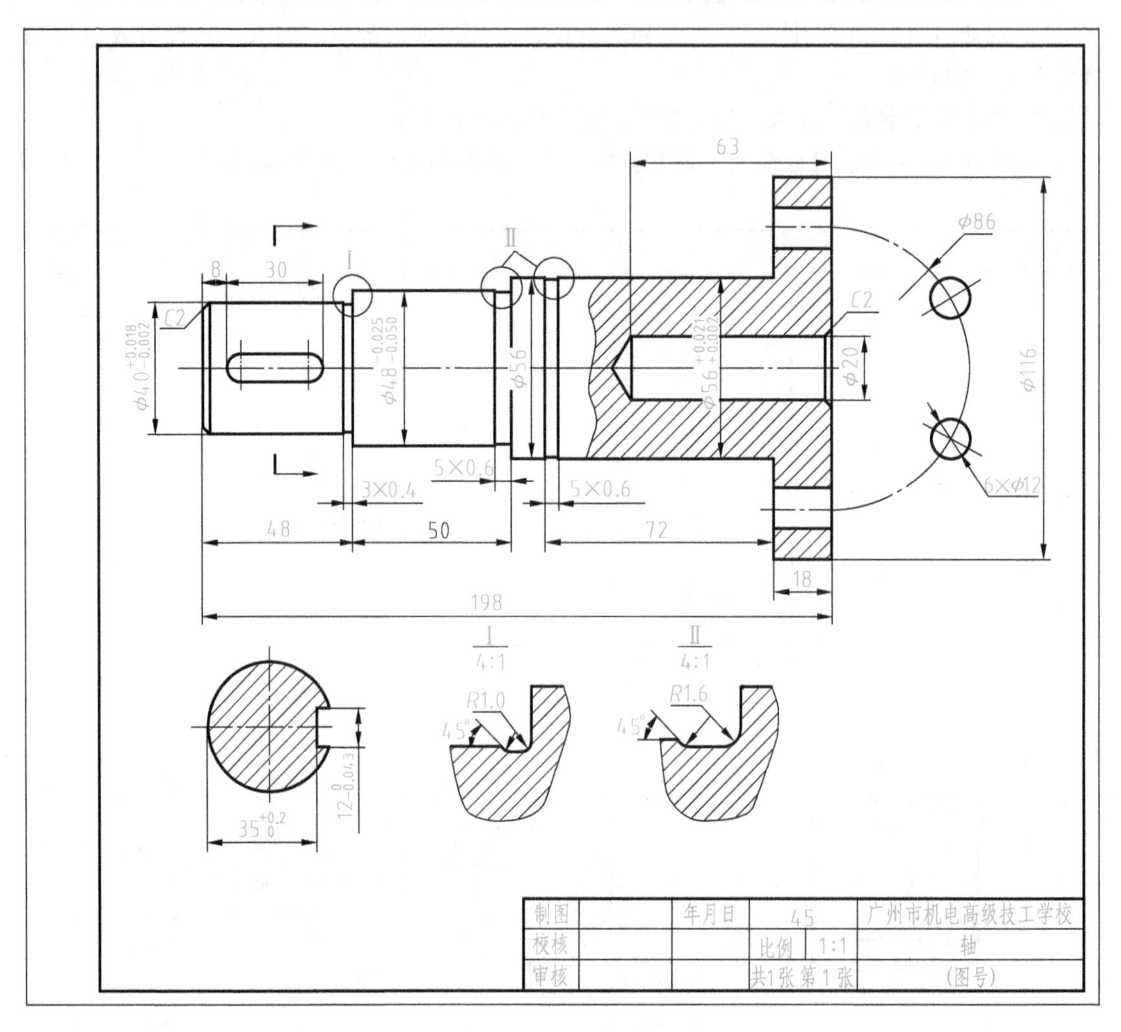

图 4-2-1 轴零件图

【绘图步骤 1】 分析轴的形状

图 4-2-1 所示轴零件图采用一个局部剖的主视图来表达其内部结构，轴右端处用简化画法表达其上孔的分布；采用一个移出断面图表达键槽的深度和宽度；用两个局部放大图表达轴上几处砂轮越程槽的细小结构。轴的实体如图 4-2-2 所示。

【知识点 4-2-1】 局部剖视图

根据剖切范围的大小，剖视图分为全剖视图、半剖视图和局部剖视图。用剖切面局部地剖开机件所得的剖视图，称为局部剖视图。局部剖视图是一种灵活的表达方法，适用的范围

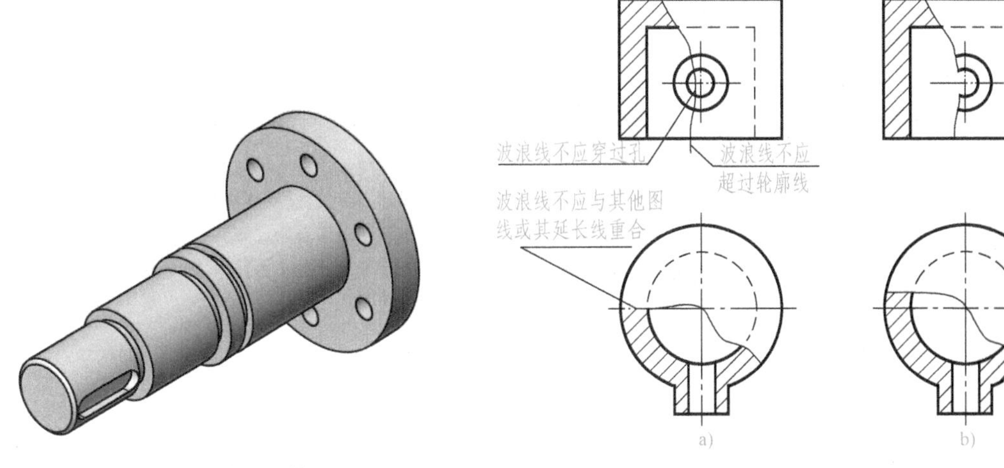

图 4-2-2　轴的实体图

图 4-2-3　局部剖注意事项
a）错误画法　b）正确画法

广。用剖视的部分表达机件的内部结构，不剖的部分表达机件的外部形状。局部剖视图常用于轴、连杆、手柄等实心零件上有小孔、槽、凹坑等局部结构需要表达其内形的零件。

局部剖视图用细波浪线分界，波浪线应画在机件的实体上，不能超出实体轮廓线，也不能画在机件的中空处。波浪线不应画在轮廓的延长线上，也不能用轮廓线代替，不得与图样上其他图线重合，如图 4-2-3 所示。一个视图中，局部剖视图的数量不宜过多，可在较大范围画成局部剖视图，以减少局部剖视图的数量。局部已表达清楚的结构形状虚线不再画出。

【知识点 4-2-2】　断面图和移出断面图

假想用剖切面将机件切断，仅画其断面的图形称为断面图，简称断面。画在视图之外的断面图称为移出断面图。如图 4-2-4b、c 所示。

断面图和剖视图非常类似，区别在于：断面图只画出机件某一局部的断面形状，如图 4-2-4b、c，但剖视图不仅要画出机件某一局部的断面形状，且要画出剖切面后的可见部分，如图 4-2-4d 所示。

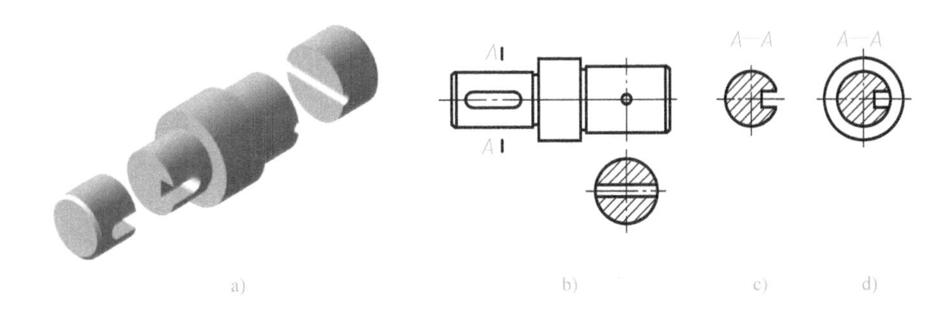

图 4-2-4　断面图与剖视图的区别

移出断面图的画法要求、移出断面图的配置及标注方法分别见表 4-2-1 和表 4-2-2。

表 4-2-1　移出断面图的画法要求

图例	说明
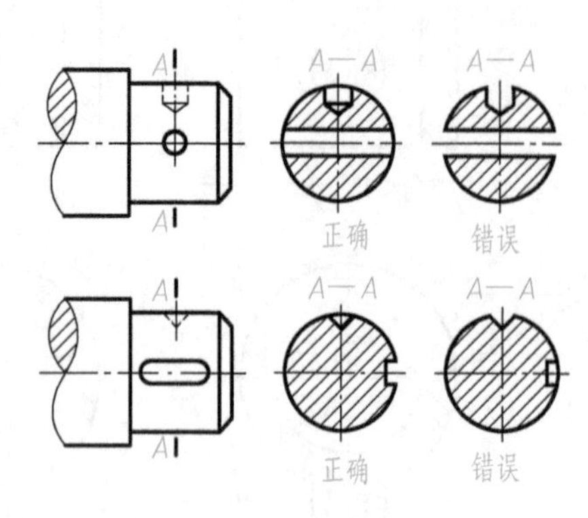 带有孔或凹坑的移出断面图	当剖切面通过回转面形成的孔或凹坑的轴线时，该结构要按剖视图要求绘制 当剖切面通过非圆孔会导致断面图出现完全分离时，该结构也要按剖视图要求绘制
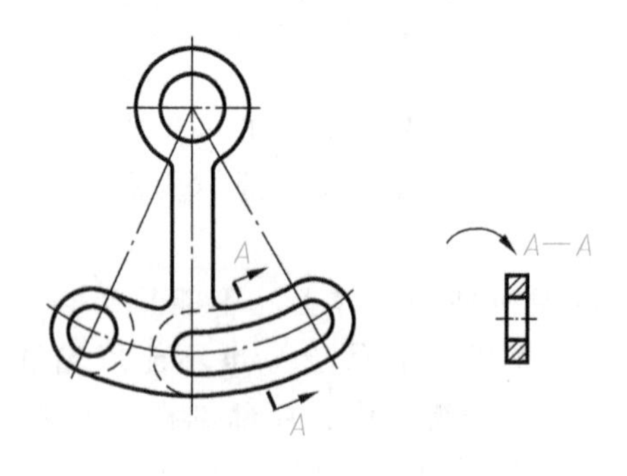 按剖视图绘制的移出断面图	当剖切面通过非圆孔会导致断面图出现完全分离时，该结构也要按剖视图要求绘制
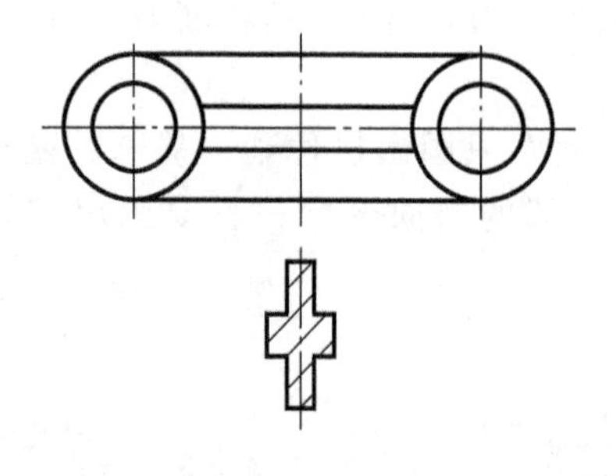 常见的移出断面图	常见的由单一剖切面剖切而得到的移出断面图
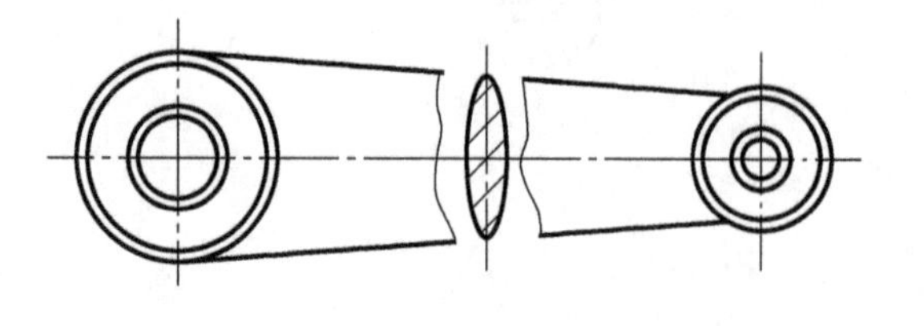 画在视图中断处的移出断面图	在不致引起误解时，对称的移出断面能画在图形的中断处，不必标注；不对称的移出断面不能画在图形的中断处

（续）

 断开的移出断面图	由两个或多个相交的剖切面剖切而得到的移出断面图，中间一般应断开。按断开画移出断面图时，断面总长度应小于弯折剖切处的两截长度之和 按不断开画时，断面总长度应等于两截长度之和

表 4-2-2　移出断面图的配置和标注

对称的移出断面	不对称的移出断面
剖切线(细点画线) 配置在剖切线上，不必标注字母和剖切符号	配置在剖切符号延长线上，不必标注字母
A　A　A—A 按投影关系配置，不必标注箭头	A　A　A—A 按投影关系配置，不必标注箭头
A　A　A—A 配置在其他位置，不必标注箭头	A　A　A—A 配置在其他位置，应全部标注

【知识点 4-2-3】　退刀槽和砂轮越程槽

切削加工轴时，为了便于退出刀具或砂轮，以及在装配时保证相邻零件靠紧，常在待加工面的轴肩处先车出退刀槽或磨出越程槽，如图 4-2-5 所示。退刀槽是在车削螺纹时所保留的工艺结构，砂轮越程槽是在磨削加工时留有的工艺结构。图 4-2-6 所示是退刀槽和砂轮越程槽的注法。

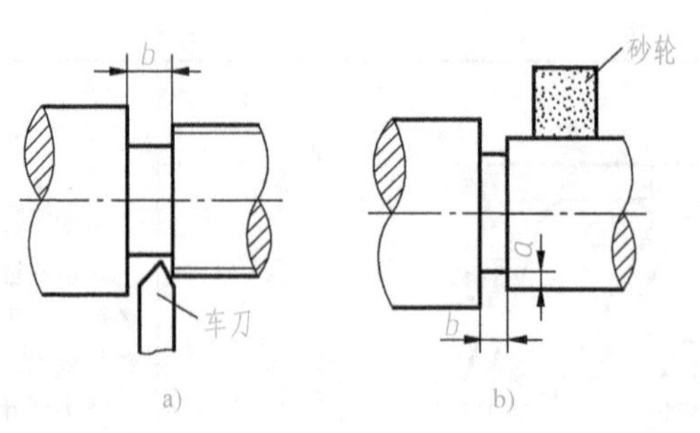

图 4-2-5　退刀槽和砂轮越程槽

a）退刀槽　b）砂轮越程槽

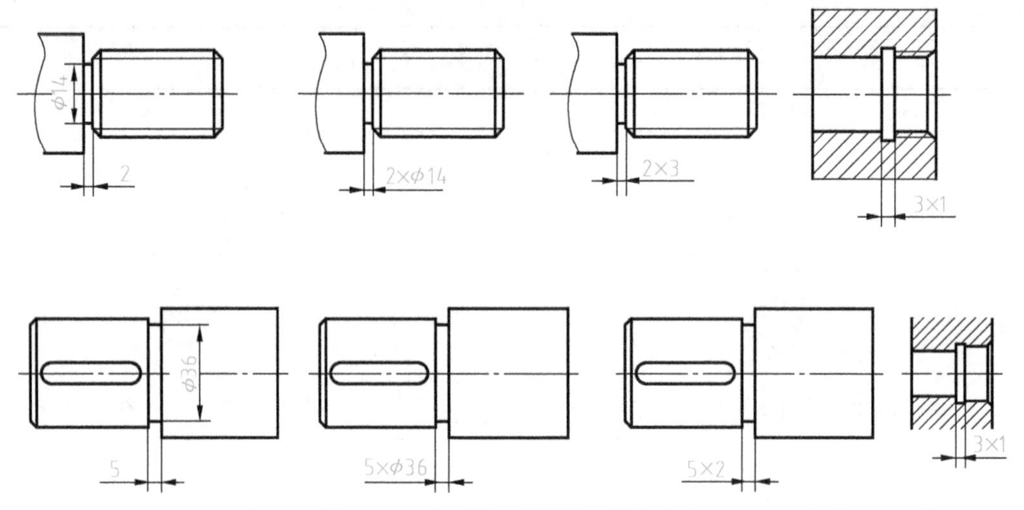

图 4-2-6　退刀槽和砂轮越程槽的注法

【知识点 4-2-4】　局部放大图

当机件上的细小结构在视图中表达不清楚，或不便于标注尺寸时，可将该部分结构用大于原图形的比例所绘出的图形，称为局部放大图。

局部放大图可画成视图、剖视图和断面图，它与被放大部分原来所采取的表达方式无关。局部放大图的比例是指该放大图中机件要素的线性尺寸与实际机件相应要素的线性尺寸之比，而与原图形中所采用的比例无关。

局部放大图应尽量配置在被放大部位附近。绘制局部放大图时，一般应用细实线圈出被放大的部位，并在局部放大图上方注明比例，如图 4-2-7 所示。当同一机件上有几处被放大时，应用罗马数字编号，并在局部放大图上标注出相应的罗马数字和所采用的比例。

【知识点 4-2-5】　简化画法

圆柱形法兰和类似零件上均匀分布的孔，可由机件外向该法兰端面方向投射，如图 4-2-8所示。

【知识点 4-2-6】　键与键槽

在齿轮、带轮等的连接中，需要使用键、销等连接件使轴和传动件不产生相对转动，保证两者同步转动，以传递运动和动力。键连接如图 4-2-9 所示。键为标准件，图 4-2-10 所示为普通平键的三种结构类型，图 4-2-11 所示为键槽画法及尺寸标注。

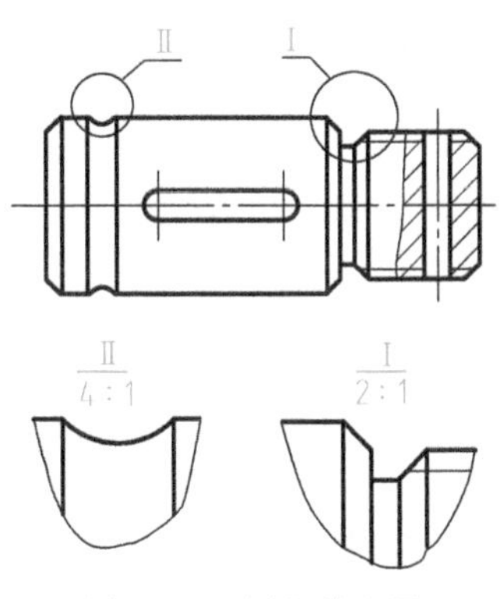

图 4-2-7　局部放大图

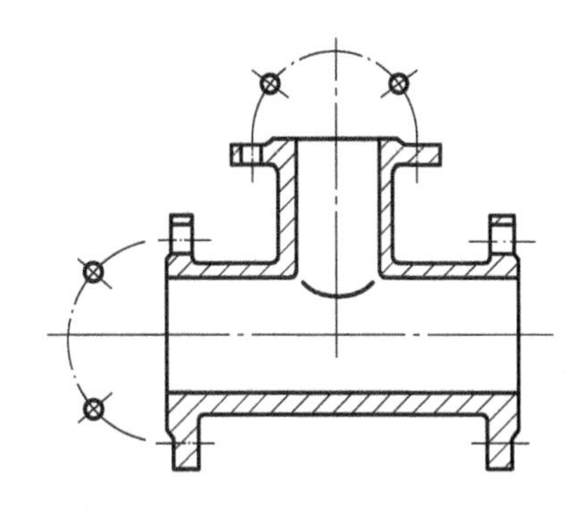

图 4-2-8　均匀分布孔的简化画法

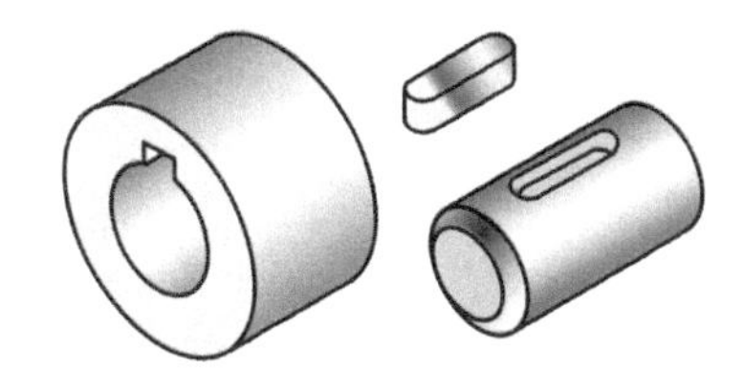

图 4-2-9　键连接

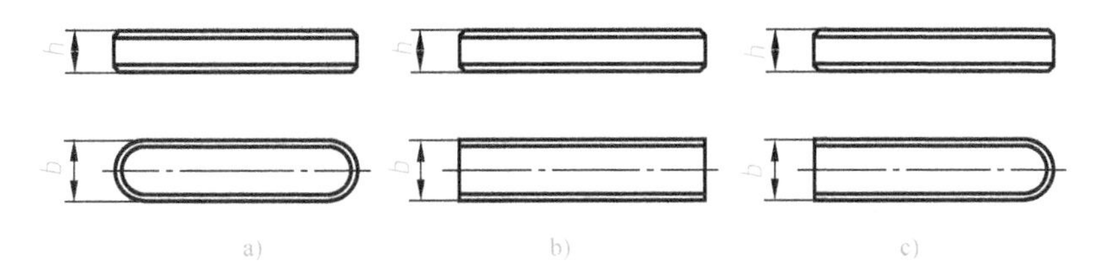

图 4-2-10　普通平键

a）圆头平键　b）方头平键　c）单圆头平键

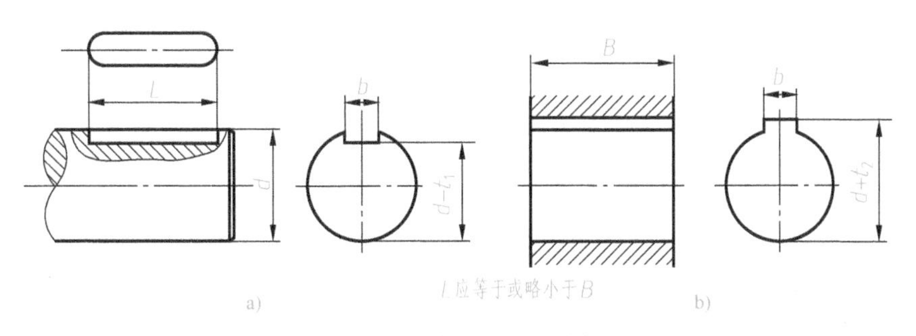

图 4-2-11　键槽画法及尺寸标注

a）轴上键槽　b）轮毂键槽

【绘图步骤 2】　绘制轴零件图

在 A4 图纸上布置视图，并预留标注尺寸的位置。具体绘图步骤见表 4-2-3。

表 4-2-3　轴零件图绘制步骤

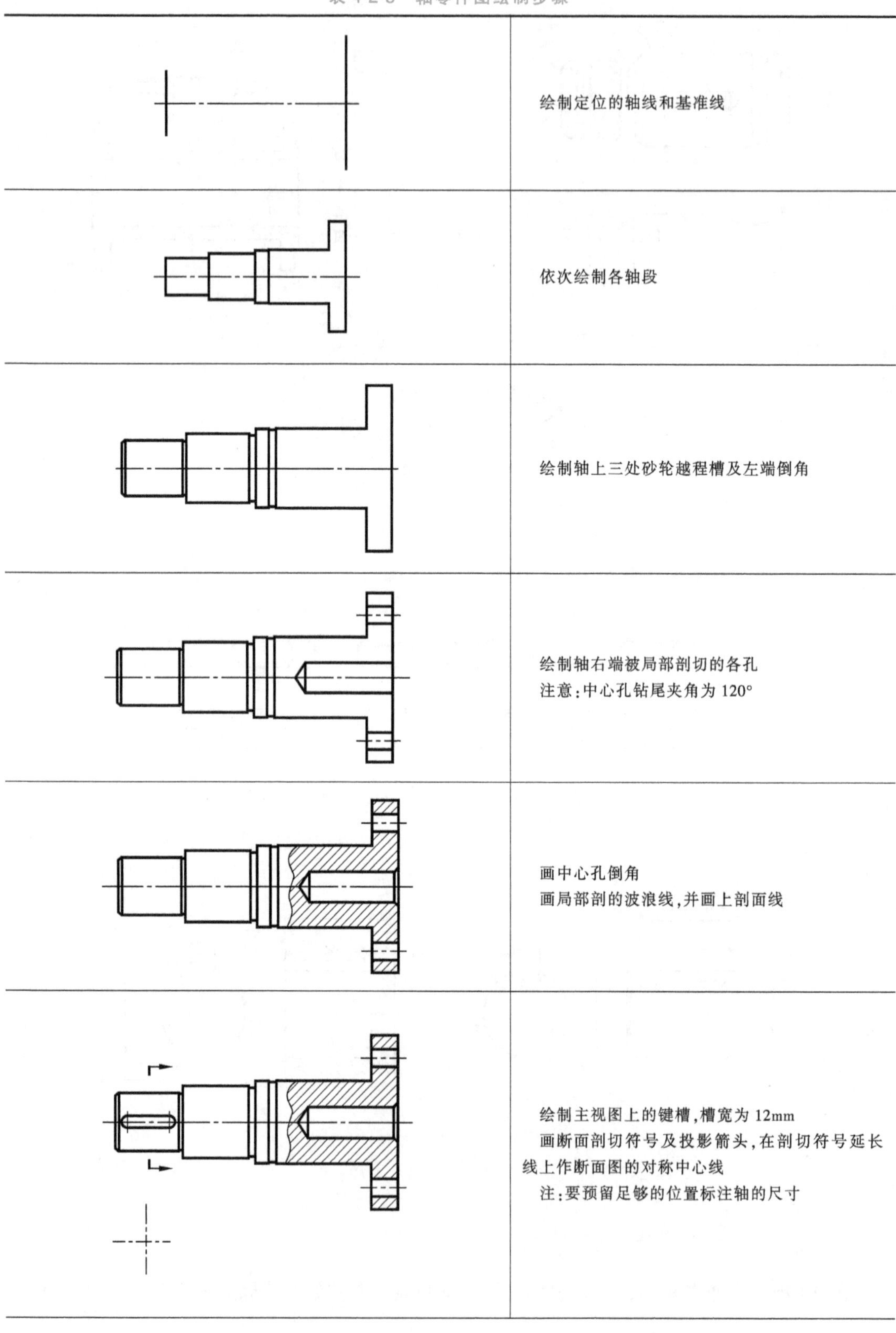

图示	说明
	绘制定位的轴线和基准线
	依次绘制各轴段
	绘制轴上三处砂轮越程槽及左端倒角
	绘制轴右端被局部剖切的各孔 注意：中心孔钻尾夹角为 120°
	画中心孔倒角 画局部剖的波浪线，并画上剖面线
	绘制主视图上的键槽，槽宽为 12mm 画断面剖切符号及投影箭头，在剖切符号延长线上作断面图的对称中心线 注：要预留足够的位置标注轴的尺寸

（续）

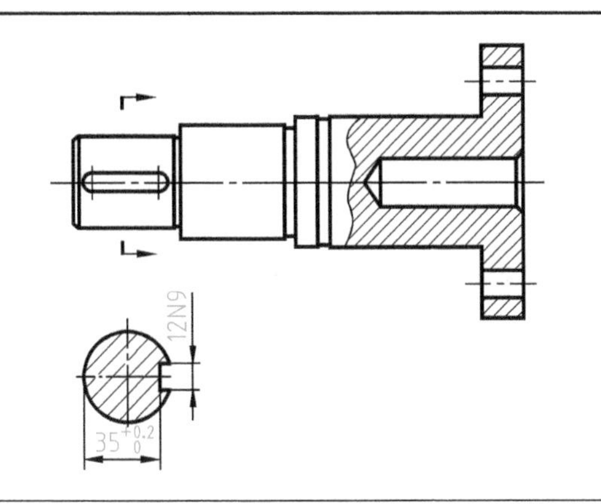	绘制断面图并画剖面线 注：同一零件剖面线间距相等且方向一致
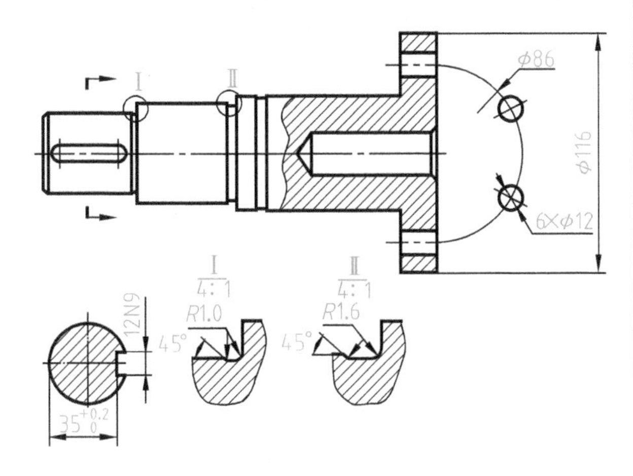	绘制砂轮越程槽的局部放大图及轴右端均匀分布孔的简化画法 注：局部放大图的剖面线间距和方向与零件各处一致

【绘图步骤 3】　检查图形，加粗定稿

完成草图，擦掉多余的作图痕迹。检查草图无误后，加粗定稿。

【绘图步骤 4】　标注尺寸

可先标注径向尺寸，再标注轴向尺寸；然后标注倒角、放大图尺寸和移出断面键槽尺寸。

【知识拓展 1】　过渡圆角

为了避免因应力集中产生裂纹，轴肩处应圆角过渡，称为过渡圆角，又称为倒圆。其标注如图 4-2-12 所示。

【知识拓展 2】　零件结构形状的表达

零件图中需用一组必要的视图和恰当的表达方法来正确、完整和清晰地表达零件的结构形状。主视图是零件图的核心，画图和看图都是从主视图开始的。主视图选择的合理与否决定画图和读图是否

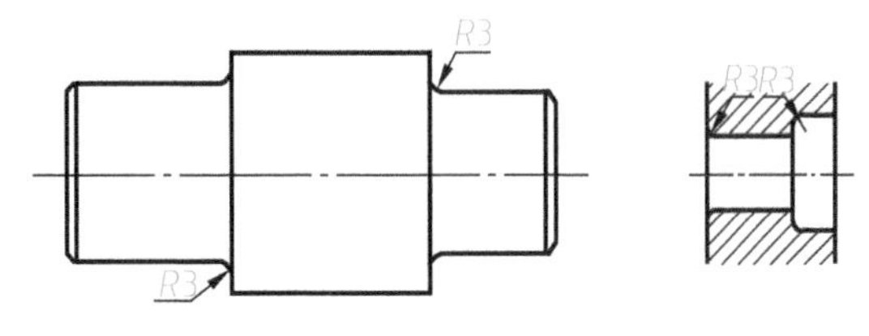

图 4-2-12　过渡圆角

方便。

1. 主视图中零件的放置有三个原则

1）加工位置：回转类零件，如轴和轴套主要是在车床上加工的，在加工的时候轴是水平放置的，所以在选择主视图时，轴线应水平布置。

2）工作位置：座体、叉架类零件，如图 4-2-13 所示轴承座，它是由多道工序加工而成的，加工位置多变，主视图位置由工作位置确定。

3）便于画图位置：对于某些工作位置倾斜的零件或运动零件，为便于画图，可选择将零件放正的位置作为主视图的位置。

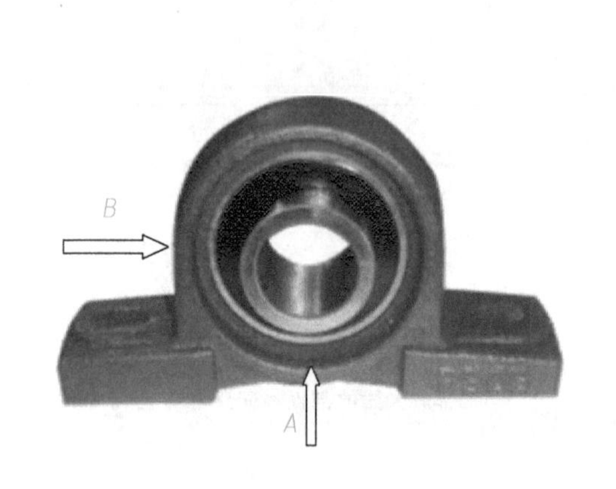

图 4-2-13　轴承座

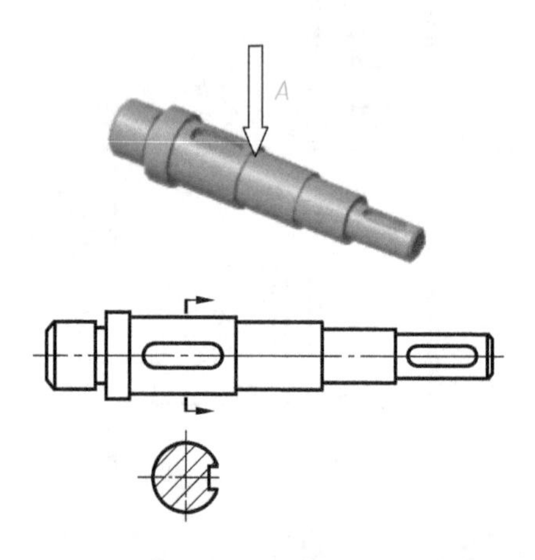

图 4-2-14　轴的主要投射方向

2. 主视图的投射方向

应选择最能反映零件结构形状特征和各组成形体相互关系的方向作为主视图的投射方向。如图 4-2-13 所示，选择 *A* 向作为主视图的投射方向，能更清楚地表达轴承座孔的形状。

图 4-2-14 所示轴的主要结构是回转体，一般只用一个完整的基本视图（即主视图）即可把各回转体的相对位置和主要形状表达清楚。轴类零件的车削加工位置是轴线横放，所以主视图按一般车削加工位置放置，即轴线水平画，轴的大头在左、小头在右。按加工位置而言，轴上键槽和孔的结构应朝前放置，以便于表达清楚，如图 4-2-14 所示。

3. 选择其他视图

在主视图确定后，要分析零件上还有哪些结构形状未表达完整，应尽量使每个视图都有其表达的重点内容。对于零件上的键槽、孔等，可用移出断面图表达；砂轮越程槽、退刀槽、中心孔等可用局部放大图表达。对于形状简单而轴向尺寸较长的部分，常断开后缩短绘制，而空心套类零件中由于内部结构复杂，一般采用全剖、半剖或局部剖绘制。

在能正确、清晰、完整地表达零件的前提下，应尽量减少视图的数量；局部结构若不能被基本视图表达，可采用局部视图、局部放大图或断面图；尽量避免使用虚线表达零件的轮廓及棱线。

【小结】

通过绘制轴零件，学习了局部剖视图、移出断面图、局部放大图、简化画法、退刀槽与砂轮越程槽、键与键槽、过渡圆角等机械制图的规定画法；还学习了主视图的选择原则。

任务4-3　齿　　轮

齿轮在机械传动中应用广泛，用来在两轴之间传递运动和动力，改变转速和方向。齿轮传动根据齿轮轴的位置关系，分为两轴平行的齿轮如圆柱齿轮啮合，两轴相交的齿轮如锥齿轮啮合，两轴交错的齿轮如蜗杆蜗轮啮合，如图 4-3-1 所示。圆柱齿轮是机械齿轮中重要的一种齿轮类型。圆柱齿轮根据轮齿的方向，分为直齿圆柱齿轮、斜齿圆柱齿轮、人字齿圆柱齿轮三种。

本次课程任务是绘制图 4-3-2 所示齿轮零件图（表面粗糙度暂未注出）。

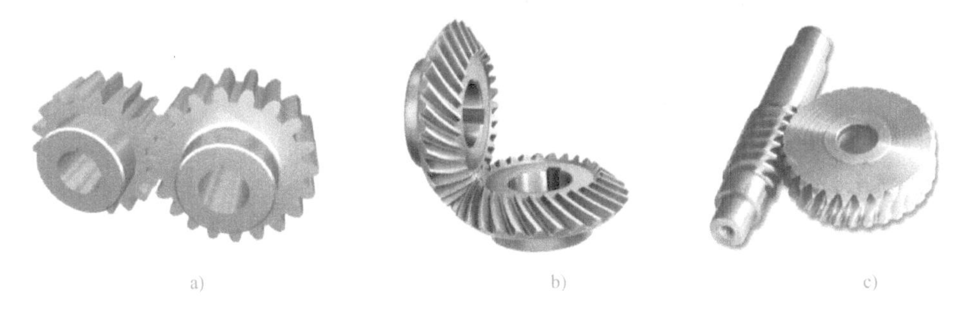

a)　　　　b)　　　　c)

图 4-3-1　常见的齿轮传动

a）圆柱齿轮啮合　b）锥齿轮啮合　c）蜗杆蜗轮啮合

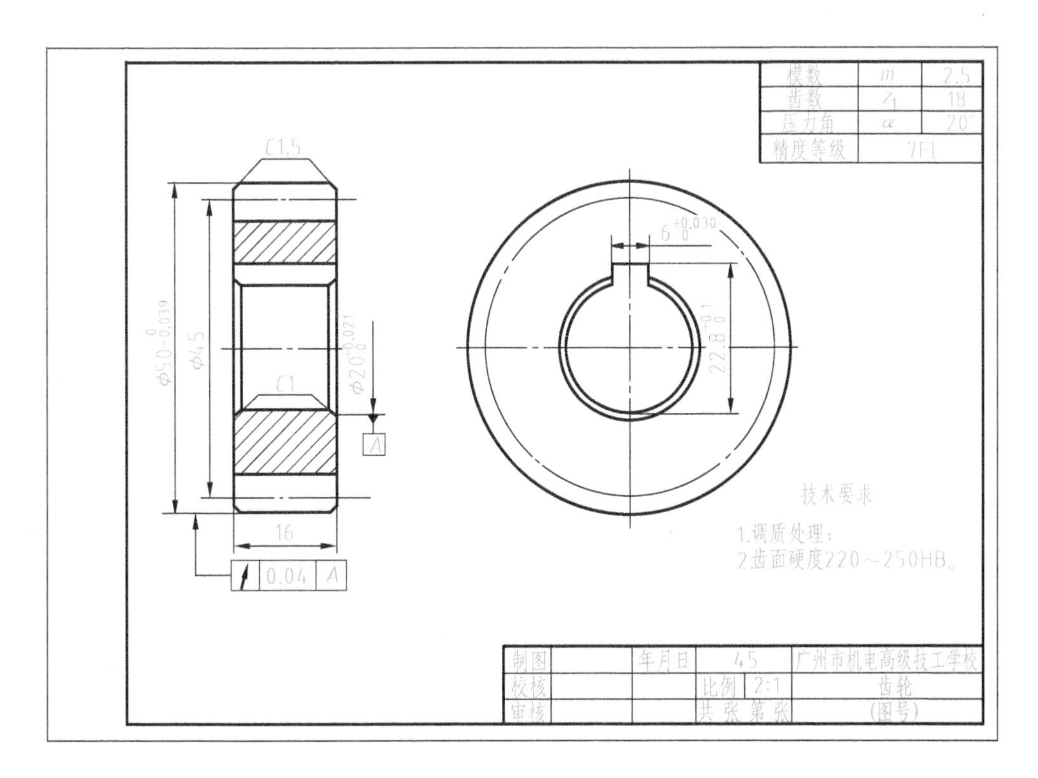

图 4-3-2　齿轮零件图

【绘图步骤 1】 分析齿轮的形状

读图 4-3-2 可知图中齿轮为直齿圆柱齿轮，其模数 $m=2.5$，齿数 $z=18$。齿轮齿顶圆直径有尺寸公差和几何公差要求。

【知识点 4-3-1】 标准直齿圆柱齿轮的几何要素

轮齿是齿轮的主要结构，轮齿符合国家标准规定的齿轮称为标准齿轮。表 4-3-1 列出了标准齿轮的主要几何要素。齿轮各部分的名称及代号如图 4-3-3 所示。

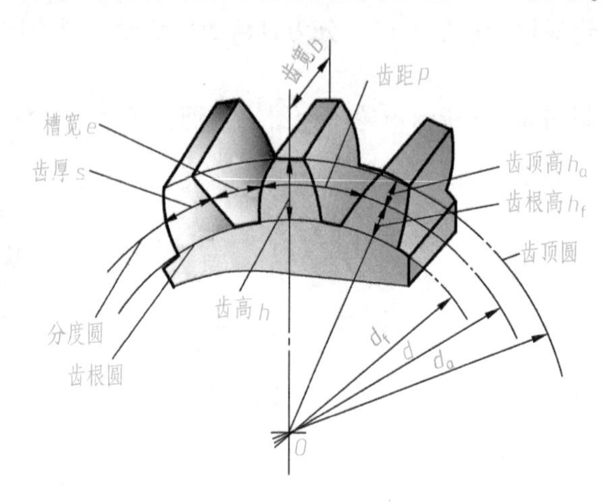

图 4-3-3 齿轮各部分的名称及代号

表 4-3-1 标准直齿圆柱齿轮主要几何要素 （单位：mm）

主要参数	代号	说 明
齿顶圆	d_a	通过轮齿顶部的圆
齿根圆	d_f	通过轮齿根部的圆
分度圆	d	通过轮齿上齿厚等于齿槽宽处的圆
齿厚	s	一个齿的两侧端面齿廓之间的分度圆弧长
槽宽	e	一个齿槽的两侧端面齿廓之间的分度圆弧长
齿距	p	$p=s+e$,相邻两齿在分度圆上对应两点间的弧长
齿顶高	h_a	齿顶圆与分度圆之间的径向距离
齿根高	h_f	齿根圆与分度圆之间的径向距离
齿高	h	齿顶圆与齿根圆之间的径向距离
模数	m	$m=p/\pi$,齿距除以圆周率所得的商
齿数	z	单个齿轮的轮齿的个数
压力角	α	过端面齿廓任意一点的径向直线与齿廓在该点的切线所夹的锐角。分度圆上的压力角为 20°
中心距	a	两圆柱齿轮轴线之间的最短距离

模数 m 是设计、制造齿轮的重要参数。一对齿轮只有在模数和压力角相等的情况下才能正确啮合。模数越大，轮齿越大，齿轮的承载能力越强。为了设计和制造方便，模数已经

标准化。国家标准规定的标准模数值见表 4-3-2。

表 4-3-2　标准模数（GB/T 1357—2008）　　（单位：mm）

第一系列	1、1.25、1.5、2、2.5、3、4、5、6、8、10、12、16、20、25、32、40、50
第二系列	1.125、1.375、1.75、2.25、2.75、3.5、4.5、5.5、(6.5)、7、9、(11)、14、18、22、28、35、45

注：选用圆柱齿轮模数时，应优先选用第一系列，其次选用第二系列，避免采用括号内的模数。

【知识点 4-3-2】　标准直齿圆柱齿轮各几何要素的尺寸计算

根据齿轮的模数 m 和齿数 z，可按表 4-3-3 公式计算标准直齿圆柱齿轮各几何要素的尺寸，然后画出齿轮。

表 4-3-3　直齿圆柱齿轮各几何要素的尺寸计算

名　称	代　号	计算公式
齿顶圆	d_a	$d_a=m(z+2)$
齿根圆	d_f	$d_f=m(z-2.5)$
分度圆	d	$d=mz$
齿厚	s	$s=1/2p$
槽宽	e	$e=1/2p$
齿距	p	$p=s+e=\pi m$
齿顶高	h_a	$h_a=m$
齿根高	h_f	$h_f=1.25m$
齿高	h	$h=2.25m$
中心距	α	$\alpha=(d_1+d_2)/2=m(z_1+z_2)/2$

【知识点 4-3-3】　单个圆柱齿轮的规定画法

国家标准对单个圆柱齿轮的画法作了详细规定，见表 4-3-4。

表 4-3-4　单个圆柱齿轮的规定画法

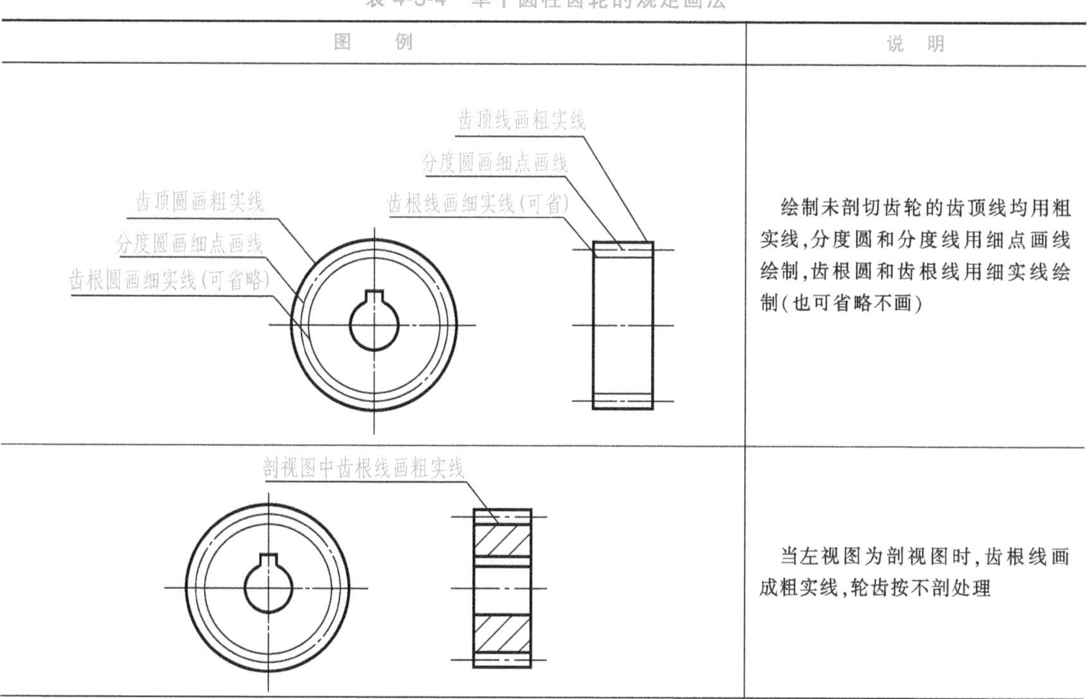

图　例	说　明
	绘制未剖切齿轮的齿顶线均用粗实线，分度圆和分度线用细点画线绘制，齿根圆和齿根线用细实线绘制（也可省略不画）
	当左视图为剖视图时，齿根线画成粗实线，轮齿按不剖处理

（续）

图 例	说 明
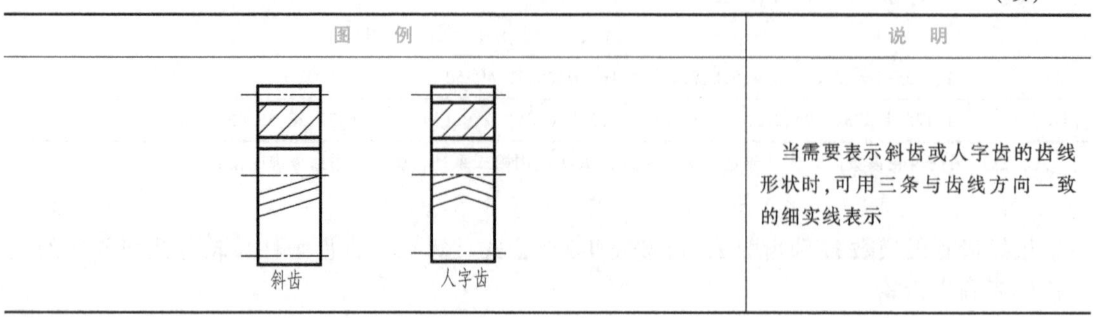	当需要表示斜齿或人字齿的齿线形状时，可用三条与齿线方向一致的细实线表示

【绘图步骤 2】 计算齿轮的各几何要素

已知模数 $m=2.5\text{mm}$，齿数 $z=18$，按照表 4-3-3 公式，分别计算齿轮的齿顶圆直径 d_a、分度圆直径 d 和齿根圆直径 d_f：

$d_a=m(z+2)=2.5\times(18+2)=2.5\text{mm}\times20=50\text{mm}$

$d=mz=2.5\text{mm}\times18=45\text{mm}$

$d_f=m(z-2.5)=2.5\text{mm}\times(18-2.5)=2.5\text{mm}\times15.5=38.75\text{mm}$

【绘图步骤 3】 绘制齿轮零件图

用 A4 图纸，采用 2∶1 的比例绘制。需注意的是不管图样中的图形以放大或缩小比例绘出，所标注的尺寸数值为零件的最后加工尺寸。

在 A4 图纸上进行布图，布图时预留适当的位置标注尺寸和注写技术要求，具体绘图步骤见表 4-3-5。

表 4-3-5 齿轮零件图的绘制步骤

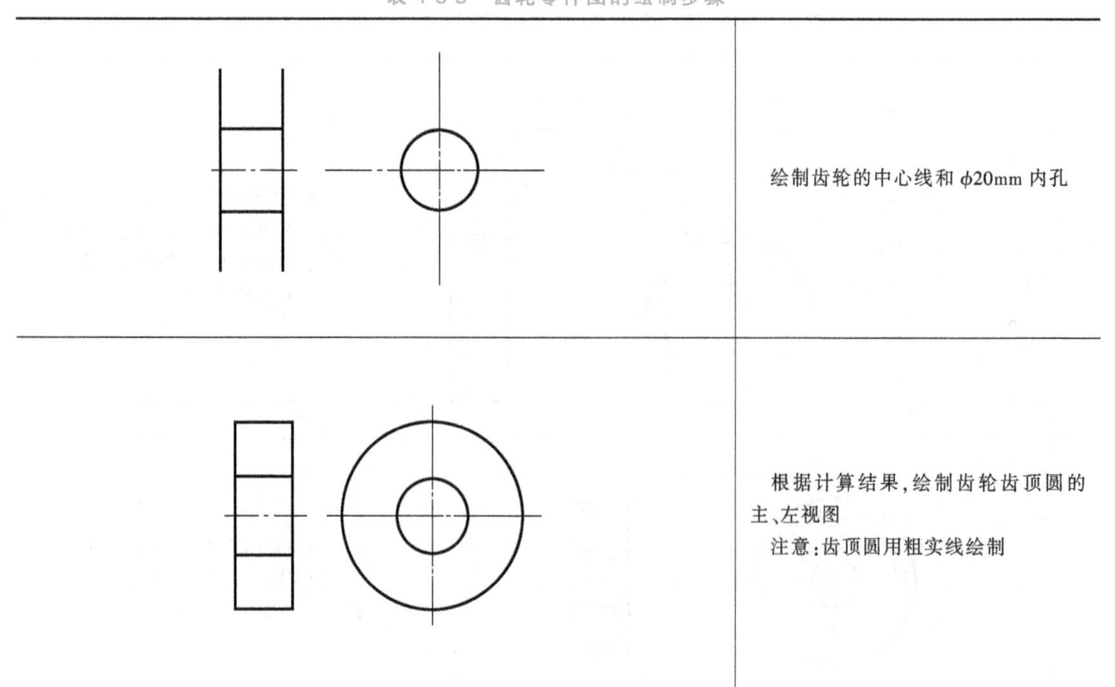	绘制齿轮的中心线和 $\phi20\text{mm}$ 内孔
	根据计算结果，绘制齿轮齿顶圆的主、左视图 注意：齿顶圆用粗实线绘制

（续）

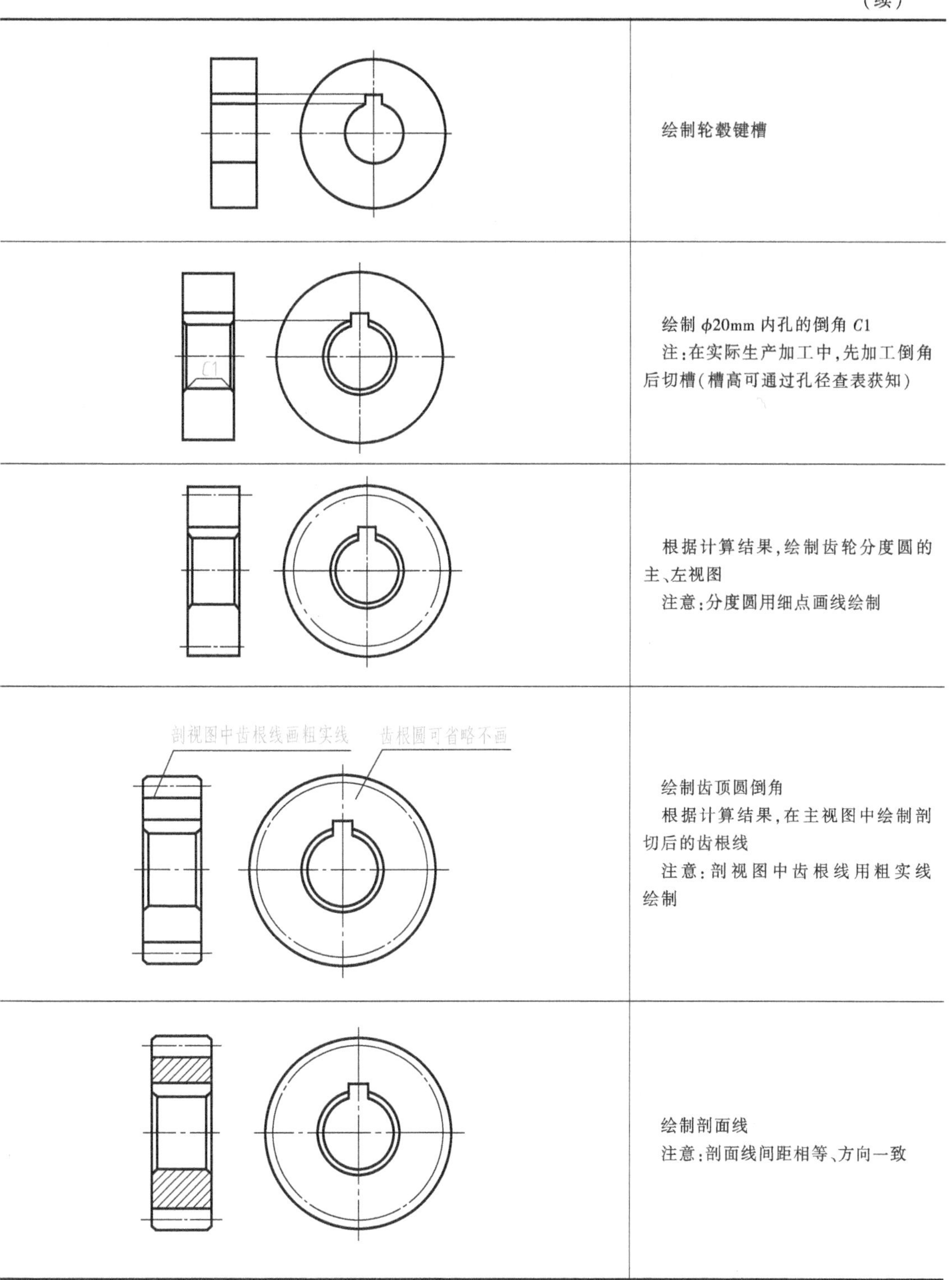

绘制轮毂键槽

绘制 ϕ20mm 内孔的倒角 $C1$
注：在实际生产加工中，先加工倒角后切槽（槽高可通过孔径查表获知）

根据计算结果，绘制齿轮分度圆的主、左视图
注意：分度圆用细点画线绘制

绘制齿顶圆倒角
根据计算结果，在主视图中绘制剖切后的齿根线
注意：剖视图中齿根线用粗实线绘制

绘制剖面线
注意：剖面线间距相等、方向一致

【绘图步骤 4】　检查图形，加粗定稿

完成草图，擦掉多余的作图痕迹。检查草图无误后，加粗定稿。

【绘图步骤5】 标注尺寸及几何公差

【知识点4-3-4】 几何公差

几何公差包括形状、方向位置和跳动公差。零件在加工过程中，不仅会产生尺寸误差，也会出现几何误差。如加工轴时会出现一端大一端小、两边小中间大、断面不圆等形状误差；在加工阶梯轴时，各回转轴线产生偏移或者出现轴线弯曲等位置误差；在加工齿轮时，会出现内孔和齿顶圆轴线不同轴的情况。为了获得合格的零件，使其达到装配和使用要求，图样中除了标注尺寸公差之外，在必要的位置还要给出几何公差要求。图4-3-2所示齿轮零件图中，给出齿顶圆圆柱面相对内孔轴线允许圆跳动公差为0.04mm的要求。

几何公差在图样上的注法应按GB/T 1182—2018规定执行。几何公差的特征项目分为形状公差、方向公差、位置公差和跳动公差四大类，共有19项，几何公差的几何特征和符号详见表4-3-6；几何公差在图样上的注法见表4-3-7，并提供了注法的新旧对比。

表4-3-6 几何公差的几何特征和符号

公差类型	几何特征	符号	有无基准	公差类型	几何特征	符号	有无基准
形状公差	直线度	—	无	位置公差	位置度	⌖	有或无
	平面度	▱	无		同心度（用于中心点）	◎	有
	圆度	○	无		同轴度（用于轴线）	◎	有
	圆柱度	⌭	无		对称度	⌯	有
	线轮廓度	⌒	无		线轮廓度	⌒	有
	面轮廓度	⌓	无		面轮廓度	⌓	有
方向公差	平行度	//	有	跳动公差	圆跳动	↗	有
	垂直度	⊥	有		全跳动	⌰	有
	倾斜度	∠	有	—	—	—	—
	线轮廓度	⌒	有	—	—	—	—
	面轮廓度	⌓	有	—	—	—	—

表4-3-7 几何公差在图样上的注法

内容	图例
公差框格 用细实线绘制，指引线可在框格的任意一侧，终端为箭头。框格中的内容按从左到右的顺序填写	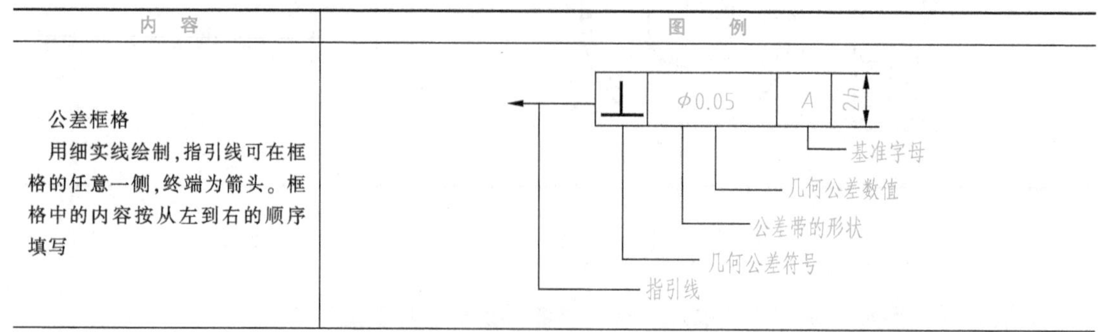

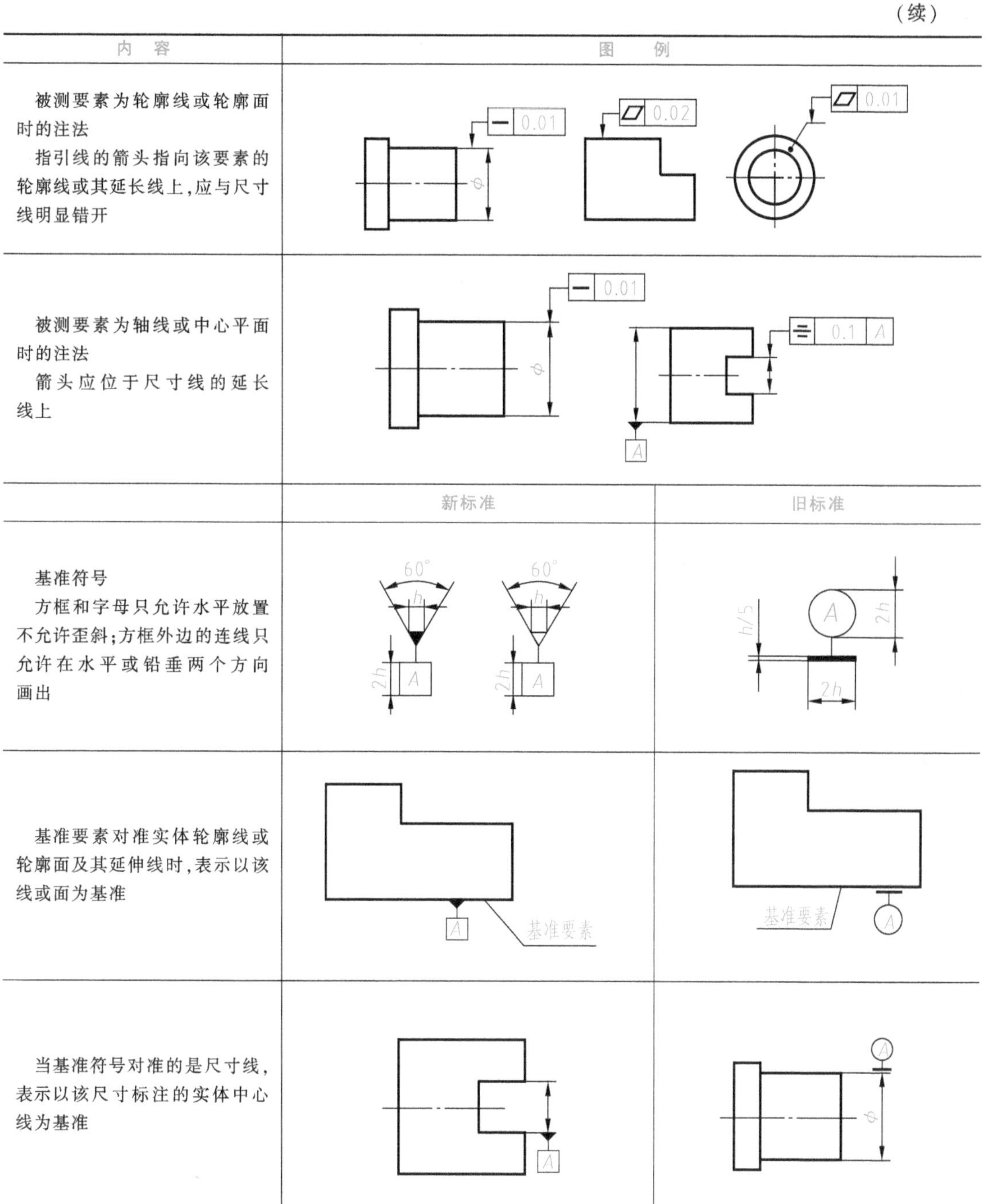

（续）

内　容	图　例	
被测要素为轮廓线或轮廓面时的注法 指引线的箭头指向该要素的轮廓线或其延长线上，应与尺寸线明显错开	0.01　ϕ　0.02　0.01	
被测要素为轴线或中心平面时的注法 箭头应位于尺寸线的延长线上	0.01　ϕ　0.1　A　A	
	新标准	旧标准
基准符号 方框和字母只允许水平放置不允许歪斜；方框外边的连线只允许在水平或铅垂两个方向画出	60°　h　2h　A　60°　h　2h　A	A　h/5　2h　2h
基准要素对准实体轮廓线或轮廓面及其延伸线时，表示以该线或面为基准	A　基准要素	基准要素　A
当基准符号对准的是尺寸线，表示以该尺寸标注的实体中心线为基准	A	A　ϕ

标注几何公差和基准符号的注意事项，见表 4-3-8。

【绘图步骤 6】　注写技术要求和齿轮参数表

技术要求的字体一般比图中尺寸数字大 1～2 号。齿轮参数表在图框右上角，表格大小可参考图 4-3-4。7FL 为齿轮的精度等级，表示齿轮的三个公差组精度同为 7 级，齿厚的上极限偏差为 F 级，齿厚的下极限偏差为 L 级。

表 4-3-8　标注几何公差和基准符号的注意事项

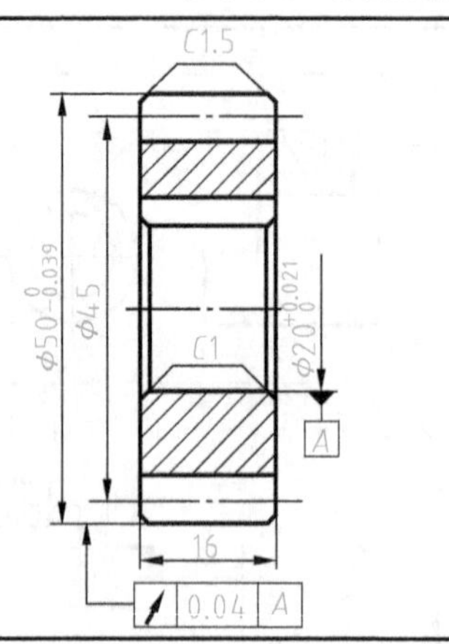	标注主视图的基准符号，字母水平书写，框格的引线细实线与尺寸线对齐 注意：直径处半边尺寸 $\phi20^{+0.021}_{\ 0}$mm 的注法，尺寸线应过半，详见任务 4-4 中“知识点 4-4-1” 标注主视图中齿顶圆的几何公差，框格用细实线绘制 注意：引线箭头对准尺寸线箭头

【知识拓展】　一对啮合齿轮的画法

画一对啮合齿轮前，需要根据模数 m 和齿数 z_1、z_2，计算出大、小齿轮分度圆直径 d_1、d_2、齿顶圆直径 d_{a1}、d_{a2}和齿根圆直径 d_{f1}、d_{f2}。

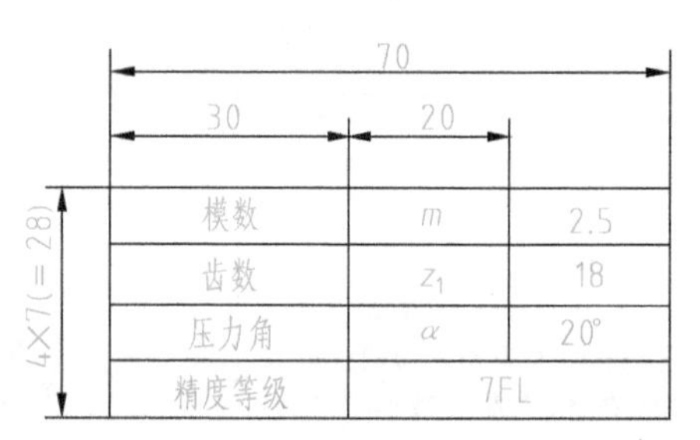

图 4-3-4　齿轮参数表尺寸

例：已知一对齿轮，模数 $m=1.5$mm，小齿轮齿数 $z_1=20$，大齿轮齿数 $z_2=30$，求大、小齿轮分度圆直径 d_1、d_2、齿顶圆直径 d_{a1}、d_{a2}和齿根圆直径 d_{f1}、d_{f2}，并绘制啮合齿轮（齿轮轴孔径均为 10mm）。

解：计算大、小齿轮各直径：

$d_1=mz=1.5\text{mm}\times20=30\text{mm}$

$d_{a1}=m(z+2)=1.5\text{mm}\times(20+2)=1.5\times22\text{mm}=33\text{mm}$

$d_{f1}=m(z-2.5)=1.5\text{mm}\times(20-2.5)=1.5\times17.5\text{mm}=26.25\text{mm}$

$d_2=mz=1.5\text{mm}\times30=45\text{mm}$

$d_{a2}=m(z+2)=1.5\text{mm}\times(30+2)=1.5\times32\text{mm}=48\text{mm}$

$d_{f2}=m(z-2.5)=1.5\text{mm}\times(30-2.5)=1.5\times27.5\text{mm}=41.25\text{mm}$

绘制一对啮合齿轮的步骤见表 4-3-9。

表 4-3-9　一对啮合齿轮的绘制步骤

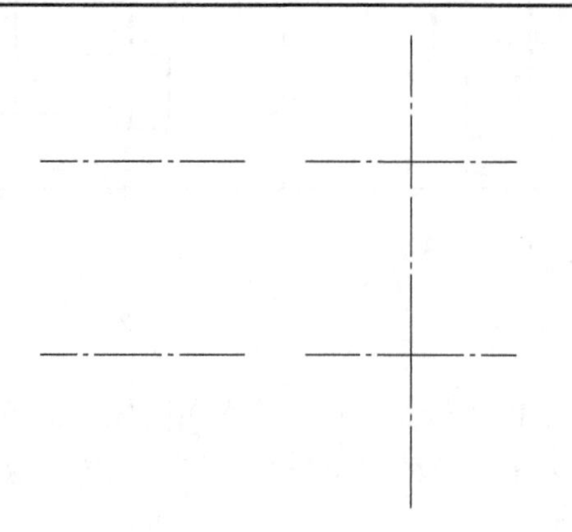	一对啮合的圆柱齿轮一般用两个视图表示，主视图平行于齿轮轴线，左视图垂直于齿轮轴线

（续）

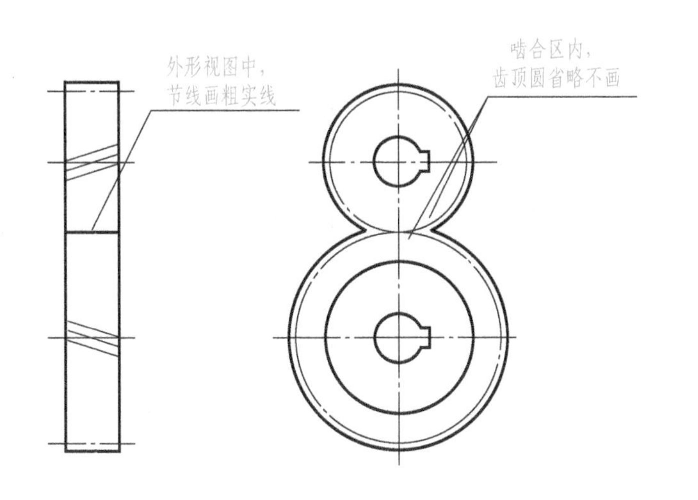	绘制未剖切啮合齿轮 在垂直于齿轮轴的左视图中，齿根圆省略，啮合区的齿顶圆可以省略绘制 在平行于齿轮轴的主视图中，啮合区不画齿顶线，节线画粗实线（当齿轮标准安装时，节圆等于分度圆，节线等于两分度圆柱面的切线）
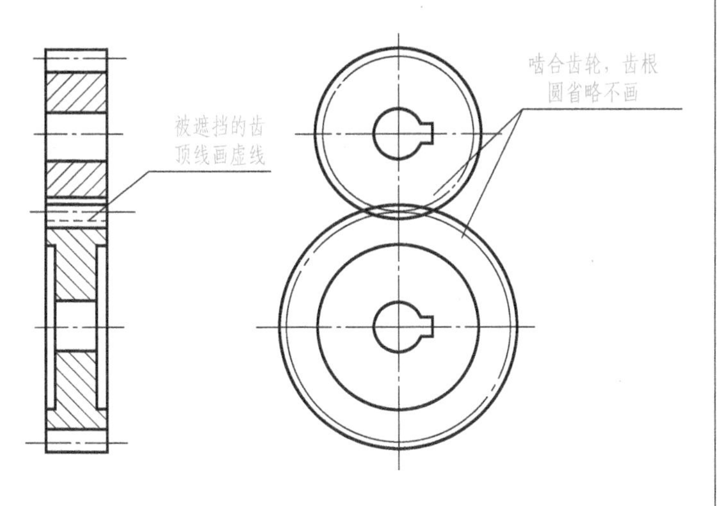	主视图画成剖视图 在平行于齿轮轴的主视图中，将一个齿轮的轮齿用粗实线绘制，另一个齿轮的轮齿被遮挡的部分用细虚线绘制（也可以省略不画）

【小结】

通过绘制齿轮零件图，学习了标准直齿圆柱齿轮各几何要素及其尺寸的计算、单个齿轮和啮合齿轮的规定画法、几何公差等知识内容。

任务4-4　支　　座

支座属于箱体类零件，用来支承或定位轴类零件，一般结构形状较为复杂。支座类零件一般应按其工作位置安放，并以反映其形状特征最清楚的方向作为主视图的投射方向，一般需要三个或三个以上的基本视图来表达形状和结构。

本次课程任务是绘制图 4-4-1 所示支座（几何公差和表面粗糙度暂未注出）。

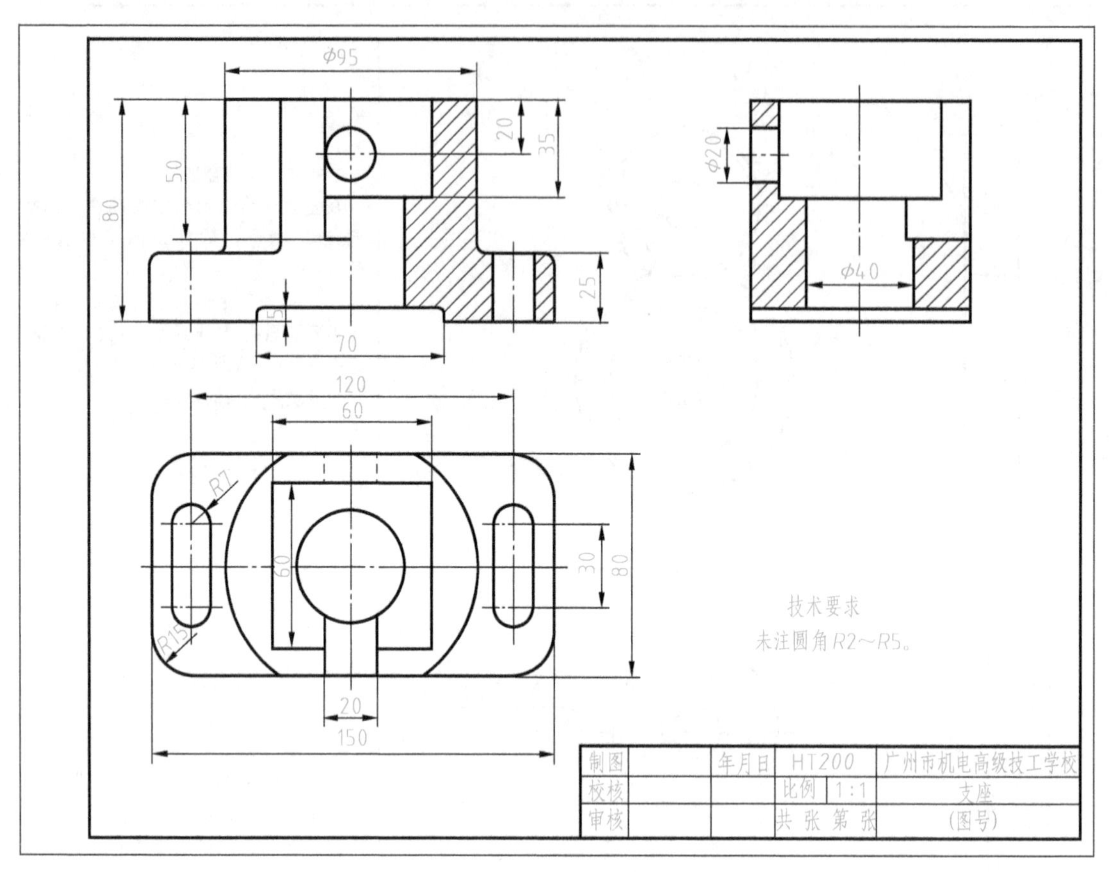

图 4-4-1　支座零件图

【绘图步骤 1】　分析支座形状

读图 4-4-1 可知支座由底板和其上圆筒两部分组成，底板上的半圆头槽孔用于固定支座。圆筒内部开 60mm×60mm 方孔和 ϕ40mm 圆孔；圆筒前部有 20mm×50mm 的方形切槽，后方有 ϕ20mm 的圆孔，一般用来定位或支承轴类零件。支座实体如图 4-4-2 所示。

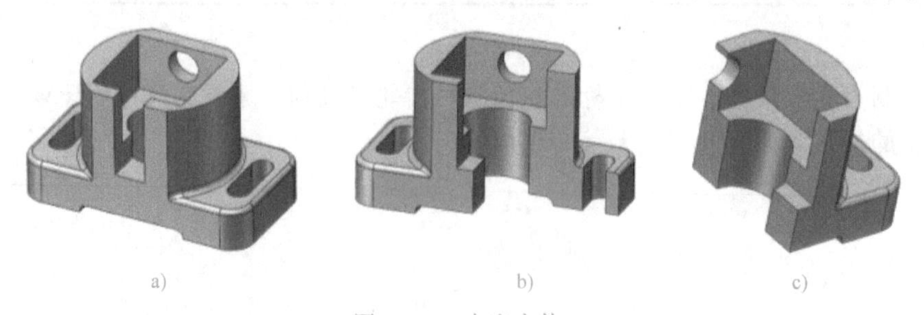

a)　　b)　　c)

图 4-4-2　支座实体

a）实体　b）主视图投射方向半剖　c）左视图投射方向全剖

支座采用三个视图表达，因其左右完全对称，所以主视图采用半剖视图，将内外结构表达清楚；左视图采用全剖视图表达其比较复杂的内部结构。

【知识点 4-4-1】　半剖视图

当机件具有对称平面时，以对称平面为界，用剖切面剖开机件的一半，在垂直于对称平面的投影面上投射得到由半个剖视图和半个视图合并组成的图形称为半剖视图。半剖视图既表达了机件的内部形状，又保留了外部形状，所以常用于表达内、外形状都比较复杂的对称机件。但半剖视图只适宜于表达结构对称或基本对称的机件。图 4-4-3 所示零件左右完全对称，前后基本对称，故其主视图和俯视图均采用半剖。

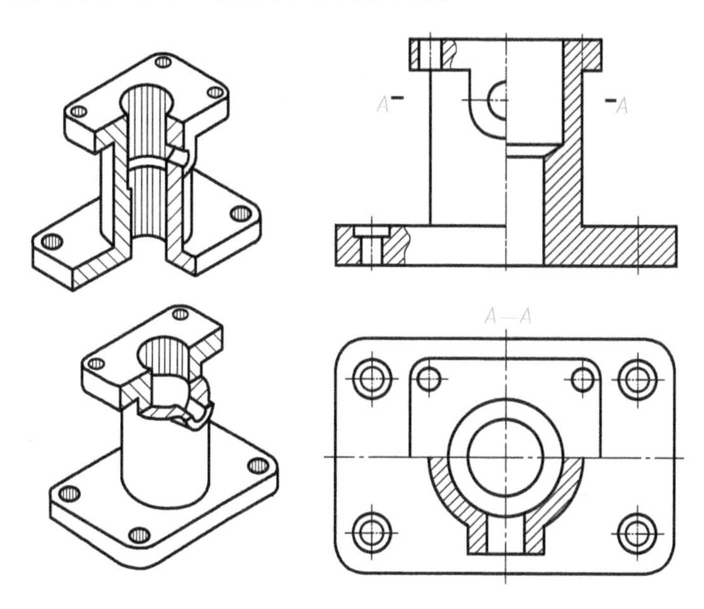

图 4-4-3　半剖视图一

半剖视图的标注方法与全剖视图相同。例如图 4-4-3 所示机件为前后对称，图中主视图采用的剖切平面通过机件的前后对称平面，所以不需要标注；而俯视图所采用的剖切平面并非通过机件的对称平面，所以必须标出剖切位置和名称，但箭头可以省略。

画半剖视图时应注意以下几点：

1）剖视图部分和视图部分必须以细点画线为界。如果作为分界线的细点画线刚好和轮廓线重合，则应避免使用半剖，如图 4-4-4 所示。

2）机件的内部形状已在半剖视图中表达清楚，在另一半表达外形的视图中一般不再画出细虚线。

3）在半剖视图中标注尺寸时，由于对称机件的图形只画出一半，因此只在尺寸线的一端画上箭头，尺寸线的另一端略超出对称中心线，如图 4-3-2 中 $\phi20^{+0.021}_{0}$mm 所示。

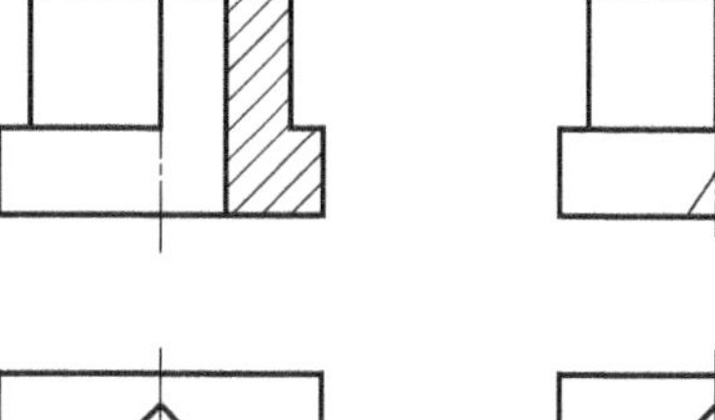
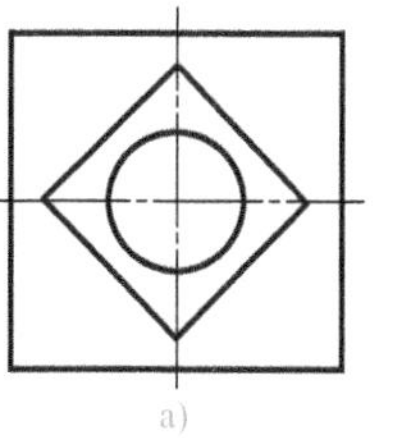
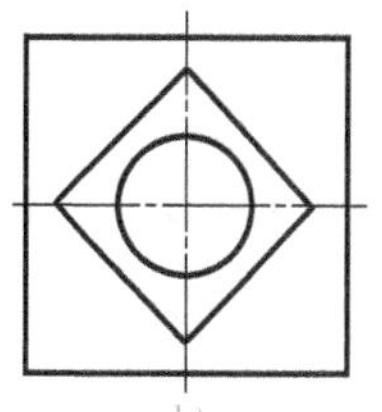

a)　　b)

图 4-4-4　半剖视图二

a）错误　b）正确

【绘图步骤 2】　绘制支座

在 A3 图纸上进行布图，预留适当的位置标注尺寸和注写技术要求。具体作图步骤见表 4-4-1。

表 4-4-1　支座的绘制步骤

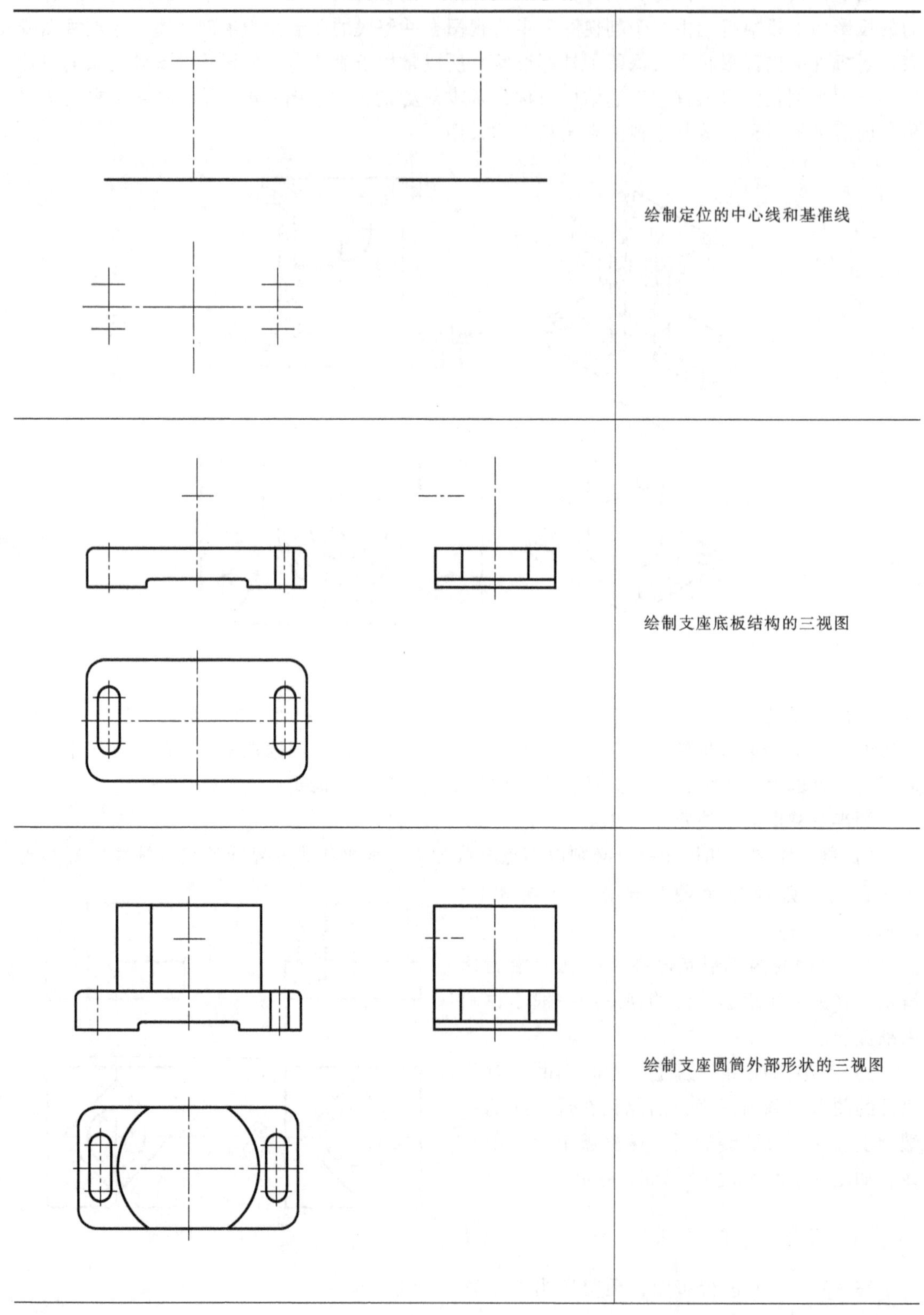

（续）

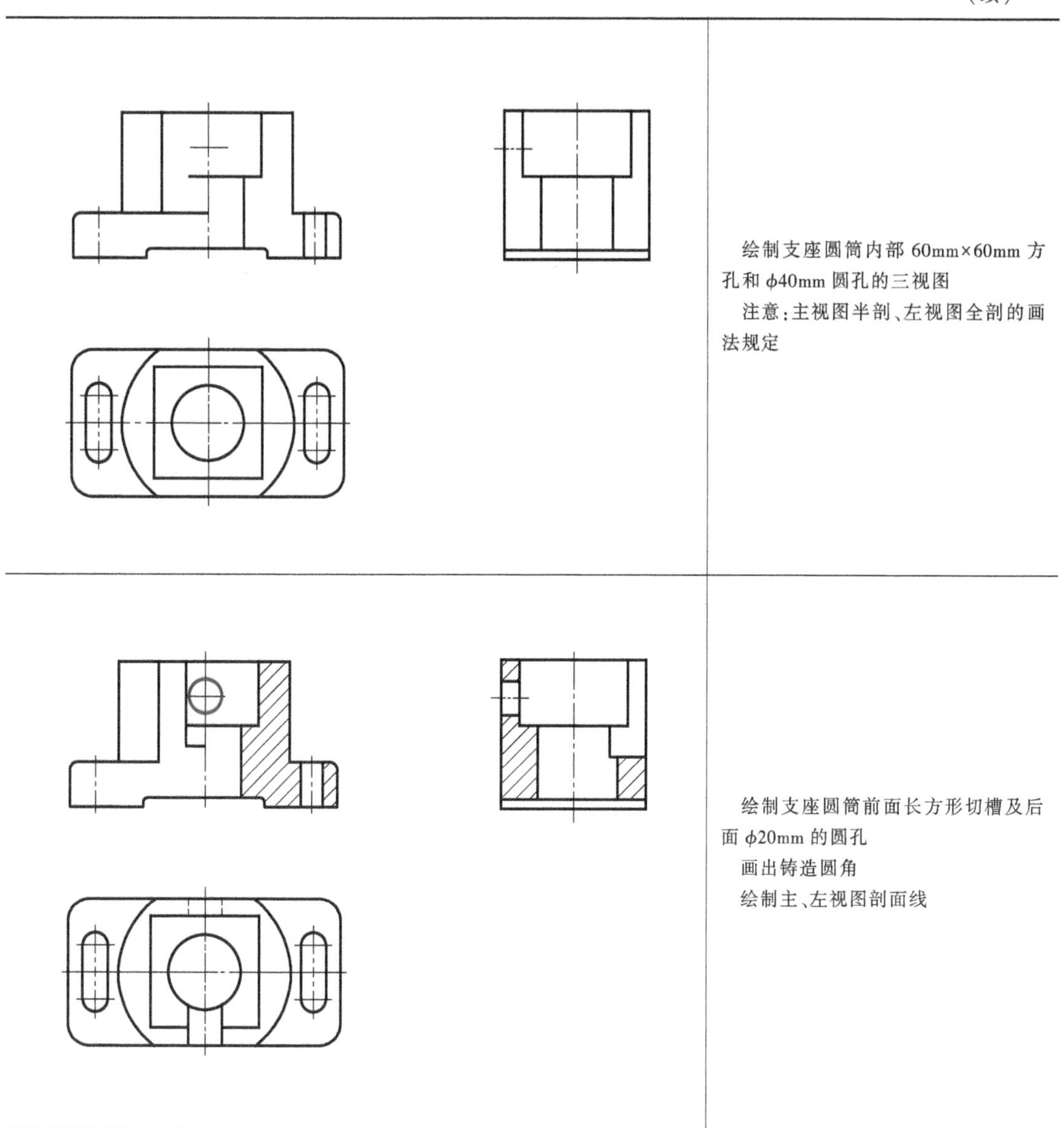

【绘图步骤 3】　检查图形，加粗定稿

擦掉多余的作图痕迹，完成草图。检查草图无误后，加粗定稿。

【绘图步骤 4】　标注尺寸及技术要求

【知识点 4-4-2】　铸造工艺结构

铸造是将液体金属浇注到与零件形状相适应的铸造空腔中，待其冷却凝固后以获得零件或毛坯的方法。常见铸造工艺参数有起模斜度和铸造圆角等。

1. 起模斜度

在铸造零件毛坯时，为便于将木模从砂型中取出，在沿铸件模型起模方向作成一定斜度

（1∶20~1∶10），即起模斜度，如图 4-4-5a 所示。起模斜度在制作模型时应予以考虑，视图上可以不标注。必要时，可在技术要求中用文字说明。

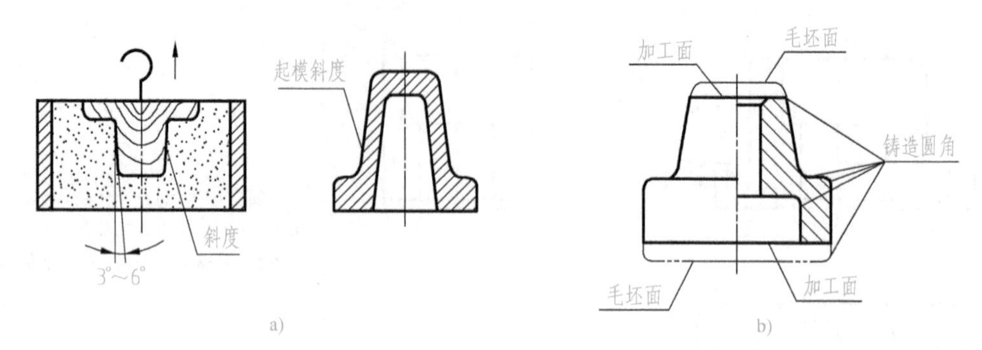

图 4-4-5　铸造工艺结构
a）起模斜度　b）铸造圆角

2. 铸造圆角

为防止起模或浇注时砂型在尖角处脱落和避免铸件冷却收缩时在尖角处产生裂缝，铸件各表面相交处应做成圆角，如图 4-4-5b 所示。铸造圆角在图中一般应画出，各圆角半径相同或接近时，可在技术要求中统一注写半径值，如“未注铸造圆角 $R3 \sim R5$”等。

铸造圆角使零件上的表面交线变得不明显，这种交线称为过渡线，可见过渡线用细实线表示。过渡线的画法与相贯线的画法基本相同，只是在其端点处不与其他轮廓线相接触，如图 4-4-6 所示。

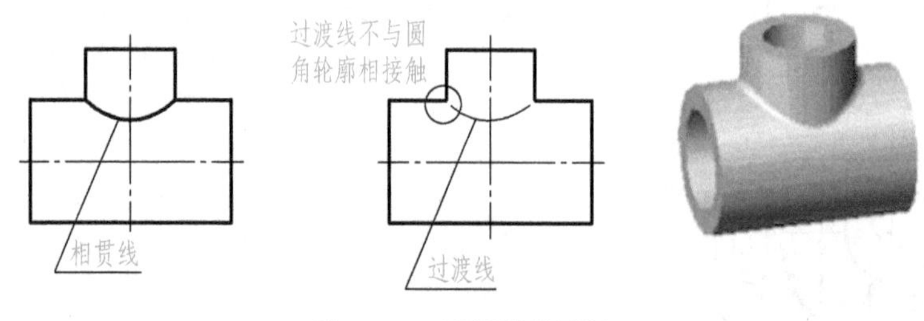

图 4-4-6　过渡线的画法

【知识点 4-4-3】　机械加工工艺结构

机械加工工艺结构除了倒角、倒圆、退刀槽和砂轮越程槽之外，还有凸台和凹坑、钻孔结构等。

1. 凸台和凹坑

零件间的接触面一般都需要加工，将零件的接触面设计成凸台和凹坑，如图 4-4-7 所示，或凹槽和凹腔如图 4-4-8 所示，可以使配合零件平稳安放，保证接触良好，并减少加工面积。

2. 钻孔结构

钻孔时，应尽可能将钻头轴线与被钻孔表面垂直，避免钻头发生偏斜和被折断；当钻孔端面是曲面时，应先将此表面加工成平面，或者设计出凸台或凹坑，如图 4-4-9 所示。此外，钻孔时还应该避免钻头单边受力的情况，如图 4-4-10a 所示。

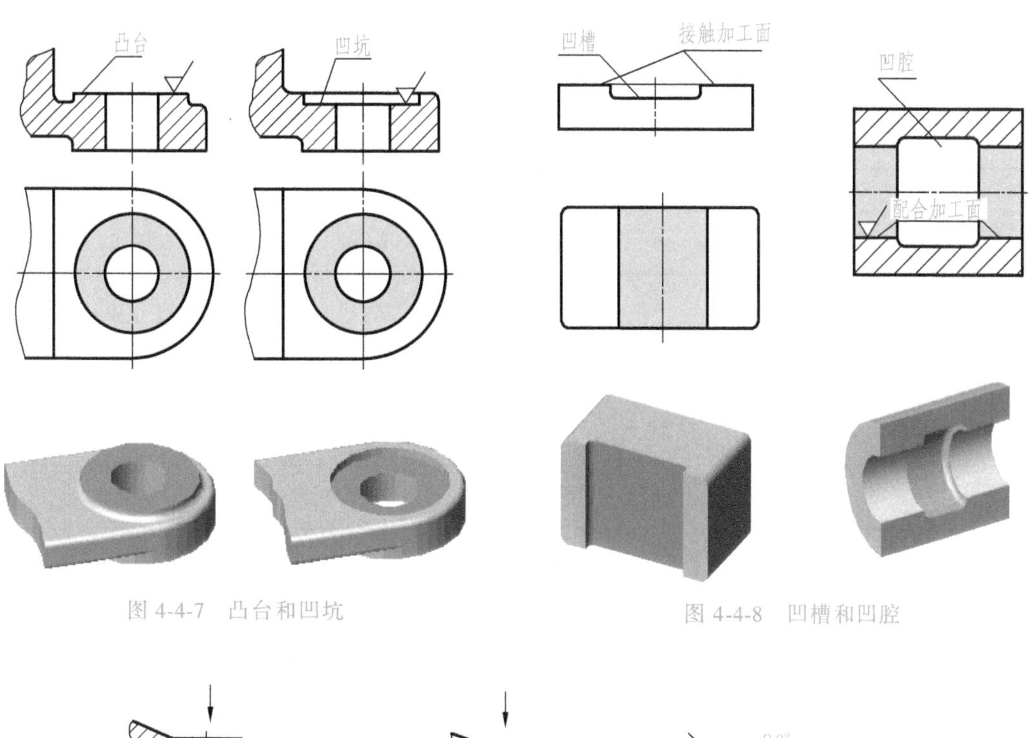

图 4-4-7　凸台和凹坑

图 4-4-8　凹槽和凹腔

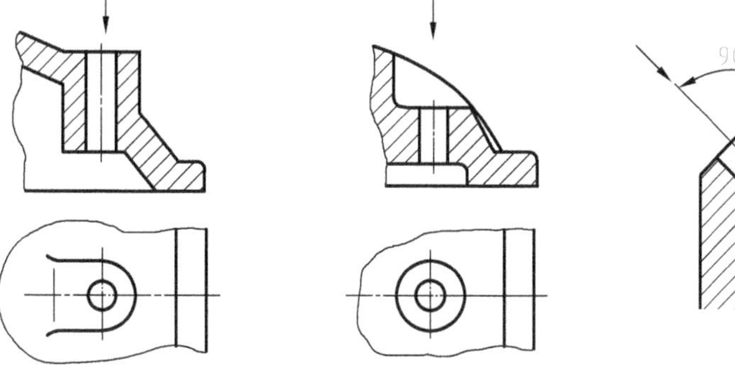

图 4-4-9　钻孔端面

【知识拓展 1】　孔的画法

孔是零件上最常见的结构，常用钻头钻出。由于普通钻头的顶角为 118°，接近 120°，所以规定盲孔顶角按 120°画，不必标注尺寸；钻孔深度不包含顶角的深度。两级钻孔（阶梯孔）的过渡处如没有注出，一般也画成 120°，如图 4-4-11 所示。

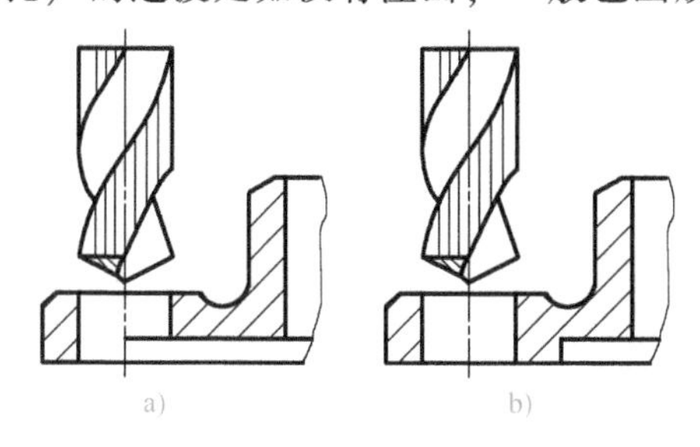

图 4-4-10　避免单边受力
a）错误　b）正确

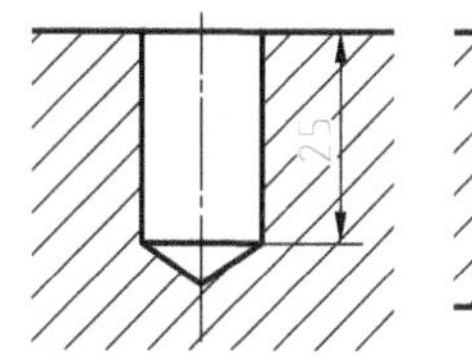

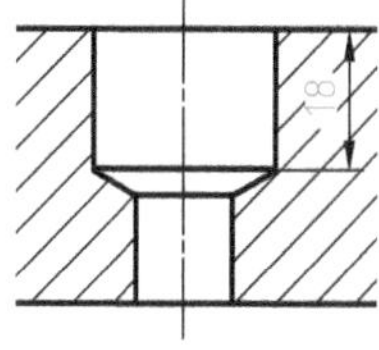

图 4-4-11　盲孔和阶梯孔

【知识拓展 2】 各种孔的简化注法

标注尺寸时应尽可能使用常用符号和缩写词，见表 4-4-2。零件上常用孔的简化注法见表 4-4-3。

表 4-4-2 尺寸标注常用符号和缩写词

名称	符号或缩写	名称	符号或缩写
直径	ϕ	45°倒角	C
半径	R	深度	↧
球直径	S	沉孔或锪平	⌴
球半径	SR	埋头孔	⌵
厚度	t	均布	EQS
正方形	□		

表 4-4-3 常用孔的简化注法

类型	一般注法	简化注法	说明
一般孔	C1　4×φ6　10	4×φ6↧10　4×φ6↧10	4×ϕ6↧10 表示直径为 6mm 的四个光孔，孔的深度为 10mm
锥销孔	锥销孔φ6 配作	锥销孔φ6 配作　锥销孔φ6 配作	锥销孔 ϕ6 为与锥销孔相配的圆锥销的小头直径。锥销孔通常是两零件装配在一起后加工的，故应注明“配作”
柱形沉孔	φ13　3　4×φ7	4×φ7 ⌴φ13↧3　4×φ7 ⌴φ13↧3	4×ϕ7 表示直径为 7mm 的四个孔。⌴ϕ13↧3 表示柱形沉孔的直径为 13mm，深度为 3mm

（续）

类型	一般注法	简化注法	说明
锪孔			⌴φ13 表示锪孔直径为 13mm，锪孔的深度不必标注，一般锪平到不出现毛面为止
锥形沉孔			⌵φ13×90°表示 90°锥形沉孔的最大直径为 13mm
螺纹孔（通孔）			4×M8 表示公称直径为 8mm 的四个螺孔，中径和顶径的公差带代号为 6H
螺纹孔（不通孔）			4×M8↧12 孔↧14 表示四个 M8 螺孔的螺纹深度为 12mm，钻孔深度为 14mm，中径和顶径的公差带代号为 6H

【小结】

通过绘制支座，学习了半剖视图的画法、铸造工艺结构、机械加工工艺结构、尺寸标注常用符号和孔的标注的相关知识。

任务 4-5　钻模模体

钻模是辅助钻孔的一种工装夹具，其作用是保证钻模的位置，对中定位钻头，提高钻孔效率。如图 4-5-1 所示钻模由六种零件组成，分别为模座、模体、手把、套筒、销及螺钉。钻孔时，手持手把，将钻模模座的方孔套在被钻孔零件相应的突出结构上，钻头经由套筒的

孔进行钻孔加工。

本次课程任务是绘制图 4-5-2 所示钻模模体（表面粗糙度暂未注出）。

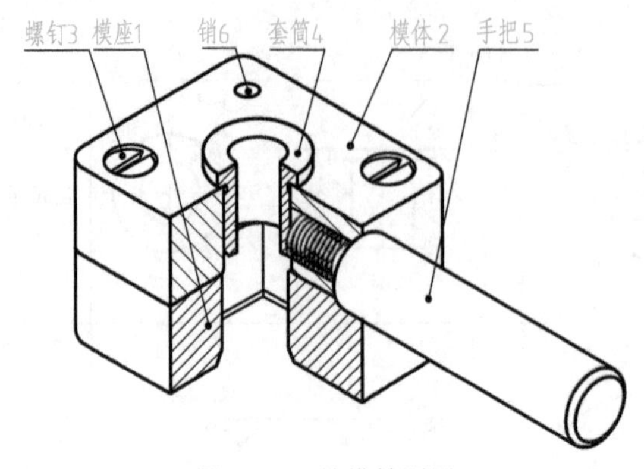

图 4-5-1　钻模轴测图

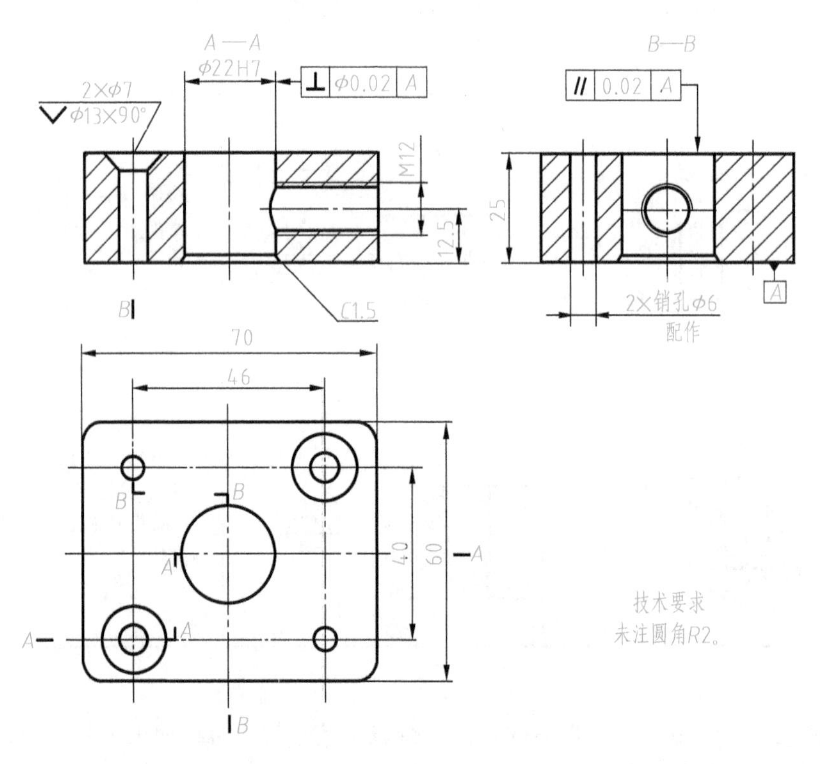

图 4-5-2　钻模模体

【绘图步骤 1】　分析钻模模体的形状

读图 4-5-2 可知钻模模体外形是长方体，采用了主、俯、左视图表达，主视图用两个平行的剖切平面 *A—A* 剖开，表达钻模模体内部沉孔、中间孔和螺纹孔的结构；左视图用两个平行的剖切平面 *B—B* 剖开，表达钻模模体内部销孔的结构及螺纹孔的位置，钻模模体实体如图 4-5-3 所示。

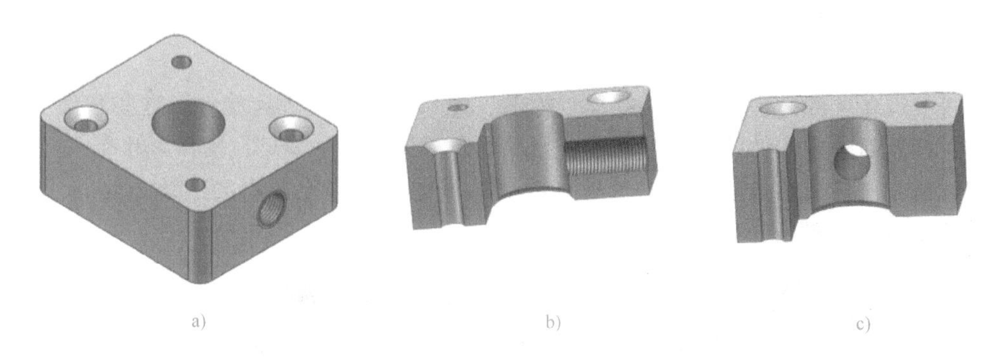

图 4-5-3 钻模模体实体

a）实体 b）主视图 *A—A* 剖切 c）左视图 *B—B* 剖切

【知识点 4-5-1】 几个平行的剖切平面剖视图的画法

国家标准规定，剖切机件时剖切面可以是单一剖切面，也可以是几个平行的剖切面或几个相交的剖切面。前面的全剖视图、半剖视图和局部剖视图都是采用单一剖切面剖开机件。

平行的剖切平面可以用来表达位于几个平行平面上的机件的内部结构。例如图 4-5-2 中主视图和左视图各用两个平行的剖切平面 *A—A* 和 *B—B* 剖开得到，分别表达钻模模体内部不同位置和不同形状的结构。作这类剖视图时注意以下几点（图 4-5-4）：

1）因为剖切面是假想的，所以不应画出剖切面转折处的投影。

2）剖视图中不应出现不完整结构要素。但当两个要素在图形上具有公共对称中心线或轴线时，可各画一半，此时应以对称中心线或轴线为界。

3）必须在相应视图上用剖切符号表示剖切位置，在剖切面的起、讫和转折处标注相同

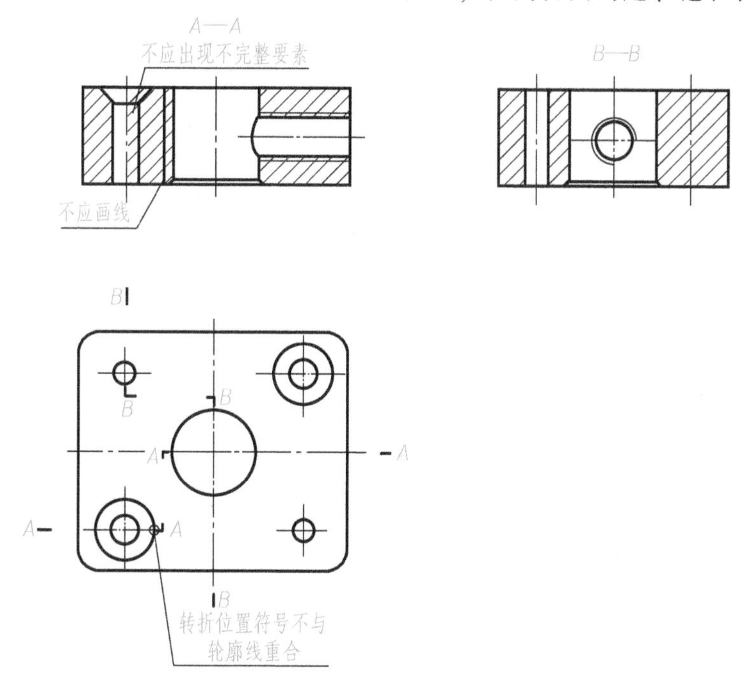

图 4-5-4 用两个平行的平面剖切时的常见错误

字母。标注时，转折位置符号不能和轮廓线重合。

【知识点 4-5-2】 螺纹的基本知识

在机械设备装配过程中，常用螺栓、螺钉、螺母、键、销等连接件。这些零件应用广，用量大，国家对这些零件的尺寸、结构、技术要求都做了统一规定，统称为标准件。

螺纹是在圆柱或圆锥表面上，沿螺旋线所形成的具有规定牙型的连续凸起的牙体。图4-5-5所示为内、外螺纹车削加工方式。

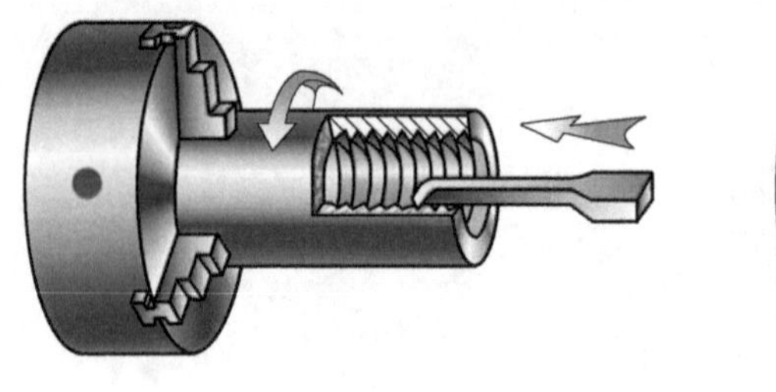

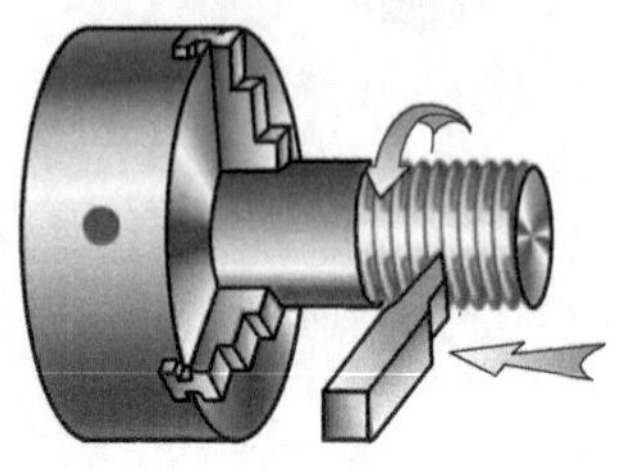

a) b)

图 4-5-5 螺纹车削加工方式

a）车内螺纹 b）车外螺纹

螺纹总是成对使用，只有当内、外螺纹的牙型、公称直径、螺距、线数和旋向五个要素完全一致时，才能正常旋合。图 4-5-6 所示为螺纹各部分名称代号，其中 D 和 d 分别为内、外螺纹大径（公称直径），D_1和 d_1为螺纹小径，D_2和 d_2为螺纹中径。表 4-5-1 为螺纹的结构要素。

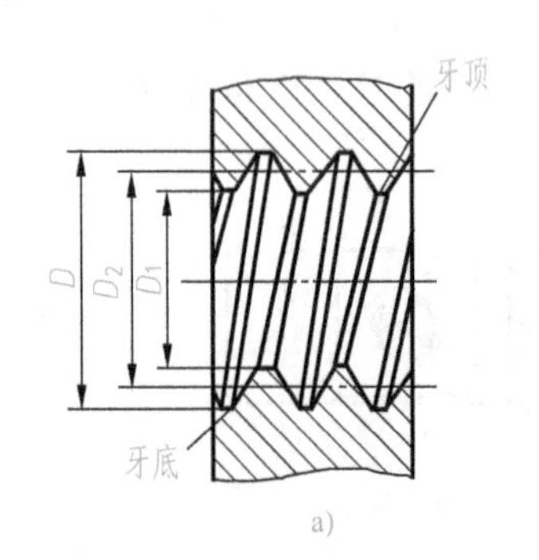

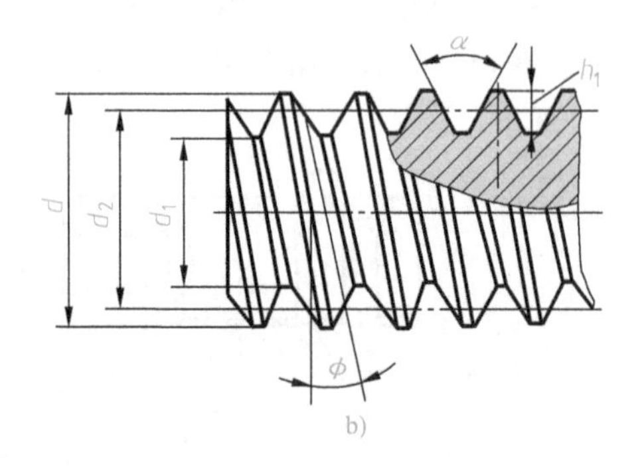

a) b)

图 4-5-6 螺纹各部分名称代号

a）内螺纹 b）外螺纹

表 4-5-1 螺纹的结构要素

结构要素	说　明
牙型	通过螺纹轴线平面的螺纹轮廓形状。常见牙型有三角形、梯形和锯齿形
螺纹大径(公称直径)	与外螺纹的牙顶或内螺纹的牙底相切的假想圆柱或圆锥的直径，是螺纹的最大直径
螺纹小径	与外螺纹的牙底或内螺纹的牙顶相切的假想圆柱或圆锥的直径
螺纹中径	假想圆柱或圆锥的直径，它的母线通过牙型上沟槽和凸起宽度相等的地方
线数	分单线和多线。沿一条螺旋线形成的螺纹为单线螺纹；沿两条或两条以上螺旋线形成的螺纹为双线或多线螺纹

（续）

结构要素	说　　明
螺距	相邻两牙在中径线上对应两点间的轴向距离
导程	同一条螺旋线上相邻两牙在中径线上对应两点间的轴向距离。导程=线数×螺距
旋向	分左旋和右旋。把螺纹轴线竖直放置，螺纹的可见部分左边高的是左旋螺纹，右边高的就是右旋螺纹

【知识点 4-5-3】　内螺纹的规定画法及标注

国家标准对螺纹的画法作了规定。内螺纹的规定画法及标注见表 4-5-2。

表 4-5-2　内螺纹的规定画法及标注

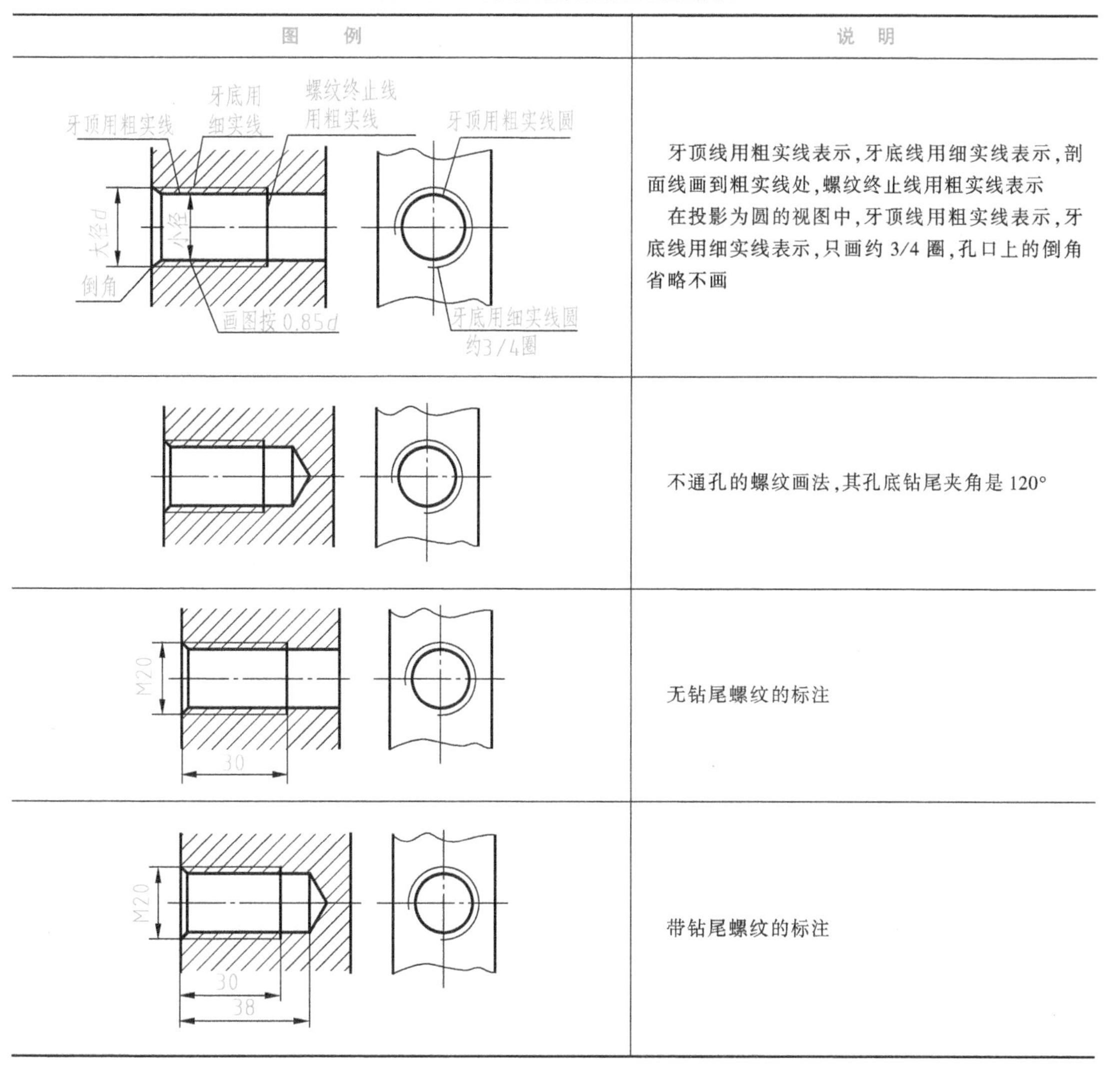

图　　例	说　明
牙顶用粗实线　牙底用细实线　螺纹终止线用粗实线　牙顶用粗实线圆　大径d　小径　倒角　画图按0.85d　牙底用细实线圆约3/4圈	牙顶线用粗实线表示，牙底线用细实线表示，剖面线画到粗实线处，螺纹终止线用粗实线表示 在投影为圆的视图中，牙顶线用粗实线表示，牙底线用细实线表示，只画约 3/4 圈，孔口上的倒角省略不画
	不通孔的螺纹画法，其孔底钻尾夹角是 120°
M20　30	无钻尾螺纹的标注
M20　30　38	带钻尾螺纹的标注

【绘图步骤 2】　绘制钻模模体

在 A4 图纸上进行布图，布图时预留适当的位置标注尺寸和注写技术要求。具体作图步骤见表 4-5-3。

表 4-5-3 钻模模体的作图步骤

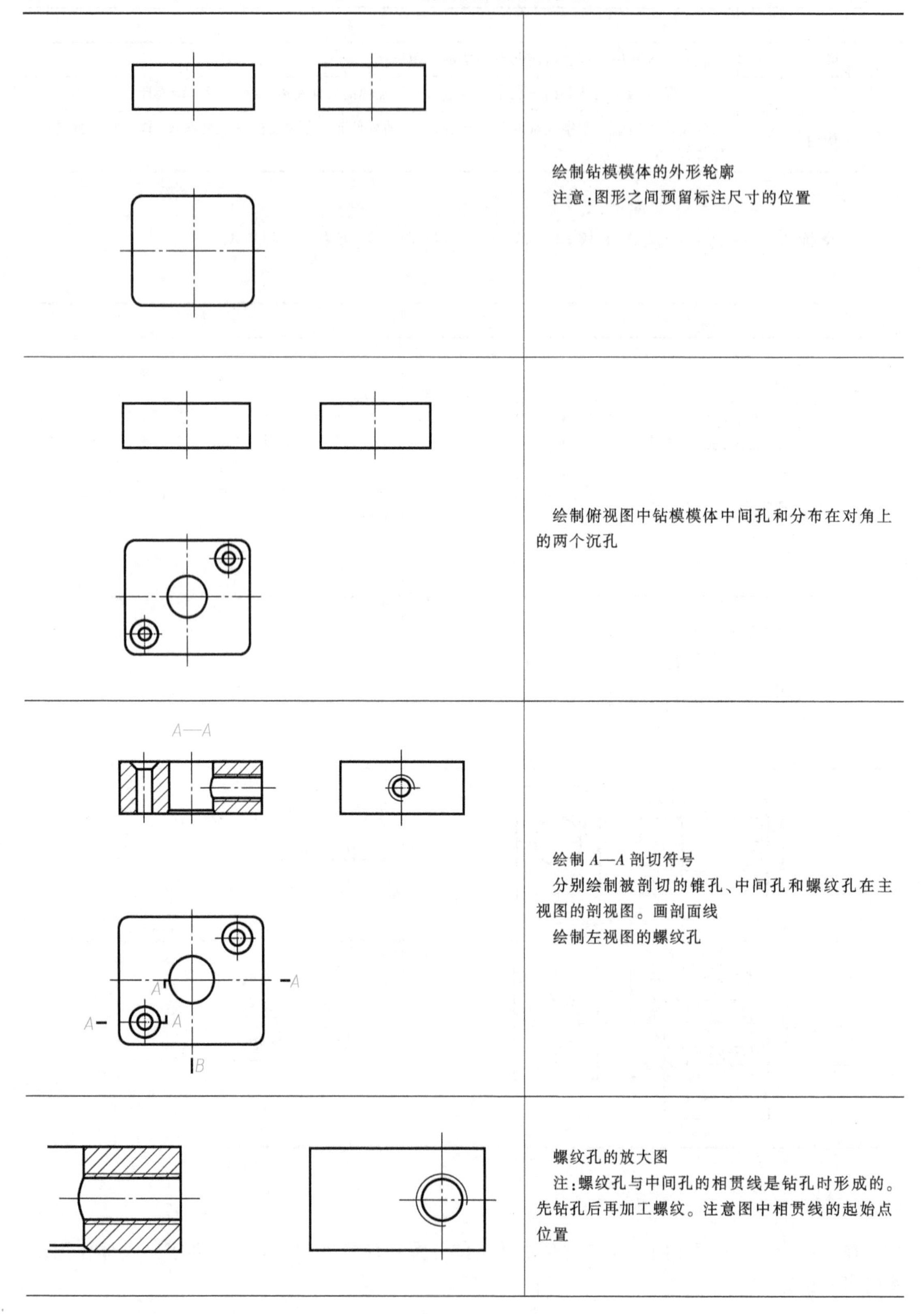

绘制钻模模体的外形轮廓

注意:图形之间预留标注尺寸的位置

绘制俯视图中钻模模体中间孔和分布在对角上的两个沉孔

绘制 A—A 剖切符号

分别绘制被剖切的锥孔、中间孔和螺纹孔在主视图的剖视图。画剖面线

绘制左视图的螺纹孔

螺纹孔的放大图

注:螺纹孔与中间孔的相贯线是钻孔时形成的。先钻孔后再加工螺纹。注意图中相贯线的起始点位置

（续）

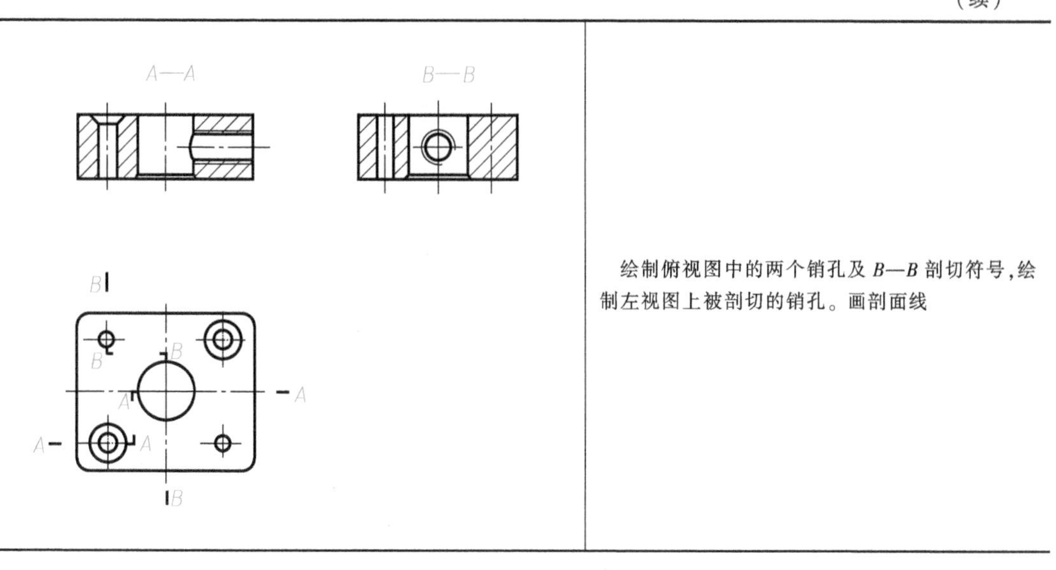

绘制俯视图中的两个销孔及 *B—B* 剖切符号，绘制左视图上被剖切的销孔。画剖面线

【绘图步骤 3】　检查图形，加粗定稿

擦掉多余的作图痕迹，完成草图。检查草图无误后，加粗定稿。

【绘图步骤 4】　标注尺寸及技术要求

【小结】

通过绘制钻模模体，主要学习了两个平行的剖切平面剖视图的画法、螺纹的基本知识、内螺纹的规定画法及标注。

任务 4-6　钻模手把

本次课程任务是绘制图 4-6-1 所示钻模手把（几何公差和表面粗糙度暂未注出）。

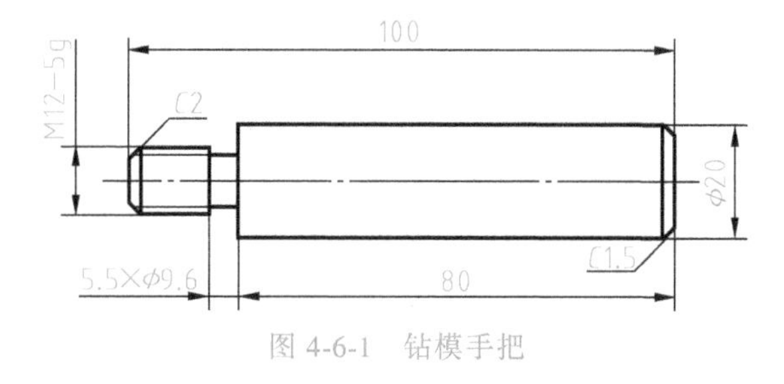

图 4-6-1　钻模手把

【绘图步骤 1】　分析手把形状

图 4-6-1 所示钻模手把与钻模模体螺孔通过螺纹连接，方便工人安装钻模。手把是圆柱回转体，用一个主视图就可以表达清楚其结构。手把上有倒角、退刀槽、外螺纹等结构要

素。手把实体如图 4-6-2 所示。

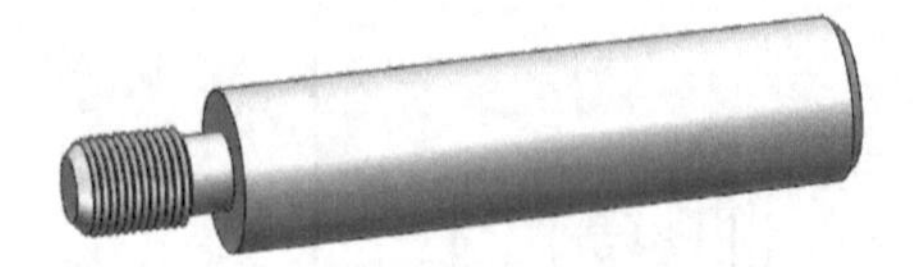

图 4-6-2　钻模手把实体

【知识点 4-6-1】　外螺纹的规定画法及标注（见表 4-6-1）

表 4-6-1　外螺纹的规定画法及标注

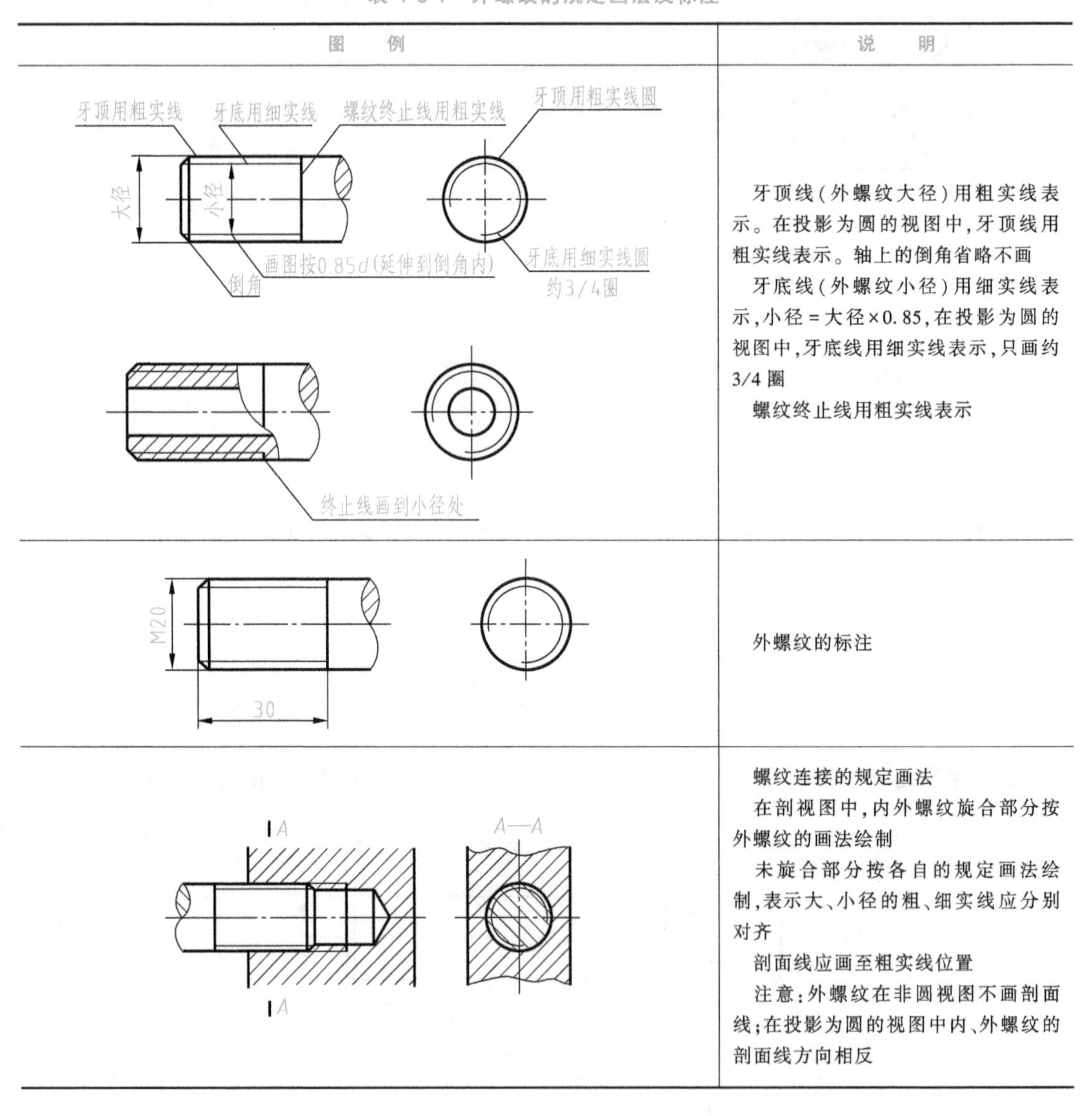

图　　例	说　　明
	牙顶线(外螺纹大径)用粗实线表示。在投影为圆的视图中,牙顶线用粗实线表示。轴上的倒角省略不画 牙底线(外螺纹小径)用细实线表示,小径 = 大径×0.85,在投影为圆的视图中,牙底线用细实线表示,只画约 3/4 圈 螺纹终止线用粗实线表示
	外螺纹的标注
	螺纹连接的规定画法 在剖视图中,内外螺纹旋合部分按外螺纹的画法绘制 未旋合部分按各自的规定画法绘制,表示大、小径的粗、细实线应分别对齐 剖面线应画至粗实线位置 注意:外螺纹在非圆视图不画剖面线;在投影为圆的视图中内、外螺纹的剖面线方向相反

【绘图步骤 2】　绘制钻模手把

在 A4 图纸上布图，预留适当的位置标注尺寸和注写技术要求。具体作图步骤见表4-6-2。

表 4-6-2　钻模手把的绘制步骤

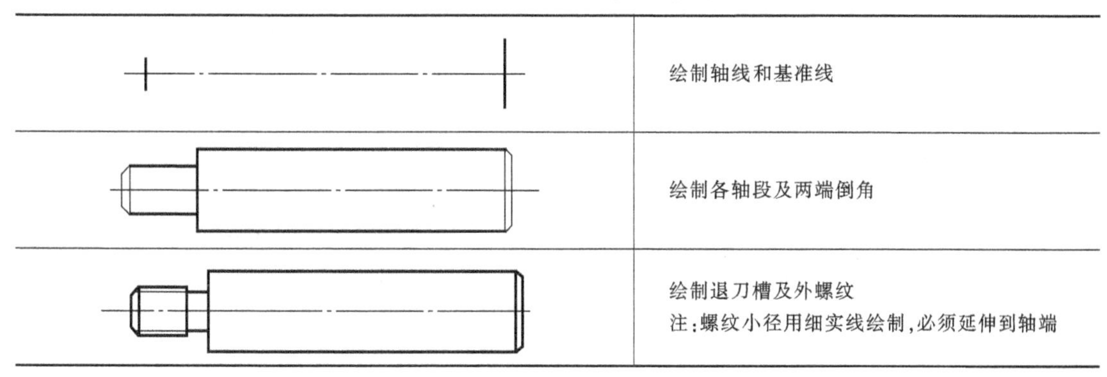

图示	说明
	绘制轴线和基准线
	绘制各轴段及两端倒角
	绘制退刀槽及外螺纹 注：螺纹小径用细实线绘制，必须延伸到轴端

【绘图步骤 3】　检查图形，加粗定稿

擦掉多余的作图痕迹，完成草图。检查草图无误后，加粗定稿。

【绘图步骤 4】　标注尺寸及技术要求

【知识点 4-6-2】　螺纹的标记

由于螺纹规定画法不能表示螺纹种类和螺纹要素，因此绘制螺纹图样时，必须按照国家标准规定的标记在图样中进行标注。根据 GB/T 197—2018 的规定，普通螺纹的完整标记由螺纹特征代号、尺寸代号、公差带代号及其他有必要作进一步说明的信息组成。

普通螺纹标记示例：

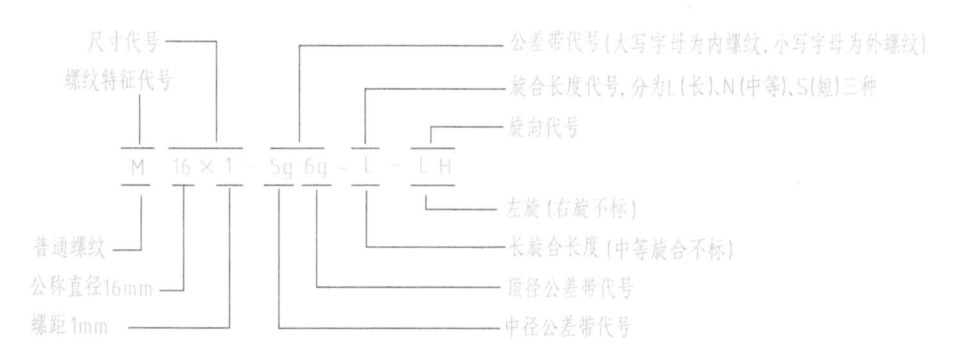

常用标准螺纹的标记见表 4-6-3。

表 4-6-3　常用标准螺纹的标记　　　　（单位：mm）

类型	特征代号	标注示例	画法标注
普通螺纹	M	M12-7g-LH	M12-7g-LH 20

（续）

类型			特征代号	标注示例	画法标注
梯形螺纹			Tr	Tr20×8(P4)-7e	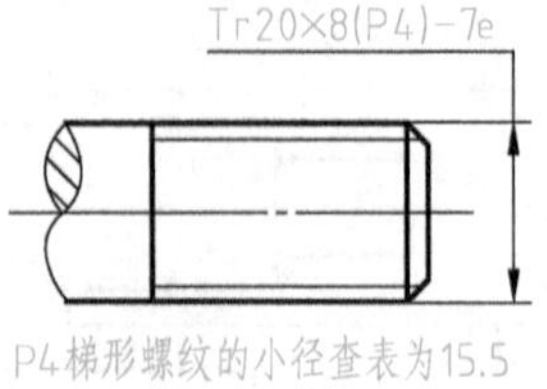 Tr20×8(P4)-7e P4梯形螺纹的小径查表为15.5
锯齿形螺纹			B	B20×4LH	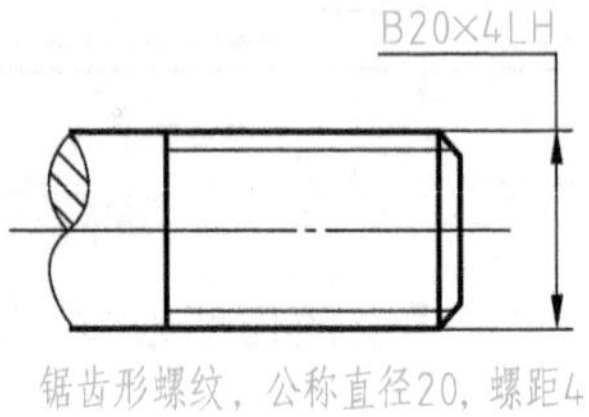 B20×4LH 锯齿形螺纹，公称直径20，螺距4
管螺纹	55°非密封管螺纹		G	G1/2A-LH G:螺纹特征代号,55°非密封管螺纹 1/2:尺寸代号 A:外螺纹公差等级代号	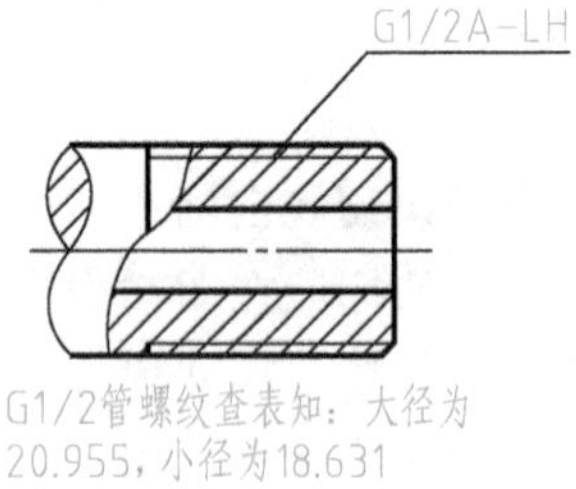 G1/2A-LH G1/2管螺纹查表知：大径为20.955，小径为18.631
	55°密封管螺纹	圆锥内螺纹	Rc	Rc1/2-LH Rc:螺纹特征代号,圆锥内螺纹 1/2:尺寸代号,单位是 in LH:左旋	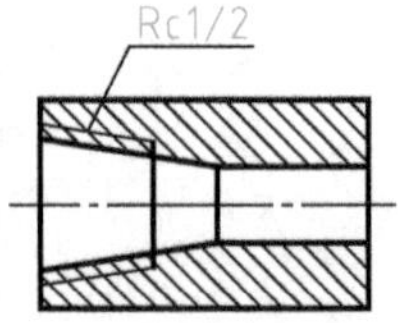 Rc1/2
		圆柱内螺纹	Rp	Rp1/2 Rp:螺纹特征代号,圆柱内螺纹 1/2:尺寸代号,单位是 in	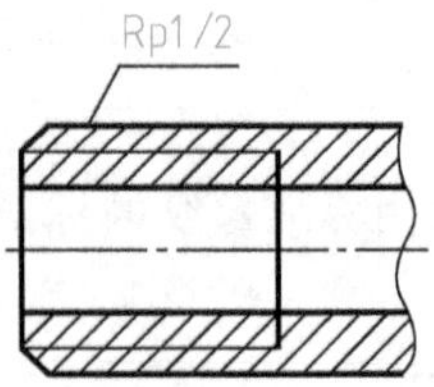 Rp1/2
		圆锥外螺纹	R_1 R_2	R_1:与圆柱内螺纹 R_p 配合的圆锥外螺纹 R_2:与圆锥内螺纹 R_c 配合的圆锥外螺纹 1/2:尺寸代号,单位是 in	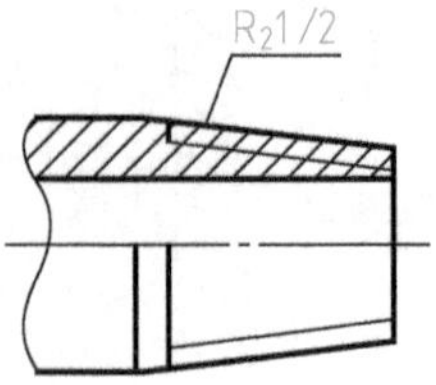 $R_2$1/2

【知识拓展 1】　螺纹的种类及应用

螺纹连接除了可以实现传动外，也能对零件进行紧固连接。螺纹的种类及应用见表4-6-4。

表 4-6-4　螺纹的种类及应用

分类方式	螺纹种类	外形图	螺纹应用
按牙型分类	普通螺纹（三角形螺纹）		连接螺纹，分为粗牙螺纹（强度高）、细牙螺纹（螺距较小，用于微量调节和薄壁零件）
	矩形螺纹		传动效率高，但牙根强度弱
	梯形螺纹		传动效率较高，应用广泛
	锯齿形螺纹		传递单向动力
管螺纹	55°非密封管螺纹		圆柱形管螺纹，不带锥度，本身不具有密封性，只有在螺纹内加入密封材料（如水胶布等），才能起到密封效果
	55°密封管螺纹		利用 1∶16 的锥度上的螺纹牙相互挤压，实现自密封，不用加密封材料即能保证连接的紧密性。但有些带锥度管螺纹，由于加工的问题，在实际操作上还是在圆锥螺纹上绕一些密封材料，以求保险

【知识拓展 2】　常用螺纹紧固件及其标记

常用螺纹紧固件有螺栓、螺柱、螺母和垫圈等，如图 4-6-3 所示。螺纹紧固件的结构和尺寸均已标准化，使用时按规定标记直接外购即可。表 4-6-5 为常用螺纹紧固件及其标记示例。

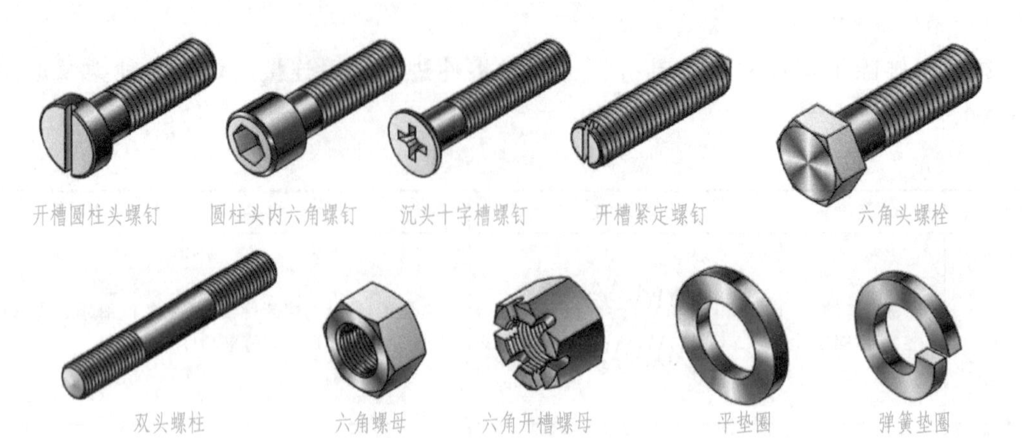

图 4-6-3　常用螺纹紧固件

表 4-6-5　常用螺纹紧固件及其标记示例

名称	名称及视图	标记及说明
开槽沉头螺钉		螺钉 GB/T 68 M12×30 螺纹规格 d=M12,公称长度 l=30mm,性能等级为 4.8 级,不经表面处理的开槽沉头螺钉
六角头螺栓		螺栓 GB/T 5780 M12×80 螺纹规格 d=M12,公称长度 l=80mm,性能等级为 8.8 级,表面氧化,A 级的六角头螺栓
双头螺柱		螺柱 GB/T 898 M12×60 两端均为粗牙普通螺纹,螺纹规格 d=M12,公称长度 l=60mm,性能等级为 4.8 级,不经表面处理,B 型,b_m=1.25d 的双头螺柱
螺母		螺母 GB/T 6170 M8 螺纹规格 d=M8,性能等级为 8 级,不经表面处理,A 级的 I 型六角螺母

【小结】

通过绘制钻模手把，主要学习了外螺纹的画法及标注、内外螺纹旋合的画法、螺纹的标记、螺纹的种类和应用、常用螺纹紧固件及其标记。

任务 4-7　齿轮泵盖

盘盖类零件常由若干圆柱体组成，径向尺寸较大，轴向尺寸较小，其上多具有凸台、凹坑、螺孔、销孔、肋板、倒角及退刀槽等结构，较多的工序在车床上进行加工。

本次课程任务是绘制图 4-7-1 所示齿轮泵盖。

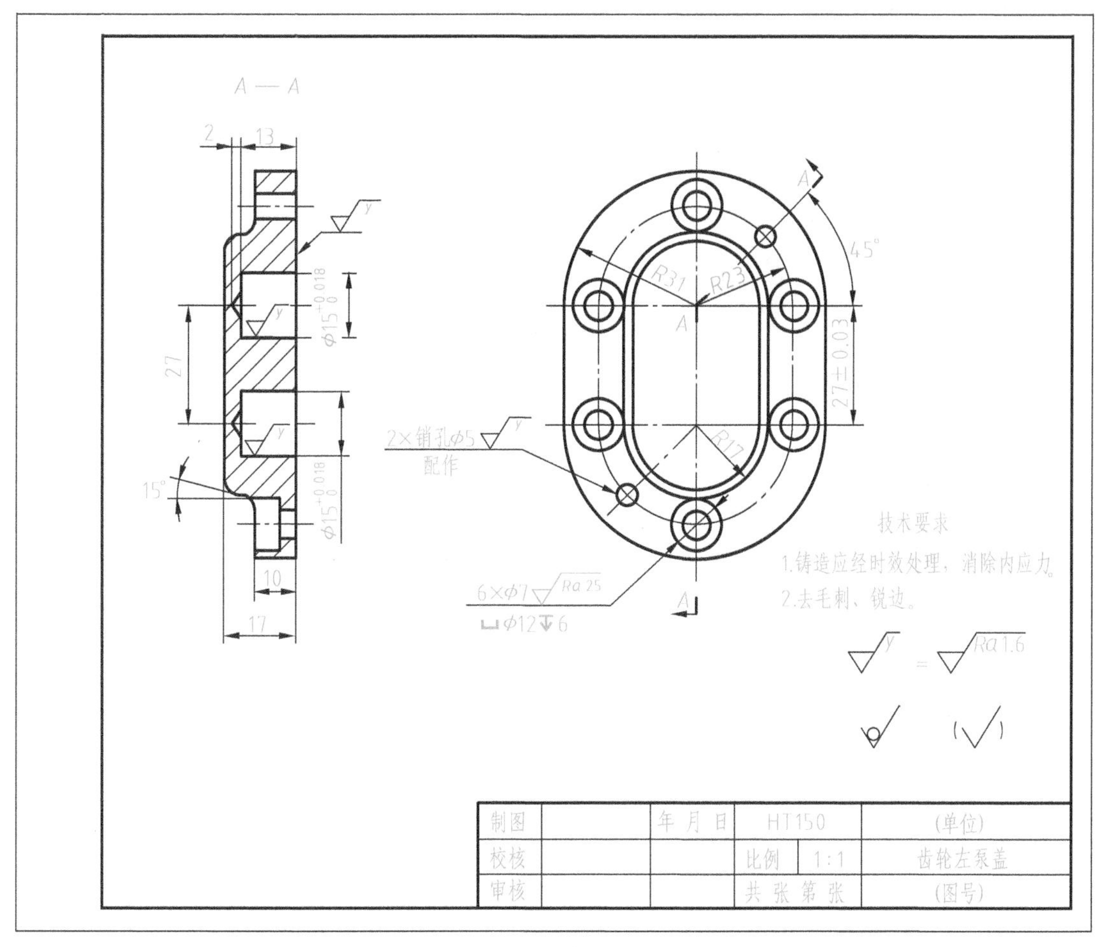

图 4-7-1　齿轮泵盖

【绘图步骤 1】　分析齿轮泵盖的形状

读图 4-7-1 可知齿轮泵盖采用两个视图表达零件的结构，其中主视图用两个相交的平面 *A—A* 剖切所获得的剖视图来表达泵盖内部的结构，用左视图表达泵盖的外形。齿轮泵盖实体如图 4-7-2 所示。

【知识点 4-7-1】 几个相交的剖切平面剖视图的画法

图 4-7-3 所示的圆盘状机件，若用单一平面剖切只能表达肋板的形状，不能反映 45°孔的形状。为了能同时表达这两种结构，只有用两个相交的平面剖切机件。采用相交的剖切平面画剖视图时应注意以下几点：

1）相邻两剖切平面的交线应垂直于某一投影面。

2）用几个相交的平面剖切机件绘图时，应先剖切后旋转，使剖开的结构及其有关部分旋转至与某一选定的投影面平行后再进行投射。在剖切平面后面的其他结构按原位置进行投射。

3）当对称中心在剖面上被部分剖切后产生不完整要素时，应将此部分按不剖绘制。

4）采用这种剖切平面剖切后，应对剖视图进行标注。剖切符号的起、讫及转折处用相同字母标出，但当转折处空间狭小又不致引起误解时，转折处允许省略字母。

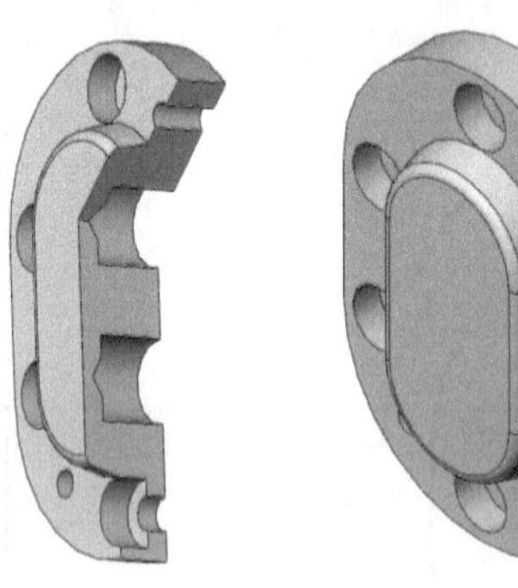

图 4-7-2 齿轮泵盖实体图

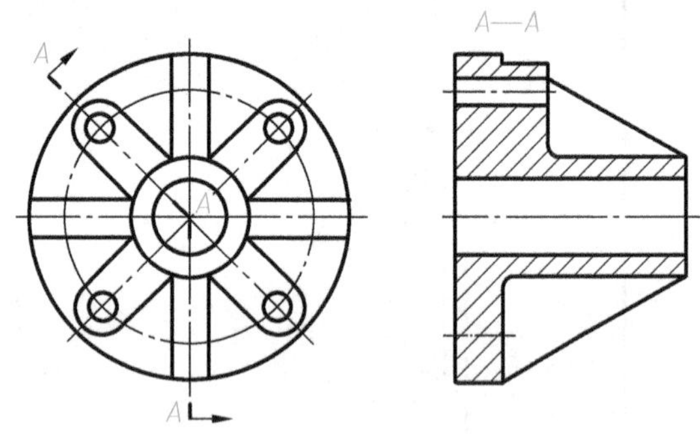

图 4-7-3 用两个相交的平面剖切获得的剖视图

【绘图步骤 2】 绘制齿轮泵盖

用 A4 图纸上布图，预留适当的位置标注尺寸和注写技术要求。具体作图步骤见表4-7-1。

表 4-7-1 齿轮泵盖的绘制步骤

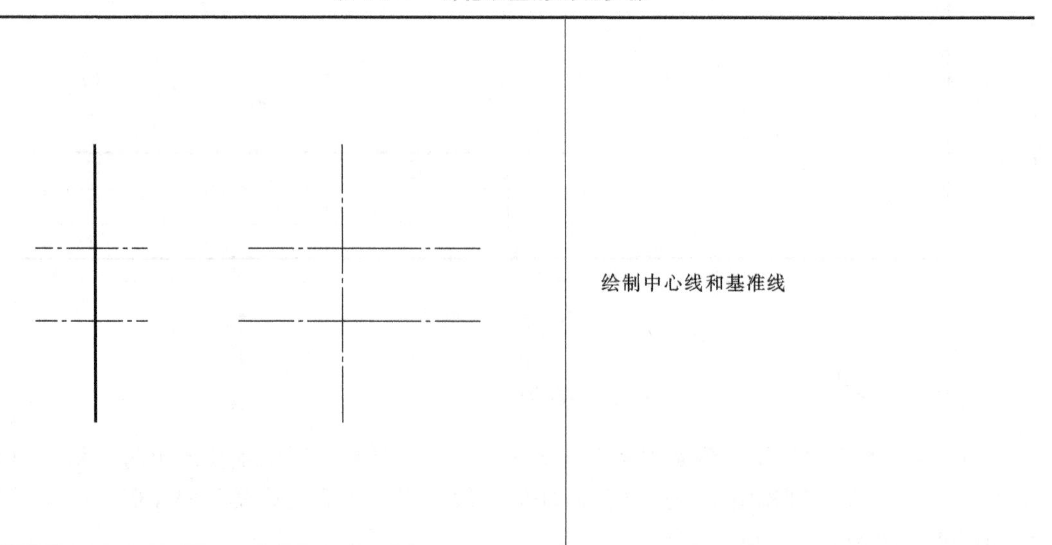	绘制中心线和基准线

（续）

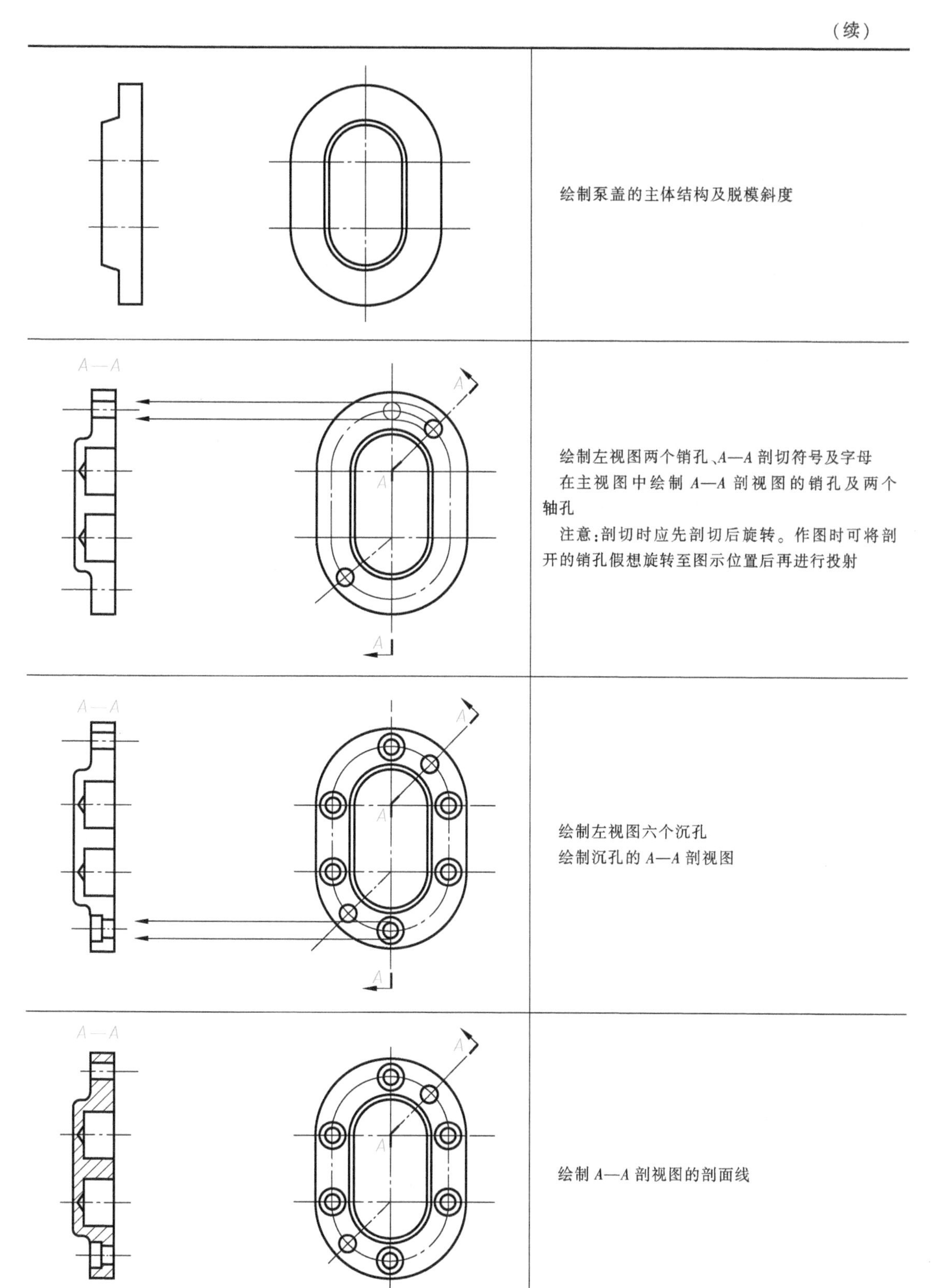
A—A
A
A
A
绘制泵盖的主体结构及脱模斜度
绘制左视图两个销孔、A—A 剖切符号及字母
在主视图中绘制 A—A 剖视图的销孔及两个轴孔
注意：剖切时应先剖切后旋转。作图时可将剖开的销孔假想旋转至图示位置后再进行投射
绘制左视图六个沉孔
绘制沉孔的 A—A 剖视图
绘制 A—A 剖视图的剖面线

【绘图步骤 3】 检查图形，加粗定稿

擦掉多余的作图痕迹，完成草图。检查草图无误后，加粗定稿。

【绘图步骤 4】 标注尺寸、标注表面粗糙度等技术要求

【知识点 4-7-2】 技术要求的概念

零件图中除了图形和尺寸外，还有制造该零件时应满足的一些加工要求，通常称为技术要求，如表面粗糙度、尺寸公差、零件的几何公差以及材料的热处理等。技术要求一般是用符号、代号或标记标注在图形上，或者用简明的文字注写在标题栏附近。

【知识点 4-7-3】 表面结构和表面粗糙度的概念

表面结构是表面粗糙度、表面波纹度、表面缺陷、表面纹理和表面几何形状的总称。

零件在机械加工过程中，由于加工方法、切削用量和零件表面的塑性变形等因素，造成零件表面不平整、不光滑，形成高低不平的凸峰和凹谷。零件表面上这种具有较小间距和峰谷所组成的微观几何形状特性称为表面粗糙度。

表面粗糙度轮廓与表面波纹度轮廓和形状误差轮廓的区别在于其波距大小不同，见表 4-7-2。

表 4-7-2 表面粗糙度轮廓与表面波纹度轮廓和形状误差轮廓

轮廓	轮廓示意图	波距
表面粗糙度		小于 1mm
表面波纹度		1～10mm
形状误差		大于 10mm

【知识点 4-7-4】 评定表面粗糙度轮廓的参数

表面粗糙度是评定表面质量的一项重要技术指标，对零件的使用性能、寿命、密封性、产品外观及表面反射能力都有明显影响。因此在设计零件时，需要根据零件的使用性能提出合理的表面粗糙度要求，并标注在加工表面上。

粗糙度轮廓参数是我国机械图样中目前最为常用的评定参数。评定粗糙度轮廓（R 轮廓）有两个参数 Ra 和 Rz，如图 4-7-4 所示。

1. 轮廓算术平均偏差 Ra

在一个取样长度内，纵坐标绝对值的算术平均值。轮廓算术平均偏差可用电动轮廓仪测量，运算过程由仪器自动完成。Ra 数值越小，零件表面越趋于平整光滑；Ra 的数值越大，

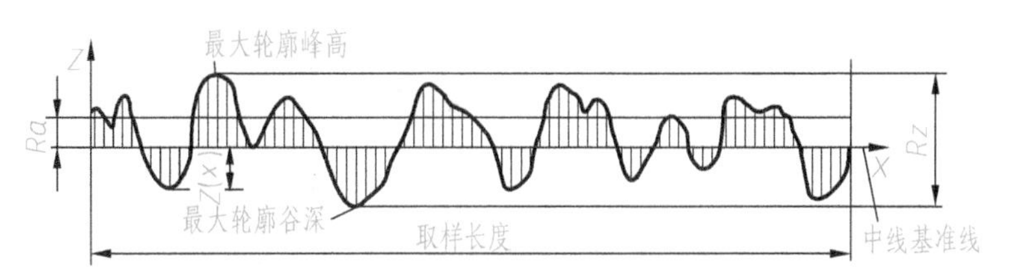

图 4-7-4　算术平均偏差 Ra 和轮廓的最大高度 Rz

零件表面越粗糙。

2. 轮廓最大高度 Rz

在一个取样长度内，最大轮廓峰高和最大轮廓谷深之和的高度。

选用表面粗糙度参数的时候，应该在满足零件表面功能要求的前提下，选用尽可能大些的值，以减小加工难度，降低生产成本。

【知识点 4-7-5】　表面结构的图形符号

表面结构的图形符号见表 4-7-3。

表 4-7-3　表面结构的图形符号

名称	符　　号	含　　义
基本图形符号	3h　1.4h　60°　60°	对表面结构有要求的图形符号，仅用于简化代号标注 符号粗细为 $h/10$　h=字体高度
扩展图形符号		用去除材料方法获得的表面
		用不去除材料的方法获得的表面
完整图形符号		在基本符号和扩展符号的基础上加一横线，以便注写对表面结构的各种要求
补充要求在完整图形符号的注写位置	c　a　e　d　b	位置 a：注写表面结构的单一要求 如果位置 a 和 b 同时存在，则位置 a 注写第一表面结构代号，位置 b 注写第二表面结构代号 位置 c：注写加工方法，如“车”“磨”“镀”等 位置 d：注写表面纹理方向，如“=”“×”“M”等 位置 e：注写加工余量

当图样中某个视图上构成封闭轮廓的各表面有相同的表面结构要求时，在完整图形符号上加一圆圈，标注在封闭轮廓线上，如图 4-7-5 所示。

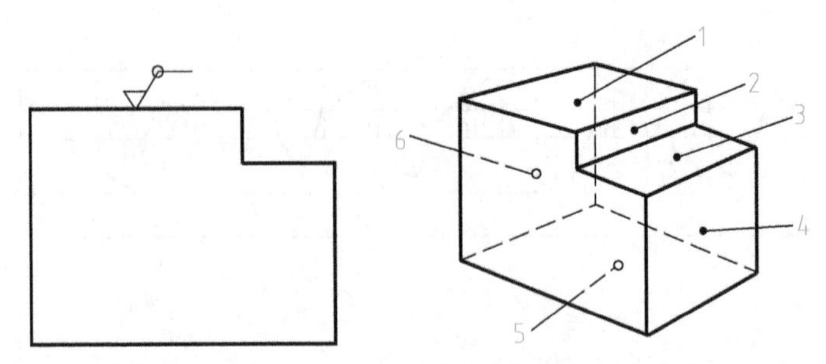

图 4-7-5　对周边各面有相同的表面结构要求的注法

注：图示的表面结构符号是指对图形中封闭轮廓的六个面的共同要求（不包括前后面）

【知识点 4-7-6】　**表面结构代号及其注法**

表面结构符号中注写了具体参数代号和数值等要求后称为表面结构代号。

表面结构要求对每一表面一般只注一次，并尽可能注写在相应的尺寸及公差的同一视图，通常是对完工零件的表面要求。表面结构代号在图样中的注法见表 4-7-4。

表 4-7-4　表面结构代号在图样中的注法

表面结构要求	标注图例	说　明
在轮廓线上的标注	Rz 12.5　Rz 6.3　Ra 1.6　Ra 1.6　Rz 12.5　Rz 6.3	表面结构代号的注写和读取方向与尺寸的注写和读取方向一致。其符号应从材料外指向并接触表面
用指引线引出标注表面	铣 Rz 3.2　车 Rz 3.2　ϕ28	必要时，表面结构代号也可用带箭头或黑点的指引线引出标注
标注在尺寸线上	ϕ120H7 Rz 12.5　ϕ120h6 Rz 6.3	在不引起误解时，表面结构要求可以标注在给定的尺寸线上

（续）

表面结构要求	标注图例	说　　明
标注在公差框格上	Ra1.6　0.1　Rz 6.3　⌀10±0.1　⌀0.2　A　B	也可标注在几何公差框格的上方
标注在圆柱特征的延长线上	Ra 1.6　Rz 6.3　Rz 6.3　Rz 6.3　Ra 1.6	圆柱和棱柱表面的表面结构要求只标注一次。如果每个棱柱表面有不同的表面结构要求，则应分别单独标注

【知识点 4-7-7】　表面结构要求在图样中的简化标注

当多个表面具有相同的表面结构要求时，则其表面结构可统一标注在图样的标题栏附近，如图 4-7-6 所示（与此不同的表面结构要求应直接标注在图形中）。

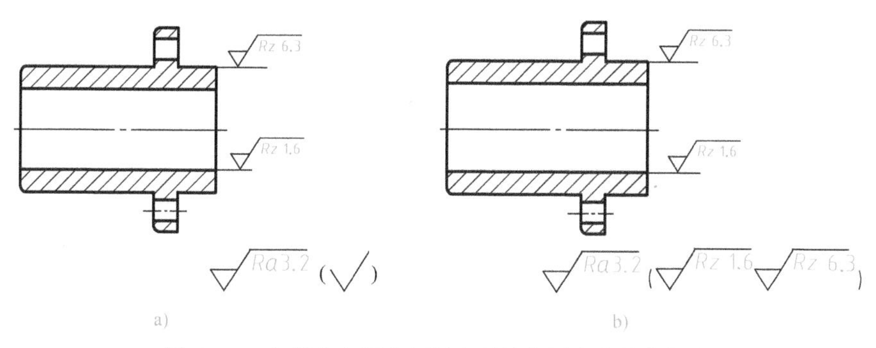

图 4-7-6　大部分表面有相同表面结构要求的简化标注

a）在圆括号内给出无任何其他标注的基本符号　b）在圆括号内给出不同的表面结构要求

在图样空间有限时，具有相同表面结构要求的表面，用带字母的完整符号以等式形式标注在图形或标题栏附近，如图 4-7-7 所示；图 4-7-8 所示是以等式的形式给出对多个表面共同的表面结构要求，简化注法。

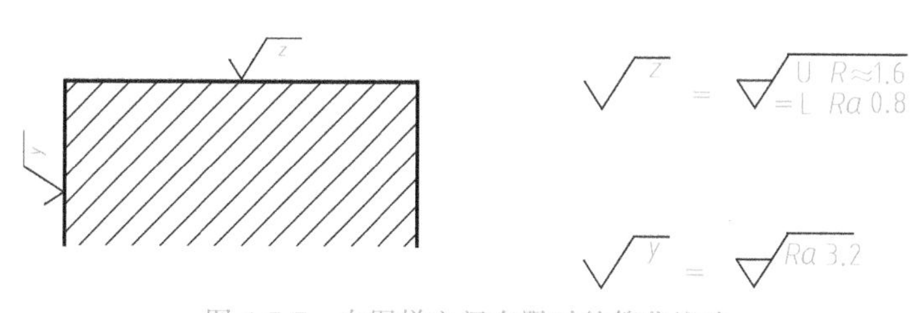

图 4-7-7　在图样空间有限时的简化注法

Ra 3.2　　　=　Ra 3.2　　　=　Ra 3.2

a)　　　　　b)　　　　　c)

图 4-7-8　多个表面共同的表面结构要求的简化注法
a）未指定工艺方法　b）要求去除材料　c）不允许去除材料

【知识拓展】　表面粗糙度符号的新旧标准对比

表 4-7-5 中给出常用表面粗糙度符号的新旧对比。

旧标准在采用表面粗糙度参数轮廓的算术平均偏差 *Ra* 时，省略符号 *Ra*，只将其数值注写在表面粗糙度符号上方。对于轮廓最大高度 *Rz* 需在参数值前面标出代号 *Rz*。零件大部分表面要求相同时，在右上角统一标注，并加注“其余”二字，如图 4-7-9 所示。

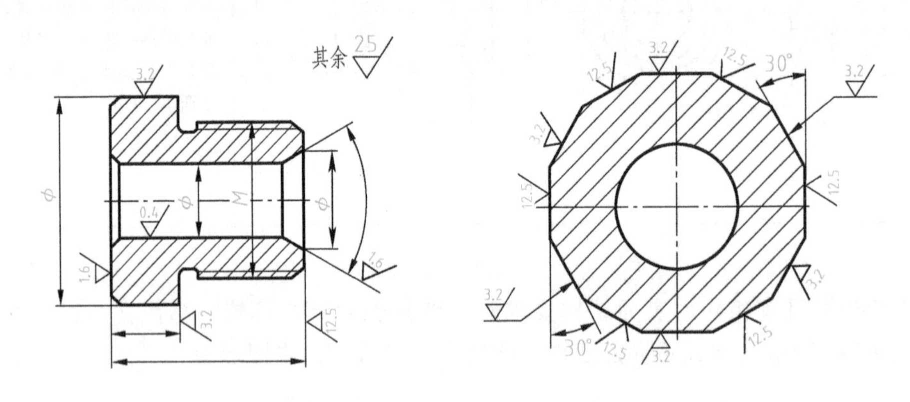

图 4-7-9　旧标准表面粗糙度标注示例

表 4-7-5　新旧标准表面粗糙度对比

新标准符号	旧标准符号	意义及说明
Ra 6.3	6.3	用去除材料的方法获得的表面，轮廓的算术平均偏差 *Ra* 的最大允许值是 6.3μm
铣 Ra 6.3	铣 6.3	用铣削去除材料的方法获得的表面，轮廓的算术平均偏差 *Ra* 的最大允许值是 6.3μm
Ra 3.2	3.2	不去除材料的方法获得的表面，轮廓的算术平均偏差 *Ra* 的最大允许值是 3.2μm

（续）

新标准符号	旧标准符号	意义及说明
Ra3.2 Ra1.6	3.2 1.6	用去除材料的方法获得的表面，轮廓的算术平均偏差 *Ra* 的最小允许值是 1.6μm，最大允许值是 3.2μm
Rz 6.3	Ry 6.3	用去除材料的方法获得的表面，轮廓的最大高度 *Rz*（旧标准用 *Ry* 表示）的最大允许值是 6.3μm
Rz 3.2 Rz 1.6	Ry 3.2 Ry 1.6	用去除材料的方法获得的表面，轮廓的最大高度 *Rz* 的最小允许值是 1.6μm，最大允许值是 3.2μm
Ra12.5（√）	其余 Ra12.5	有相同表面结构要求的简化注法，标注在图样的标题栏附近（不同的表面结构要求直接标注在图形中）；旧标准标注在图样的右上角
无（已取消）	Rz 6.3	旧标准中微观不平度十点高度，用去除材料的方法获得的表面，*Rz* 的最大允许值是 6.3μm。特别注意：新国标已取消微观不平度十点高度，但用 *Rz* 符号表示轮廓的最大高度

【小结】

通过绘制齿轮泵盖，学习了两个相交的剖切平面剖视图的画法，技术要求、表面结构和表面粗糙度的概念，评定表面粗糙度轮廓的参数，表面结构的图形符号，表面结构代号及其注法，表面结构要求在图样中的简化标注及表面粗糙度符号的新旧对比等内容。

任务 4-8　齿轮泵泵体

齿轮泵是容积泵的一种，它通过两个齿轮啮合实现吸油、排油进行工作。

本次课程任务是绘制图 4-8-1a 所示的齿轮泵泵体的零件图。

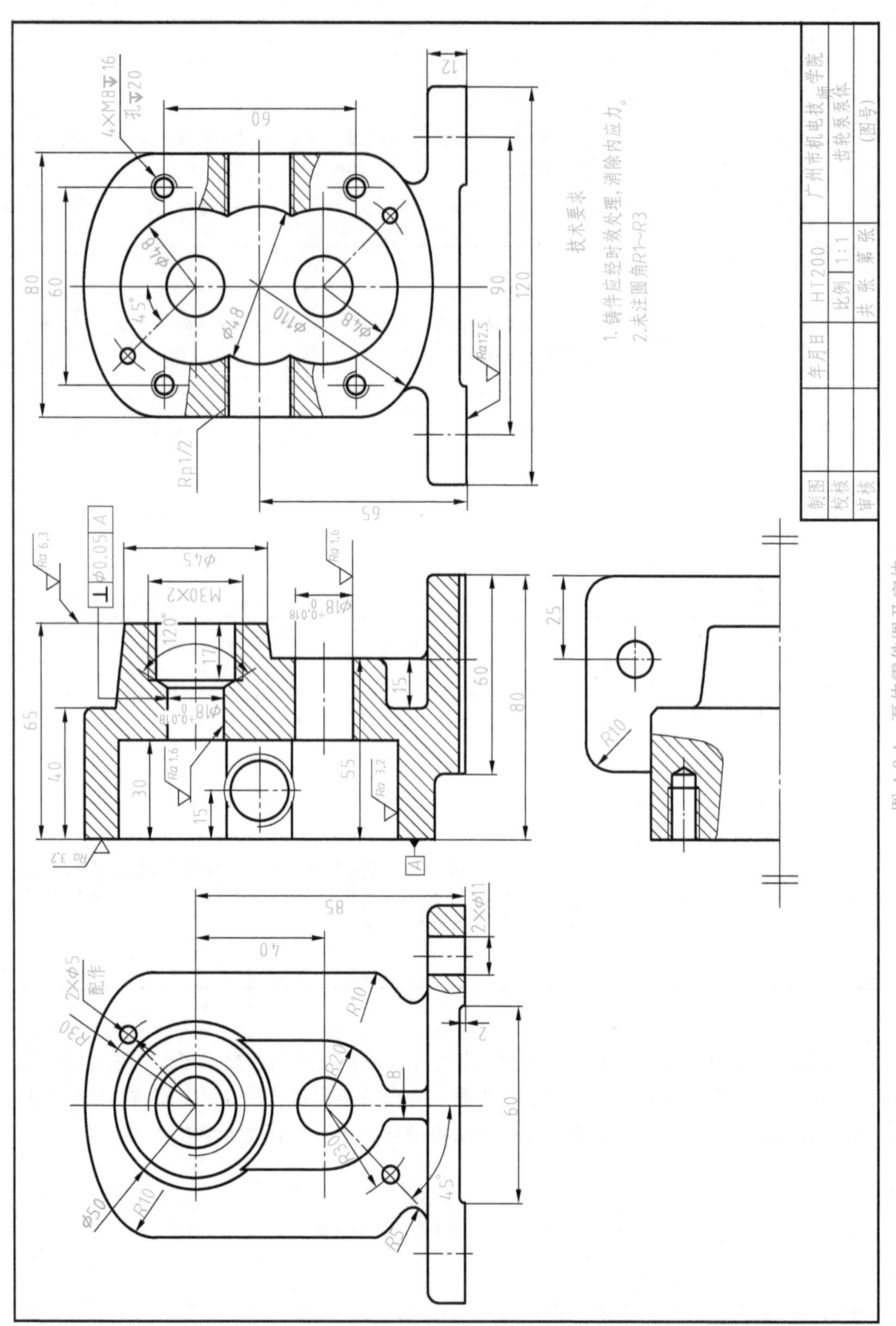

a)

图 4-8-1 泵体零件图及实体

a) 齿轮泵泵体零件图

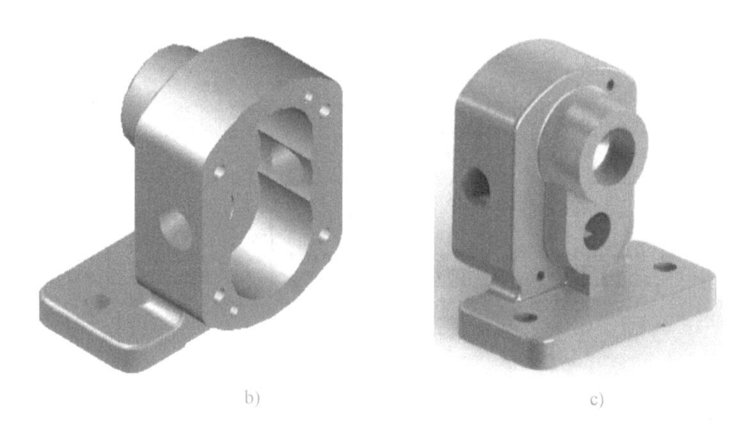

图 4-8-1 泵体零件图及实体（续）
b）泵体实体正面图 c）泵体实体背面图

【绘图步骤 1】 分析泵体的形状结构

本次课程任务绘制的泵体主要结构有泵体内腔、端面及底座。内腔左侧有三个 ϕ48mm 的孔，右侧有两个 ϕ18mm 的通孔；端面包含四个 *M*8 的螺纹孔和两个 ϕ5mm 的销孔；底座开有深度 2mm、宽度 60mm 的槽。泵体零件图采用主视图、俯视图、左视图、右视图四个基本视图，其中主视图采用全剖，左视图和右视图均用局部剖，俯视图则采用了局部剖及简化画法来表达整个泵体零件的内外结构。图 4-8-1b、c 所示为泵体的实体图。

【知识点 4-8-1】 基本视图

基本视图是指将机件向基本投影面投射所得到的视图。一个机件有六个基本视图，分别为主视图、俯视图、左视图、右视图、仰视图和后视图。六个基本视图的形成、配置和方位对应关系如图 4-8-2 所示。

六个基本视图仍保持“长对正、高平齐、宽相等”的投影关系，在绘制图形时根据机件的复杂程度和表达需要，选用其中必要的几个基本视图。若无特殊情况，优先选用主视图、俯视图和左视图。

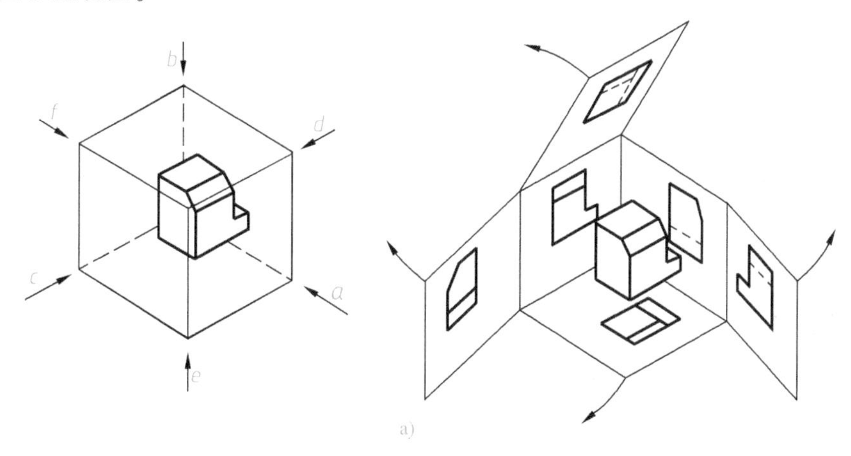

图 4-8-2 六个基本视图及其对应关系
a）六个基本视图的形成

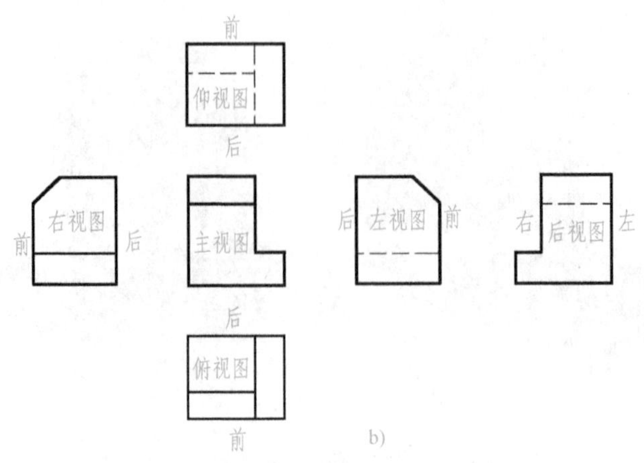

图 4-8-2　六个基本视图及其对应关系（续）

b）六个基本视图的配置和方位对应关系

【知识点 4-8-2】　机件的简化画法

机件在表达过程中经常使用简化画法，齿轮泵泵体零件图中的俯视图就采用了对称机件的简化画法。机件的简化画法见表 4-8-1。

表 4-8-1　机件的简化画法

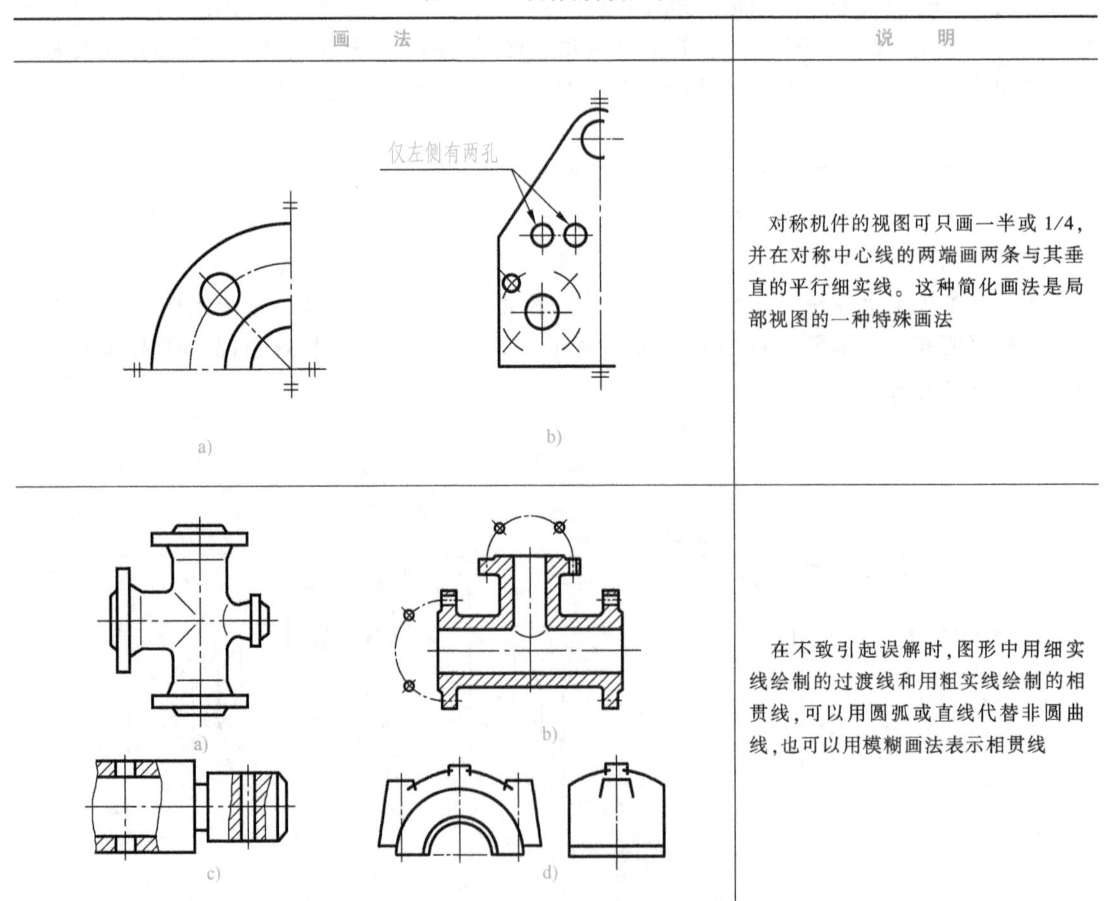

画　　法	说　　明
a)　b)	对称机件的视图可只画一半或 1/4，并在对称中心线的两端画两条与其垂直的平行细实线。这种简化画法是局部视图的一种特殊画法
a)　b)　c)　d)	在不致引起误解时，图形中用细实线绘制的过渡线和用粗实线绘制的相贯线，可以用圆弧或直线代替非圆曲线，也可以用模糊画法表示相贯线

（续）

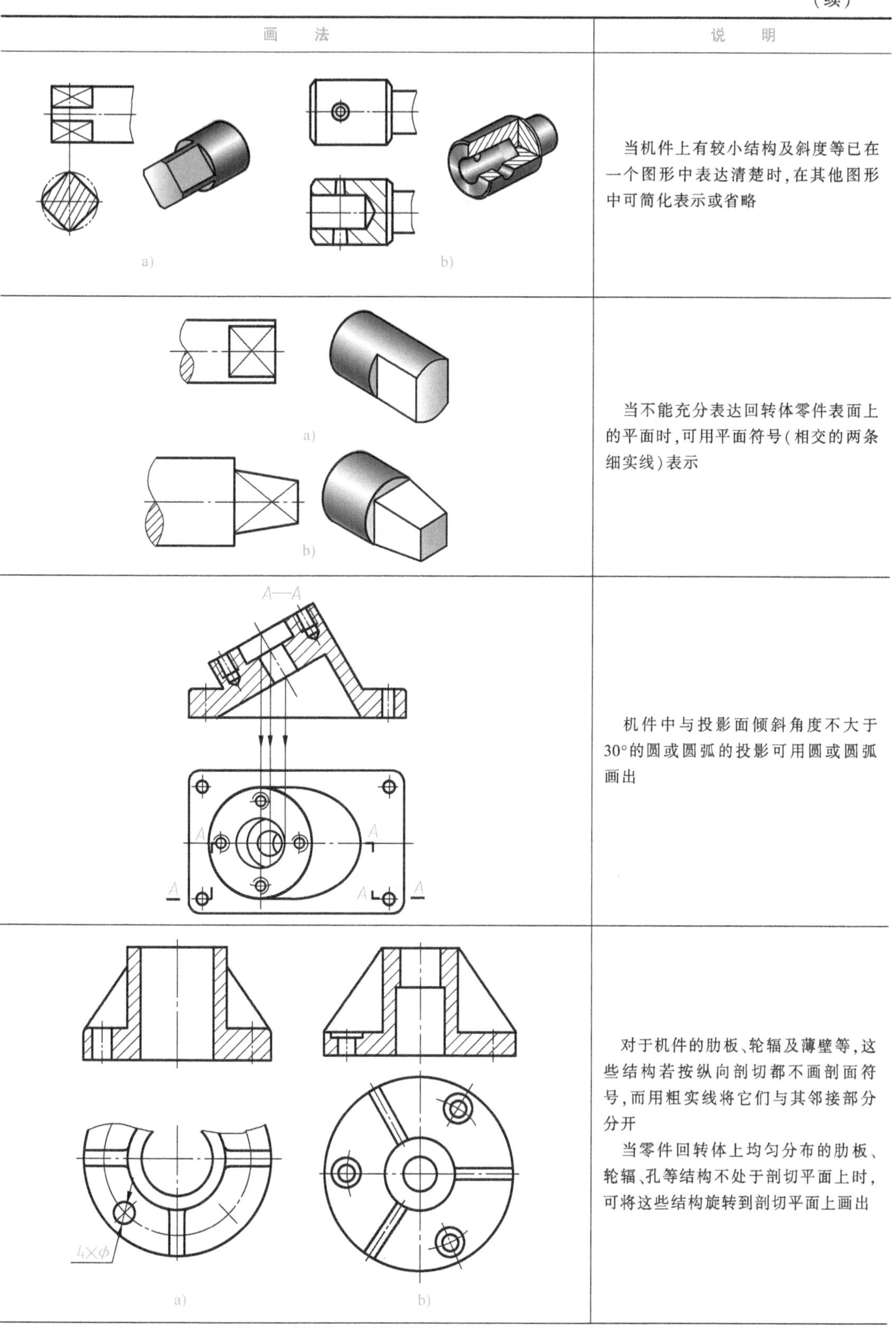

画　　法	说　　明
a)　b)	当机件上有较小结构及斜度等已在一个图形中表达清楚时，在其他图形中可简化表示或省略
a)　b)	当不能充分表达回转体零件表面上的平面时，可用平面符号（相交的两条细实线）表示
	机件中与投影面倾斜角度不大于30°的圆或圆弧的投影可用圆或圆弧画出
a)　b)	对于机件的肋板、轮辐及薄壁等，这些结构若按纵向剖切都不画剖面符号，而用粗实线将它们与其邻接部分分开 当零件回转体上均匀分布的肋板、轮辐、孔等结构不处于剖切平面上时，可将这些结构旋转到剖切平面上画出

（续）

画　　法	说　　明
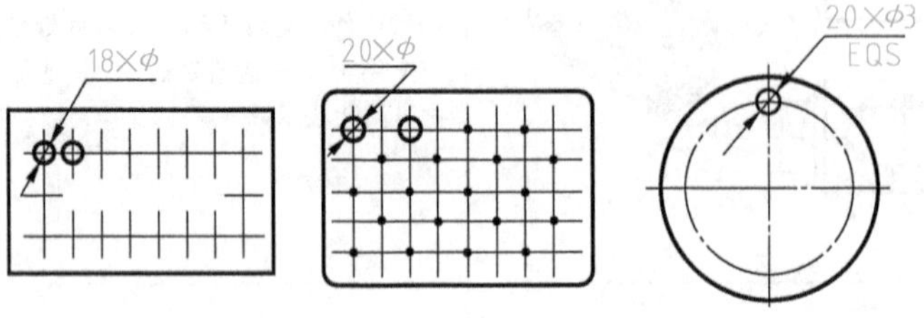 a)　b)　c)	当机件具有若干直径相同且按规律分布的孔（光孔、螺纹孔、沉孔等）时，可以仅画出一个或几个，其余只需表示出其中心位置即可
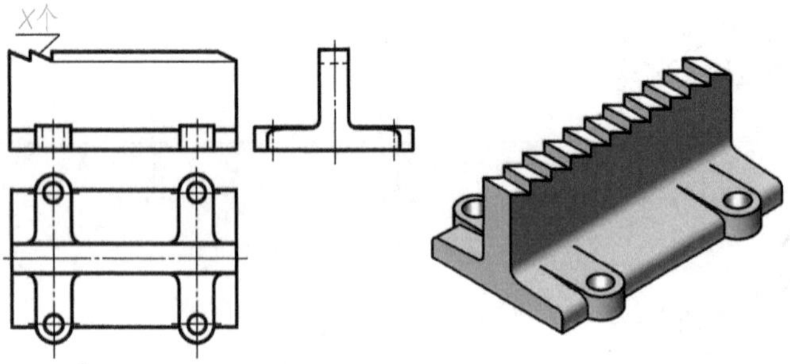	当机件上具有相同结构（齿、槽等）并按一定规律分布时，应尽可能减少相同结构的重复绘制，只需画出几个完整的结构，其余可用细实线连接代替
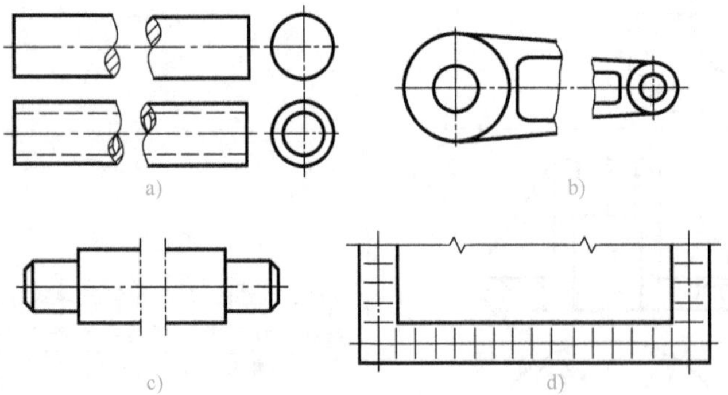 a)　b)　c)　d)	较长机件沿长度方向的形状一致或按一定规律变化时，可断开后缩短绘制，但尺寸仍按机件的设计要求标注

【绘图步骤 2】　绘制泵体零件图

选择 A3 图纸上进行布图。布图时预留适当的位置标注尺寸和技术要求。具体绘制步骤见表 4-8-2。

表 4-8-2　齿轮泵泵体的绘制步骤

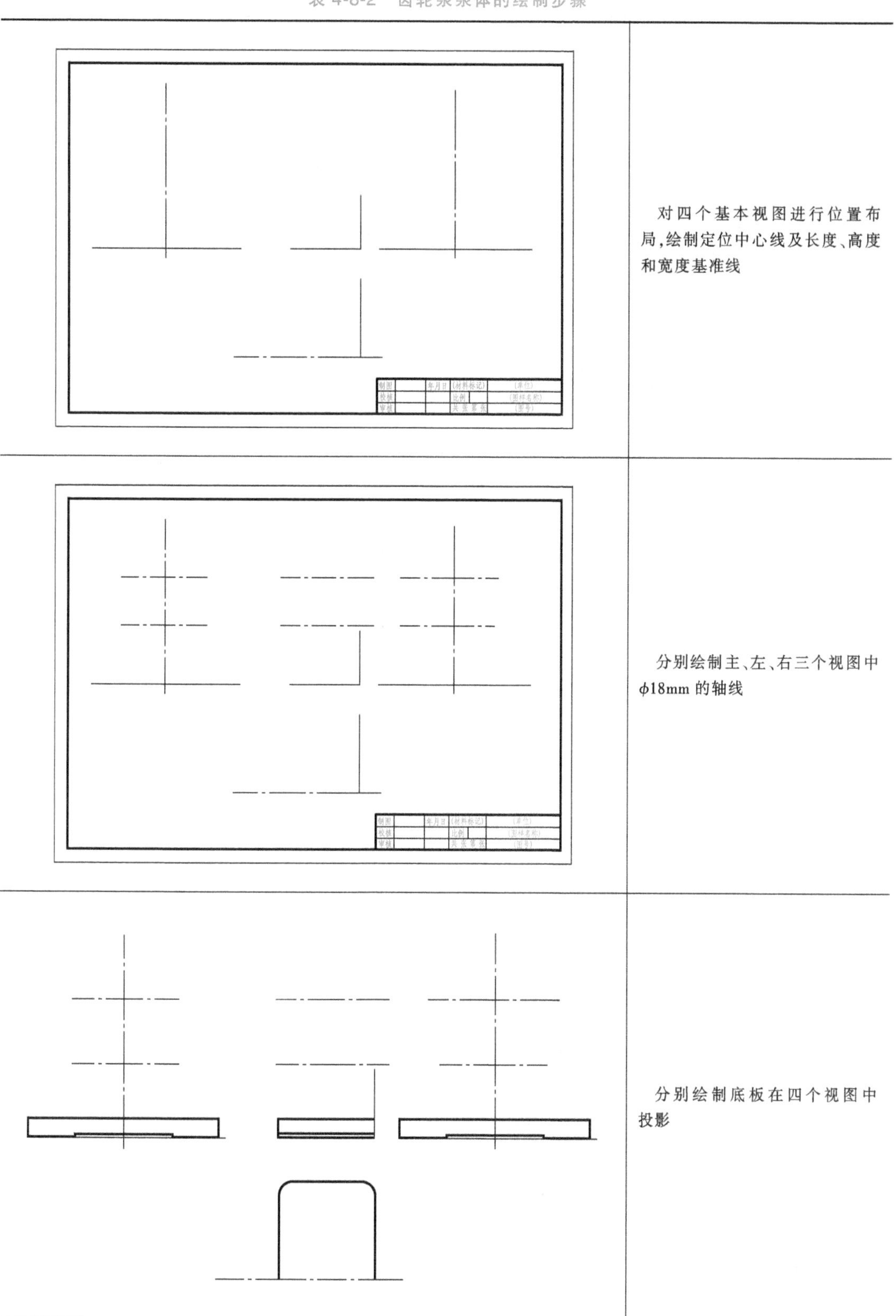

对四个基本视图进行位置布局，绘制定位中心线及长度、高度和宽度基准线

分别绘制主、左、右三个视图中 ϕ18mm 的轴线

分别绘制底板在四个视图中投影

（续）

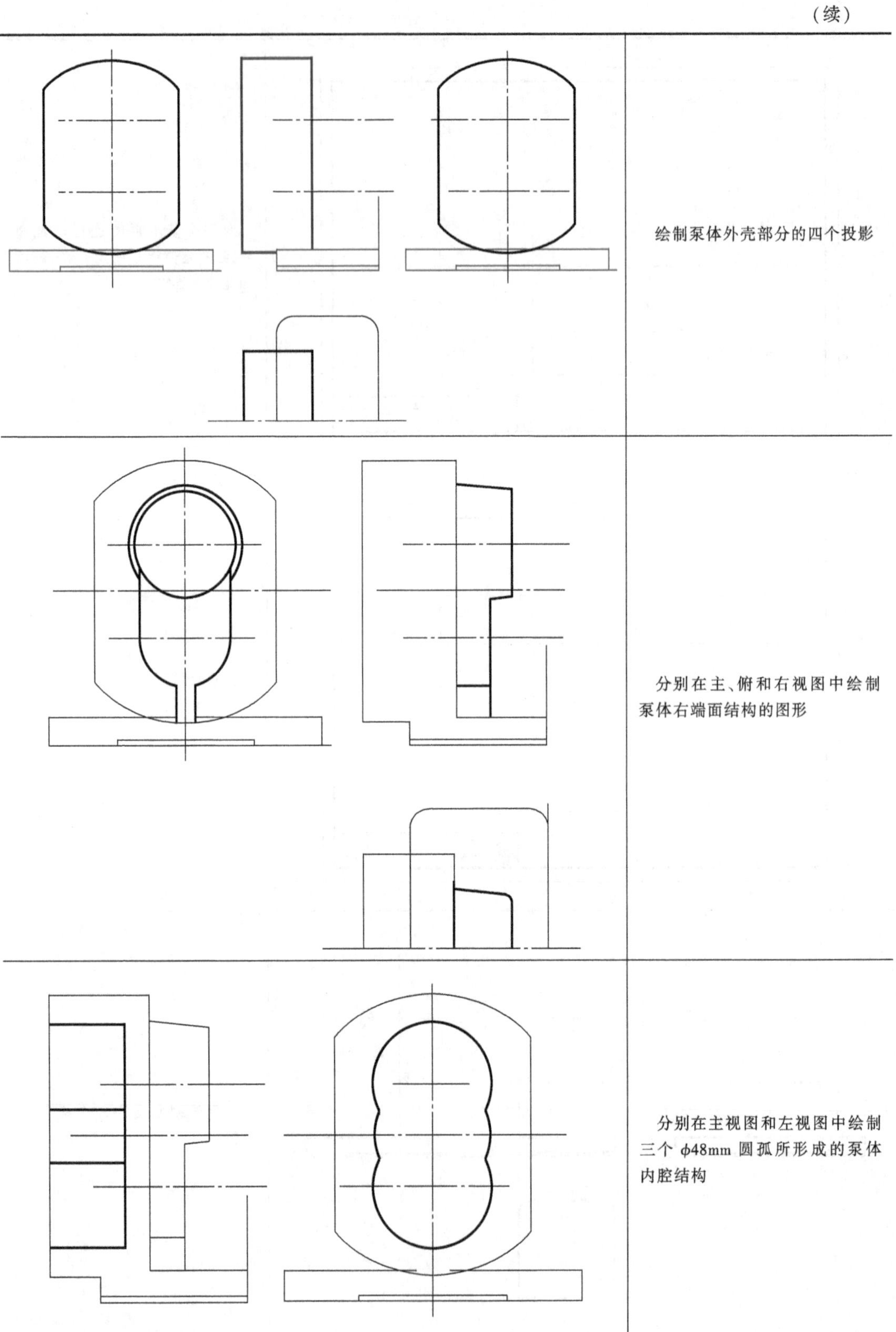

绘制泵体外壳部分的四个投影

分别在主、俯和右视图中绘制泵体右端面结构的图形

分别在主视图和左视图中绘制三个 ϕ48mm 圆孤所形成的泵体内腔结构

（续）

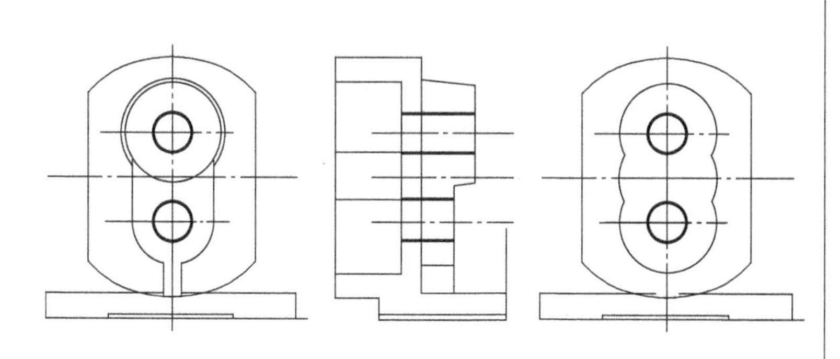

完成主、左、右视图中 18mm 圆的绘制

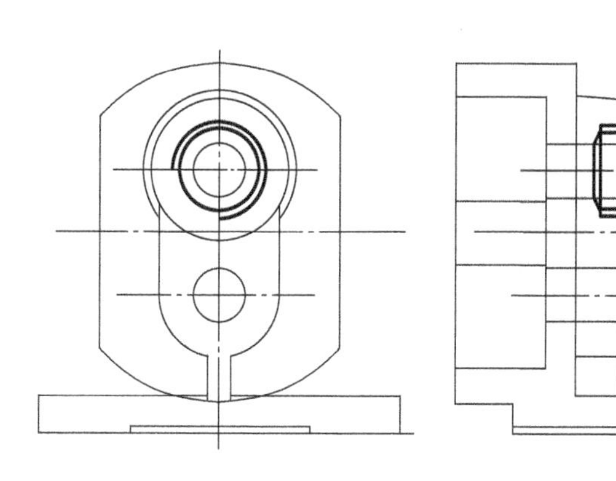

绘制主视图及右视图中 M30×2 螺纹孔的投影

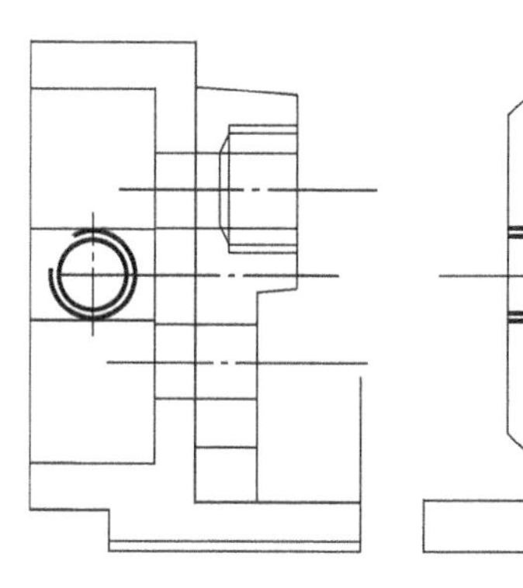

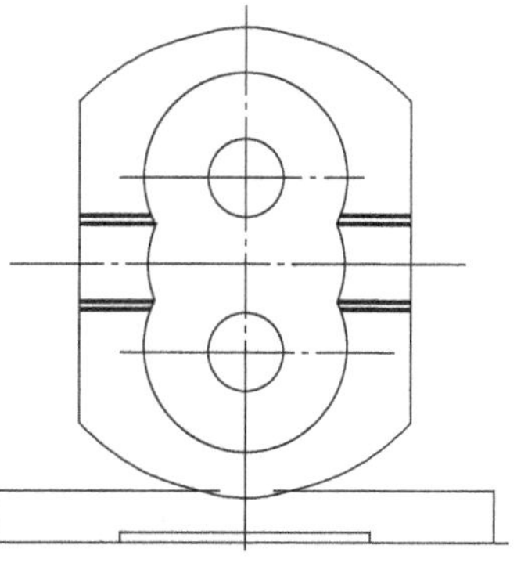

绘制主、左视图的管螺纹 Rp1/2

注：Rp1/2 的大径、小径尺寸分别为 $D=20.955\text{mm}$，$D_1=18.631\text{mm}$

（续）

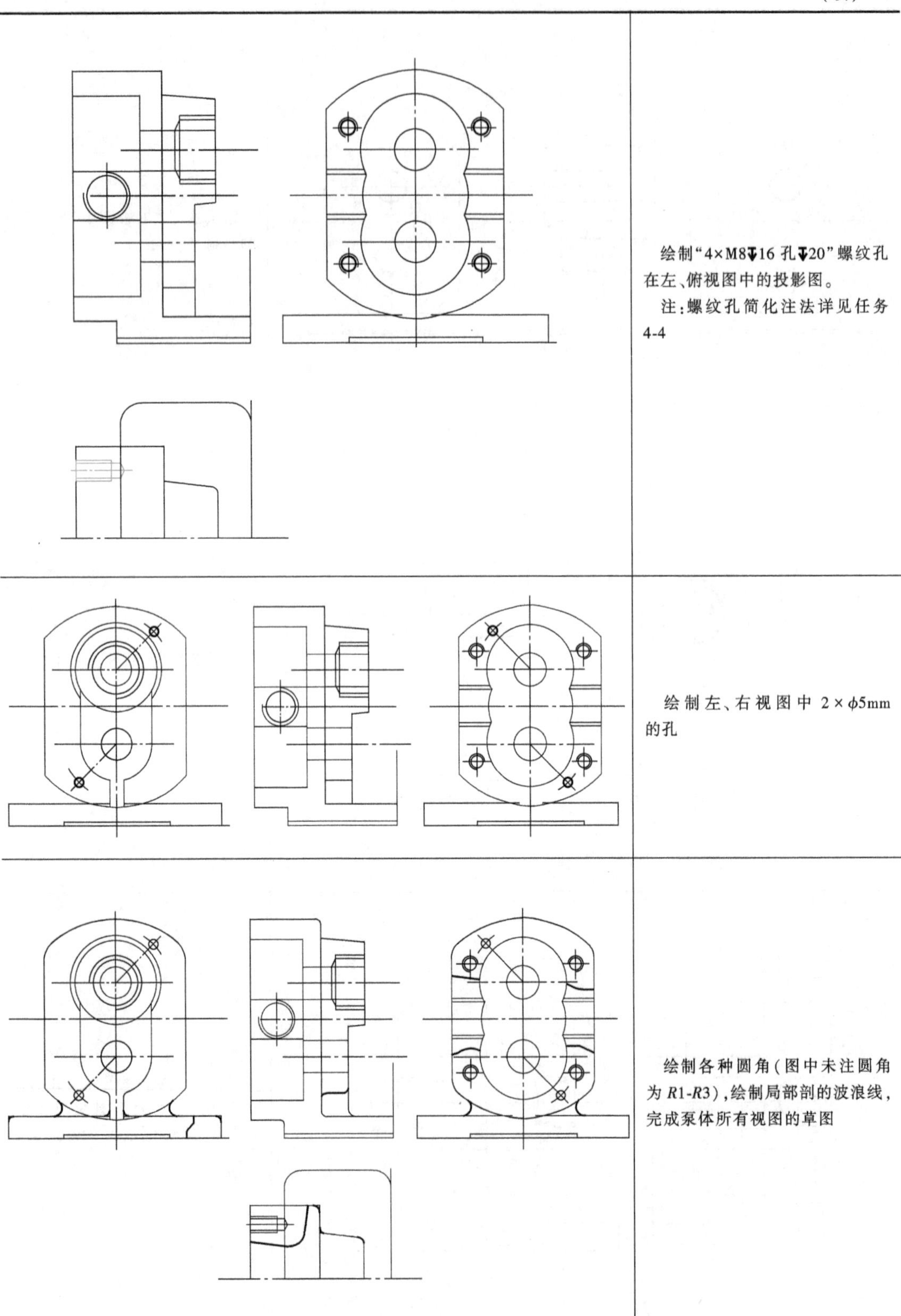

绘制“4×M8↧16 孔↧20”螺纹孔在左、俯视图中的投影图。

注：螺纹孔简化注法详见任务4-4

绘制左、右视图中 2×ϕ5mm 的孔

绘制各种圆角（图中未注圆角为 $R1$-$R3$），绘制局部剖的波浪线，完成泵体所有视图的草图

【绘图步骤 3】　检查，加粗，绘制剖面线

擦掉多余的作图痕迹，完成草图。检查草图无误后，加粗定稿，并绘制剖面线。

【绘图步骤 4】　标注尺寸及技术要求

依照图 4-8-1a 所示进行尺寸标注，做到不遗漏，不重复。

【小结】

通过齿轮泵泵体零件图的绘制及尺寸标注，主要学习了六个基本视图投影的画法和位置配置以及对称机件的简化画法，加强螺纹画法的练习。

任务 4-9　杠　　杆

叉架类零件常见的有手柄、曲柄、连杆、杠杆、拨叉、支架等，其主体结构一般由实心的杆、肋板和空心圆柱组成，常有倾斜或弯曲的不规则结构，结构形状比较复杂。

本次课程任务是绘制图 4-9-1a 所示杠杆零件图。

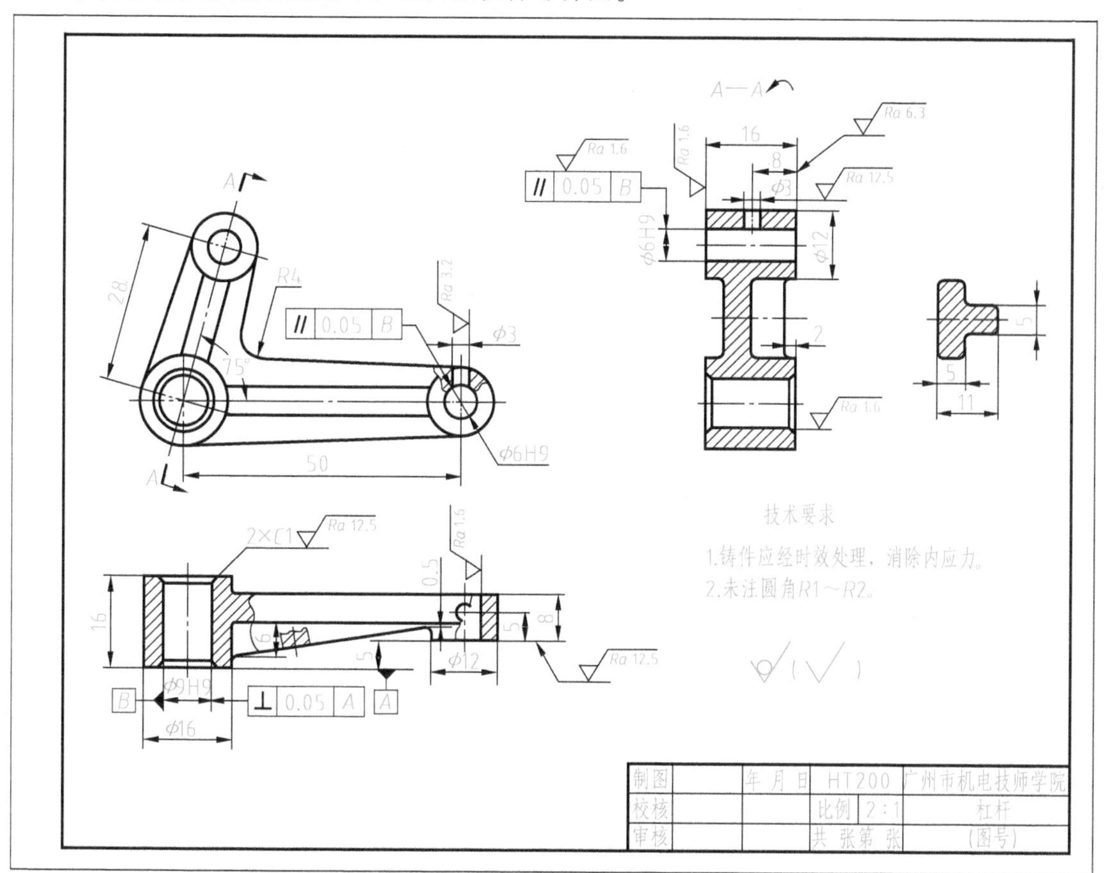

a)

图 4-9-1　杠杆零件图及实体图

a）杠杆零件图

b)

图 4-9-1　杠杆零件图及实体图（续）
b）杠杆实体图

【绘图步骤 1】　分析杠杆的形状

图 4-9-1 所示杠杆外形呈 L 形，包含较多肋板和孔结构，且具有不规则的结构。图样采用了四个视图表达零件的结构，包括主视图、*A—A* 旋转的全剖视图、局部剖的俯视图和一个移出断面图，其中俯视图中还采用了一个重合断面图。杠杆实体如图 4-9-1b 所示。

【知识点 4-9-1】　重合断面图

根据断面所放置的位置，断面图分为移出断面图和重合断面图。画在视图之内的断面图称为重合断面图。重合断面图的轮廓线用细实线绘制。当视图中的轮廓线与重合断面图的图形重叠时，视图中的轮廓线仍应连续画出，不可间断，如图 4-9-2 所示。

重合断面图的标注规定不同于移出断面图。对称的重合断面不必标注；不对称的重合断面，在不致引起误解时可省略标注。

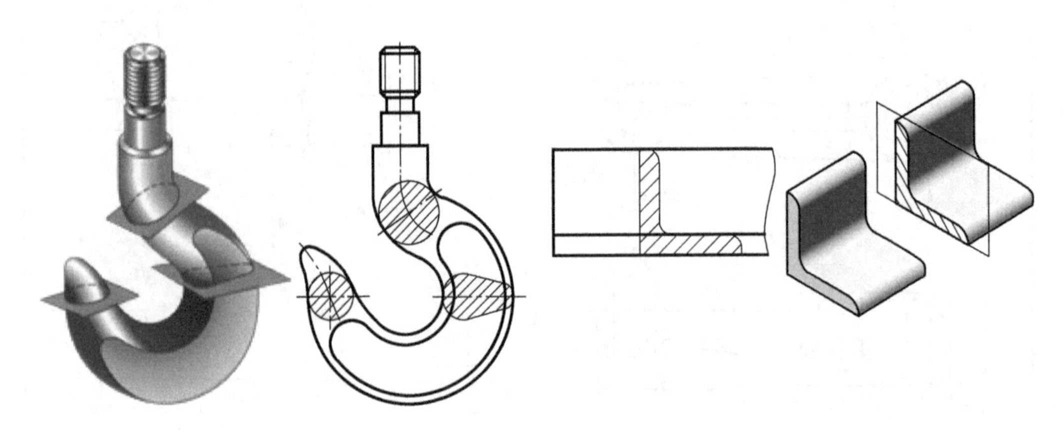

图 4-9-2　重合断面图

【绘图步骤 2】　绘制杠杆零件图

采用 2∶1 的比例绘制，选择 A3 图纸布图。布图时预留适当的位置标注尺寸和技术要求。绘制杠杆零件图具体步骤见表 4-9-1。

表 4-9-1　杠杆零件图的绘制步骤

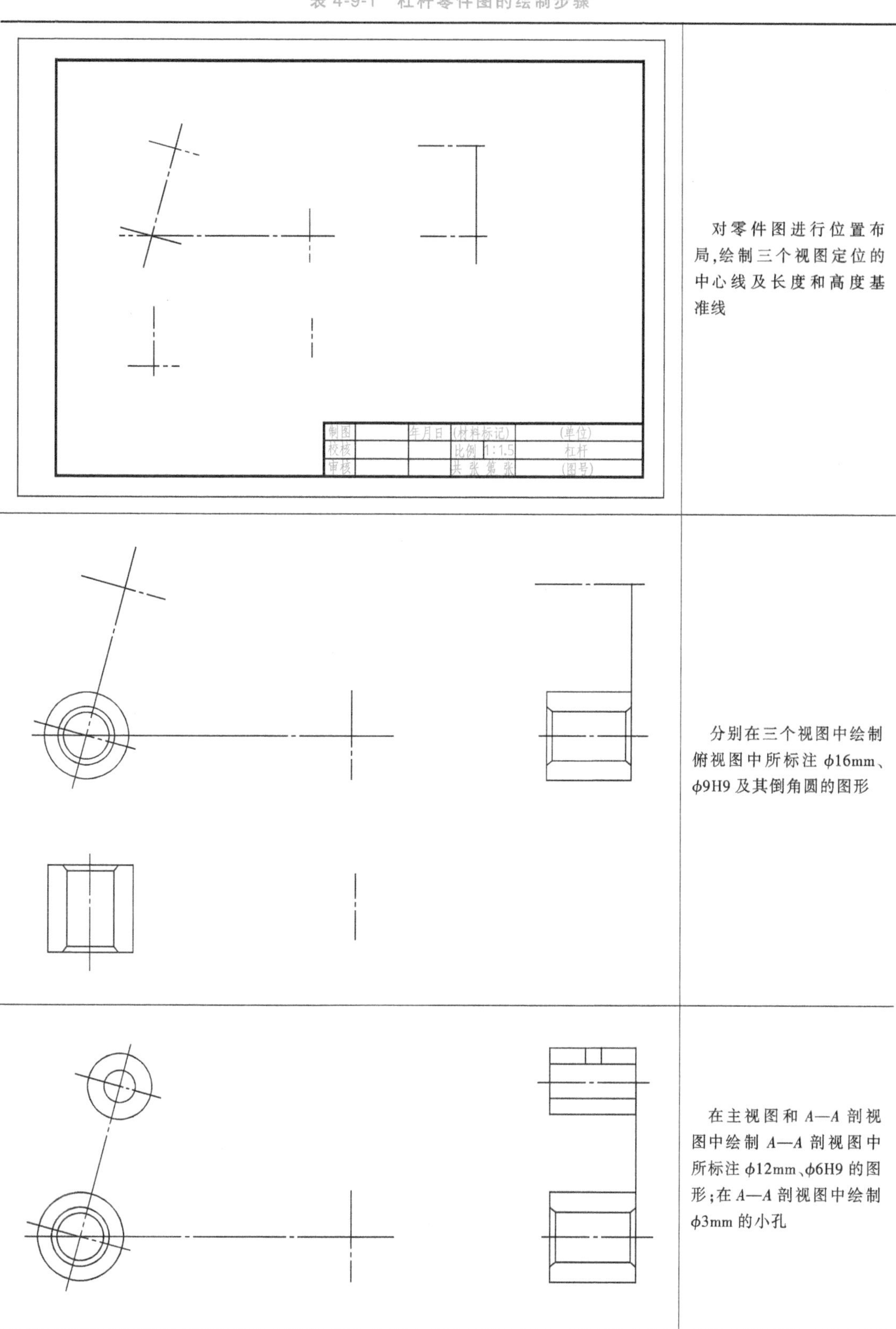

步骤说明
对零件图进行位置布局,绘制三个视图定位的中心线及长度和高度基准线
分别在三个视图中绘制俯视图中所标注 ϕ16mm、ϕ9H9 及其倒角圆的图形
在主视图和 *A*—*A* 剖视图中绘制 *A*—*A* 剖视图中所标注 ϕ12mm、ϕ6H9 的图形;在 *A*—*A* 剖视图中绘制 ϕ3mm 的小孔

（续）

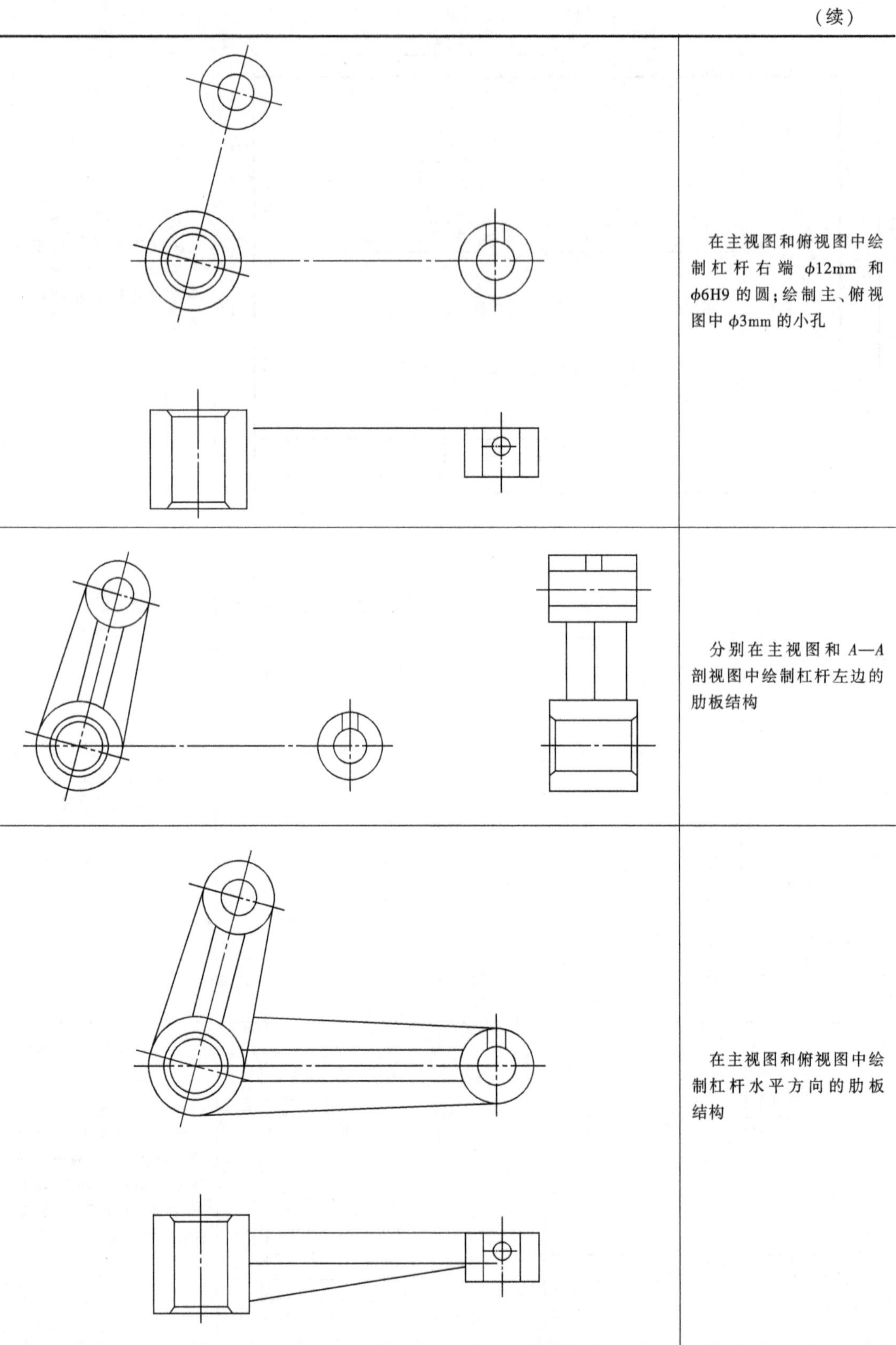

在主视图和俯视图中绘制杠杆右端 ϕ12mm 和 ϕ6H9 的圆；绘制主、俯视图中 ϕ3mm 的小孔

分别在主视图和 *A—A* 剖视图中绘制杠杆左边的肋板结构

在主视图和俯视图中绘制杠杆水平方向的肋板结构

（续）

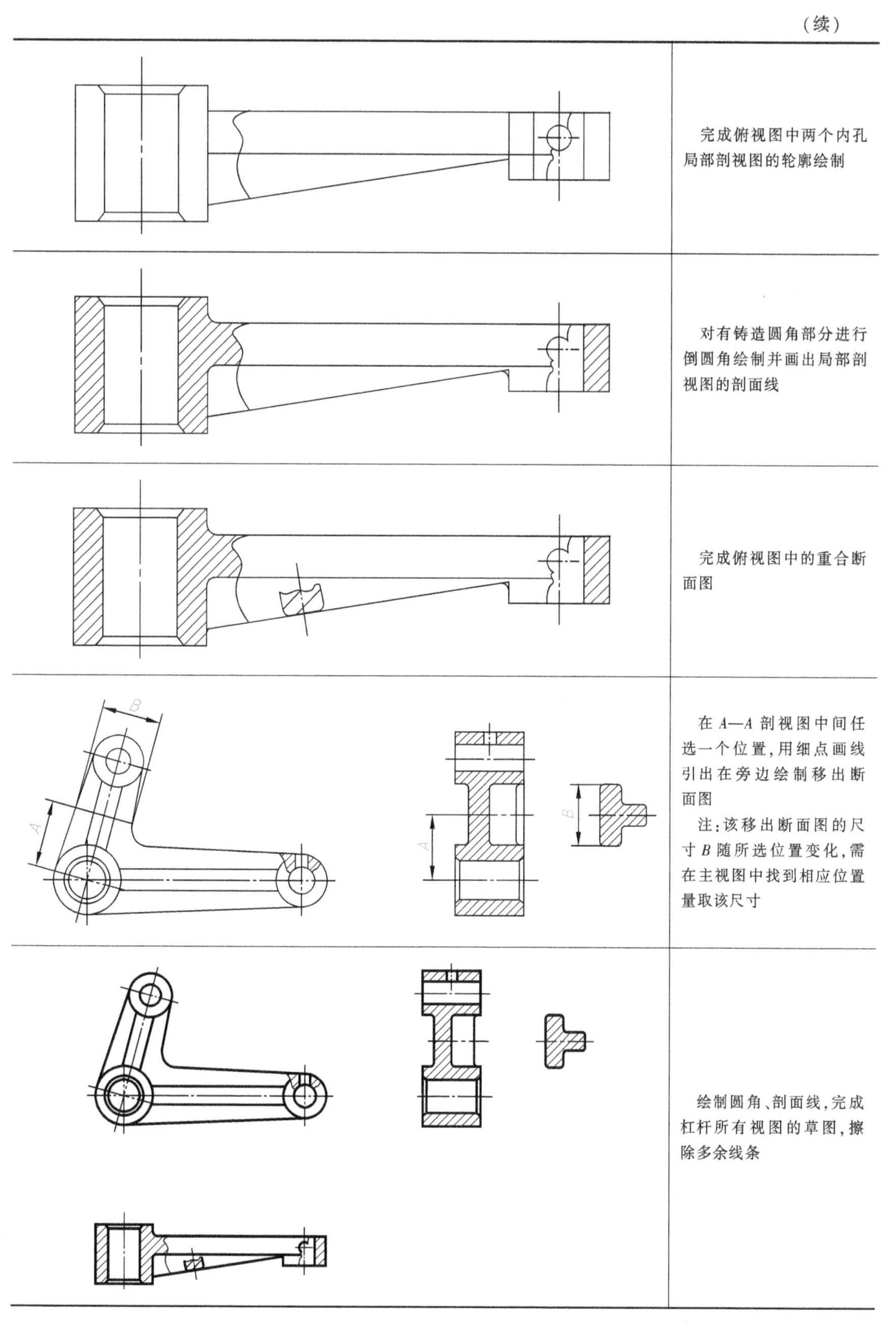
完成俯视图中两个内孔局部剖视图的轮廓绘制
对有铸造圆角部分进行倒圆角绘制并画出局部剖视图的剖面线
完成俯视图中的重合断面图
B
A
A
B
在 A—A 剖视图中间任选一个位置，用细点画线引出在旁边绘制移出断面图
注：该移出断面图的尺寸 B 随所选位置变化，需在主视图中找到相应位置量取该尺寸
绘制圆角、剖面线，完成杠杆所有视图的草图，擦除多余线条

【绘图步骤 3】 检查图形，加粗定稿

擦掉多余的作图痕迹，完成草图。检查草图无误后，加粗定稿。

【绘图步骤 4】 标注尺寸及技术要求

【小结】

通过本次课程任务完成了杠杆零件图的绘制及尺寸标注，重点学习了重合断面图的相关规定画法。

任务 4-10 弯 管

机器设备及工程应用中常用到弯管，弯管主要用于输油、输气、输液和工程桥梁建设方面。本次课程任务是在图 4-10-2 中补画图 4-10-1 所示弯管零件图中的局部视图和斜视图。

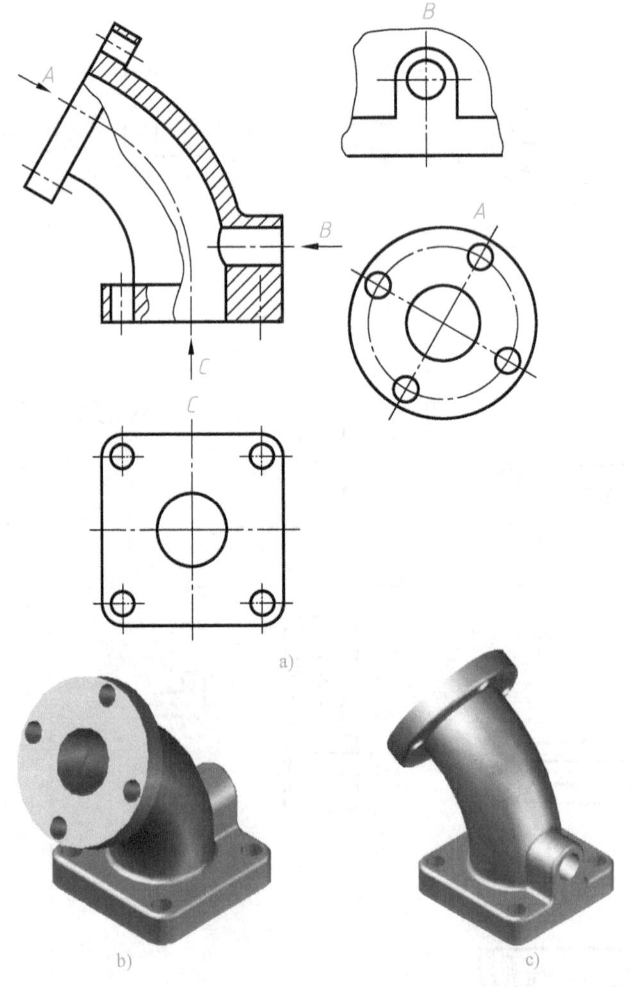

图 4-10-1 弯管零件图及实体

a）弯管零件图 b）弯管实体图一 c）弯管实体图二

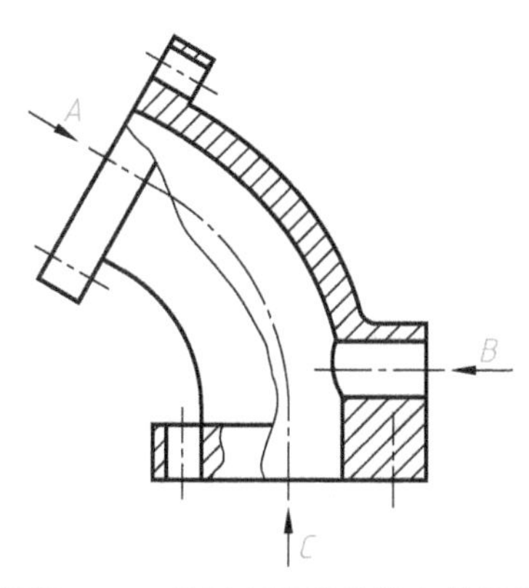

图 4-10-2　参照图 4-10-1 补画弯管零件图中的局部视图和斜视图

【绘图步骤 1】　分析弯管零件图

图 4-10-1 所示弯管零件图采用了四个视图进行表达，分别为主视图、*A* 向斜视图、*B* 向局部视图和 *C* 向局部视图。弯管实体如图 4-10-1b、c 所示。

【知识点 4-10-1】　向视图

向视图是可以移位配置的基本视图。当某基本视图不能按投影关系配置时，可按向视图绘制，如图 4-10-3 中的向视图 *A*。

向视图必须在图形上方中间位置处用大写拉丁字母注出视图名称，并在相应的视图附近用箭头指明投射方向，并注上相同的字母。

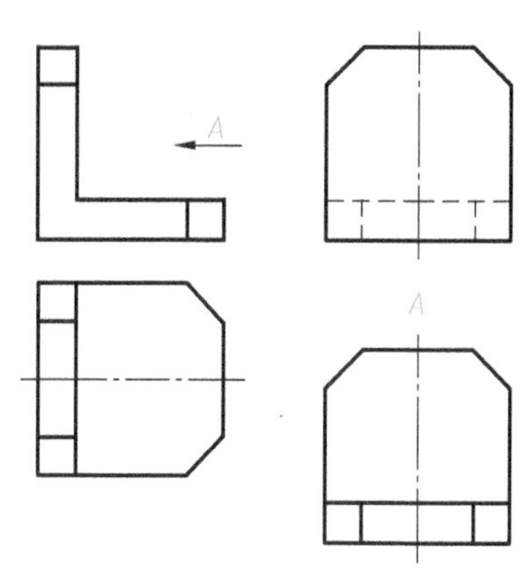

图 4-10-3　向视图

【知识点 4-10-2】　斜视图

将机件向不平行于基本投影面的平面投射所得的视图称为斜视图。如图 4-10-4 所示，该机件右侧的结构不平行于基本投影面，因此增加一个新的辅助投影面，使它与右侧倾斜部分平行，并垂直于一个基本投影面，然后将倾斜结构向辅助投影面投射，就得到反映倾斜结构实形的视图，即斜视图。

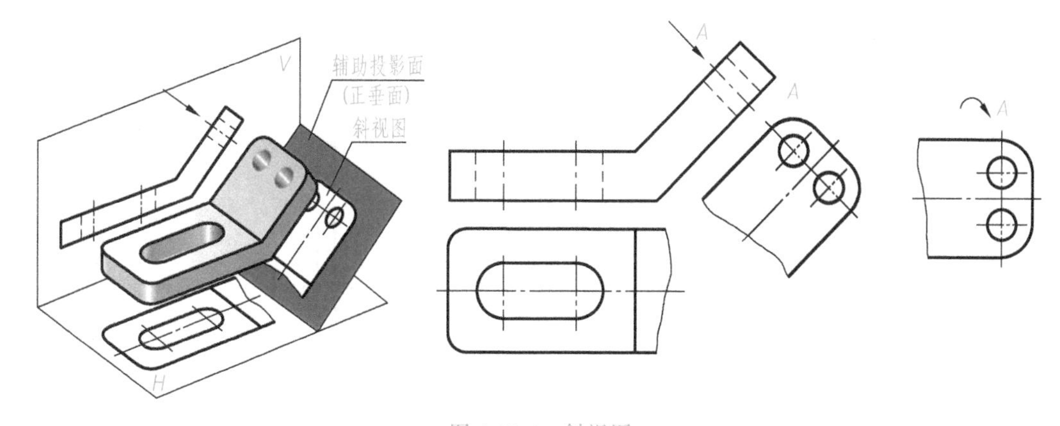

图 4-10-4　斜视图

画斜视图的注意事项有以下几点：

1）画出倾斜结构的实形后，机件的其余部分不必画出，在适当位置用波浪线断开；

2）斜视图的配置和标注一般按照向视图的规定，也可以将斜视图进行旋转，此时应按向视图标注，且加注旋转符号，如图 4-10-4 所示。

【知识点 4-10-3】 局部视图

局部视图是将机件的某一部分向基本投影面投射所得的视图。如图 4-10-5 所示的机件，用主、俯两个基本视图表达了主体形状，但左、右两边凸缘形状如用左视图和右视图表达，显得烦琐和重复。采用 *A* 和 *B* 两个局部视图来表达这两个凸缘形状，则显得简洁又突出重点。

局部视图的配置、标注及画法规定如下：

1）局部视图按基本视图位置配置，中间如果没有其他图形隔开时，则不必标注，如图 4-10-5中的局部视图 *A*，图中的字母 *A* 和相应的箭头均不必注出。

2）局部视图也可按向视图的配置形式配置在适当位置，如图 4-10-5 中的局部视图 *B*。

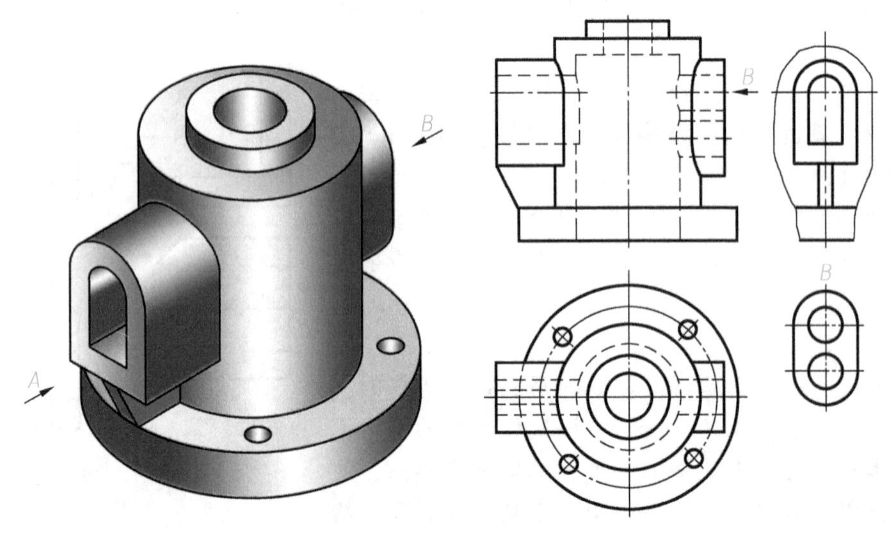

图 4-10-5　局部视图一

3）按第三角画法配置在视图上需要表示的局部结构附件，用细点画线连接两图形，此时不需另行标注，如图 4-10-6所示。

4）局部视图的断裂边界用波浪线或双折线表示，但当所表示的局部结构是完整的，其图形的外形轮廓呈封闭时，可省略不画，如图 4-10-5 中的局部视图 *B*。

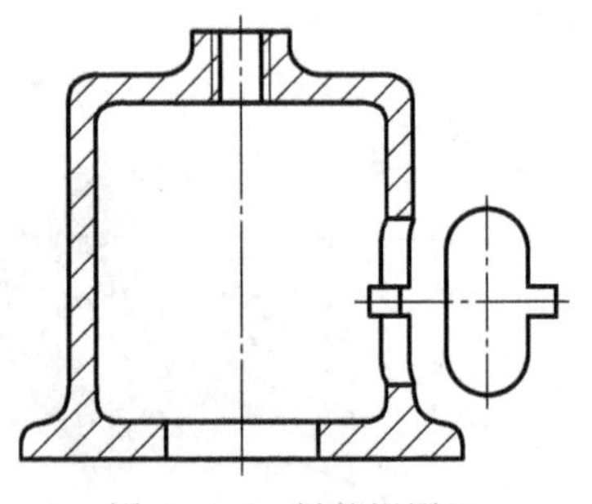

图 4-10-6　局部视图二

【绘图步骤 2】 绘制弯管局部视图和斜视图

根据弯管的实体模型和已完成的视图，分析弯管的形状和结构后，绘制弯管局部视图和斜视图，具体步骤见表 4-10-1。

表 4-10-1　弯管局部视图和斜视图的绘制步骤

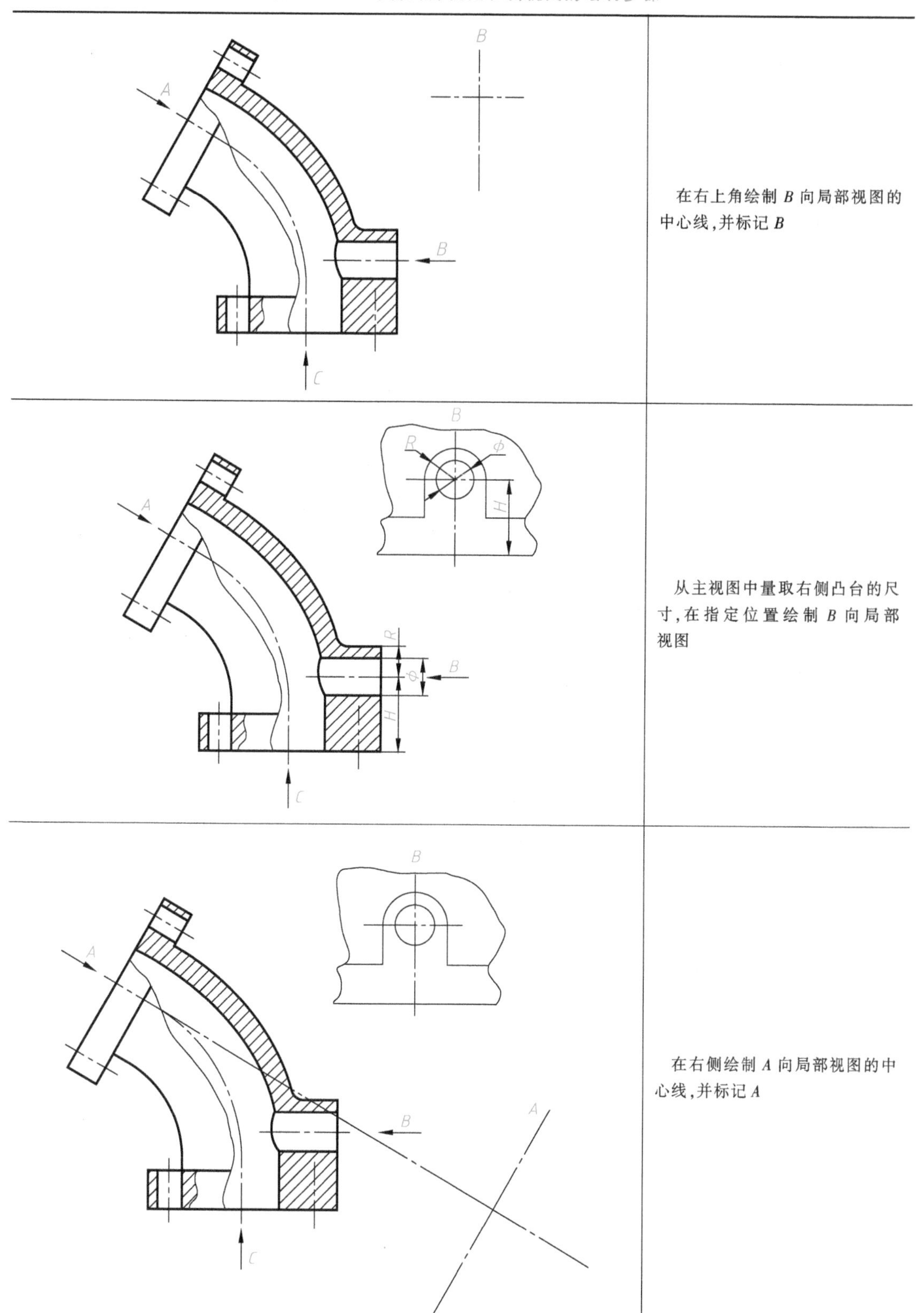

图示	步骤说明
	在右上角绘制 *B* 向局部视图的中心线，并标记 *B*
	从主视图中量取右侧凸台的尺寸，在指定位置绘制 *B* 向局部视图
	在右侧绘制 *A* 向局部视图的中心线，并标记 *A*

（续）

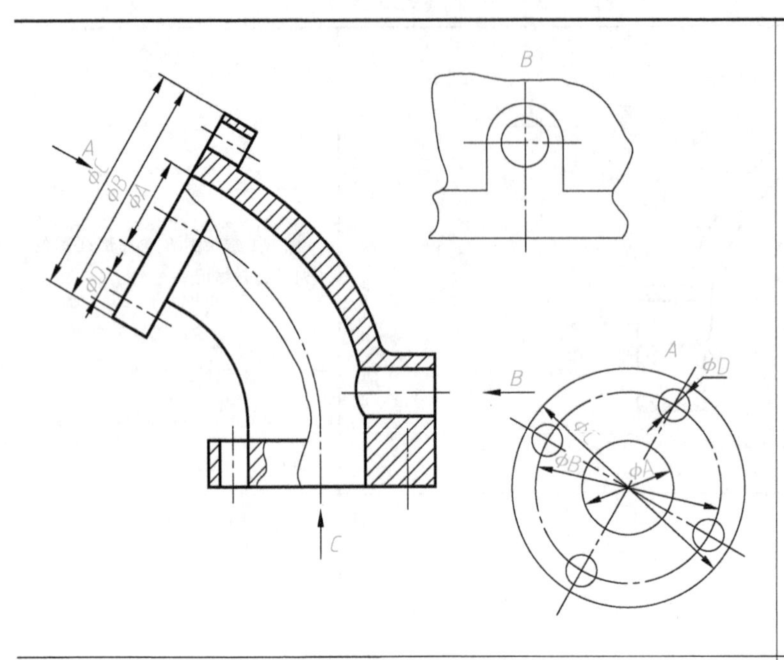

从主视图中上方管盘位置量取尺寸，在指定位置绘制 A 向的斜视图

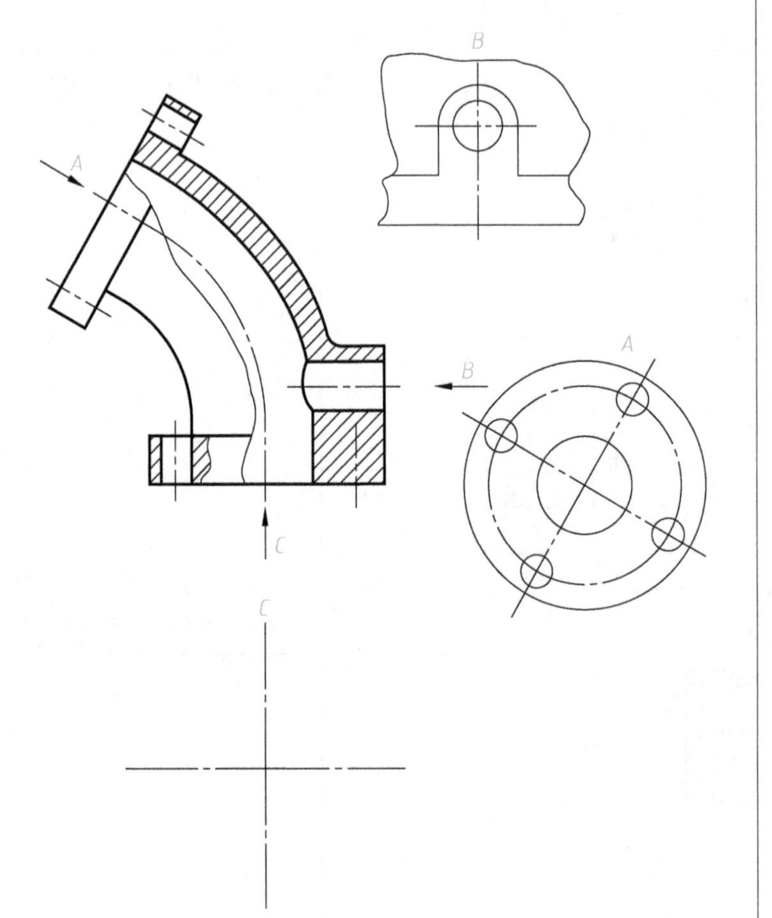

在俯视图位置绘制 C 向局部视图的中心线，并标记 C

（续）

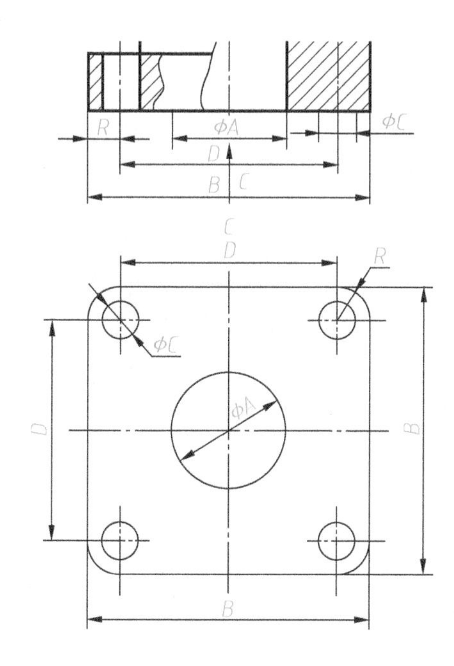

从主视图中下方管盘位置量取尺寸，在指定位置绘制 *C* 向的局部视图

【绘图步骤 3】　检查，加粗定稿

擦掉多余的作图痕迹，完成草图。检查草图无误后，加粗定稿。

【知识拓展 1】　零件表达方案分析

表达机件经常要运用视图、剖视图、断面图、简化画法等多种表达方式，将机件内、外部的结构形状及相互之间的位置关系表达清楚。在选择机件的表达方案时，应完整、清晰地表达机件。下面以图 4-10-7 所示的四通管为例进行分析。

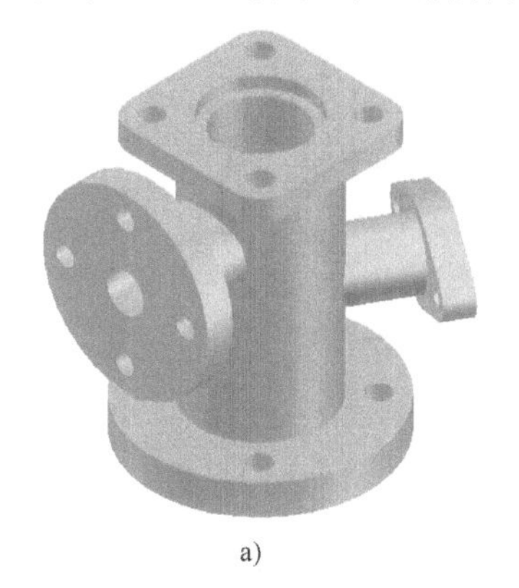

a)

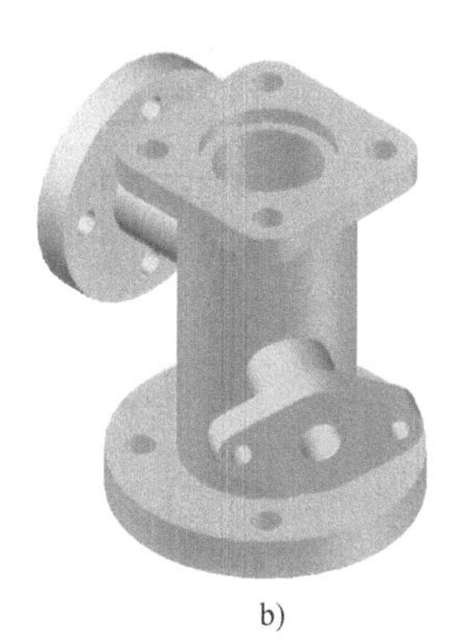

b)

图 4-10-7　四通管

a）四通管实体图一　b）四通管实体图二

四通管又称为十字头，用于连接四根管子，管径可以相同，也可以不同，是工程中常用的零件。

1. 外部形状分析

观察四通管实体，其左方及右前方均有管道，若使用基本视图，则不能准确辨认右前方管道法兰的形状；同时，用左视图表达左方管道法兰的形状将显得复繁。因此在表达外形时，应考虑使用一个局部视图 *F* 表达左方管道法兰的实形，如图 4-10-8 所示；使用一个斜视图 *G* 表达右前方管道法兰的实形，如图 4-10-9 所示。

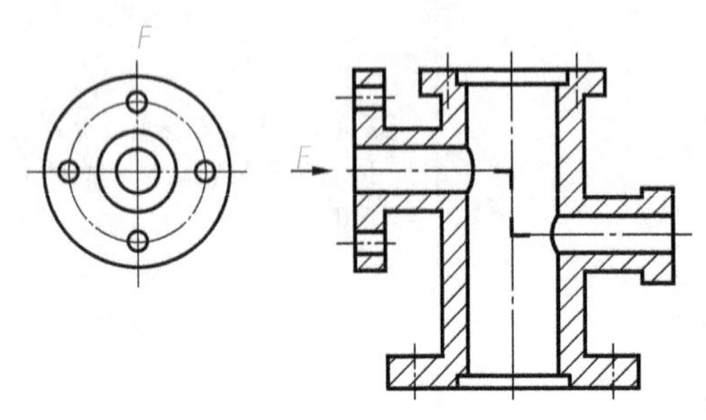

图 4-10-8　局部视图 *F*

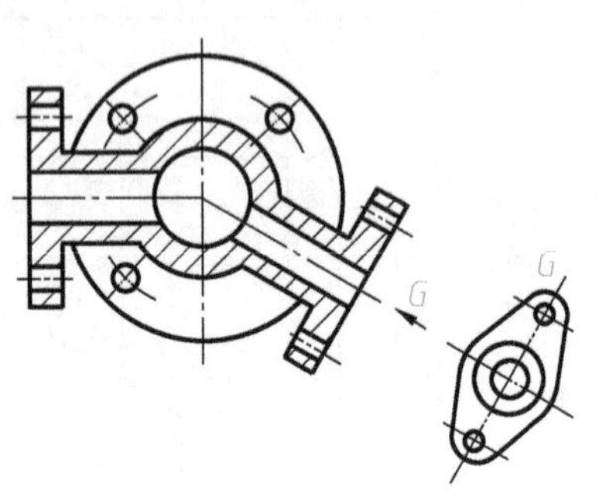

图 4-10-9　斜视图 *G*

四通管上、下方的法兰分别为方形及圆形，同样考虑使用局部视图 *E* 和局部视图 *H* 表达，分别如图 4-10-10 和图 4-10-11 所示。

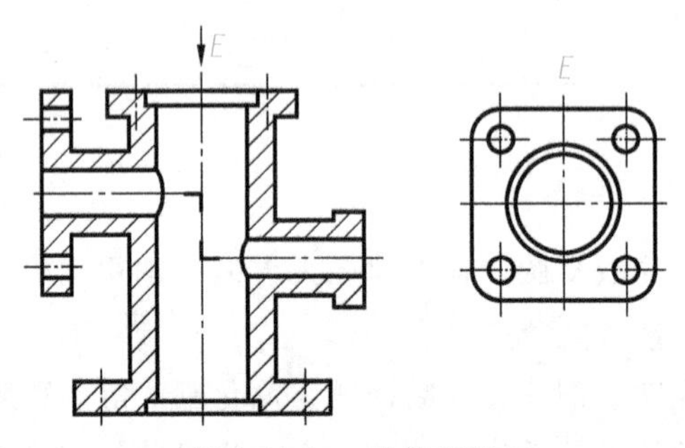

图 4-10-10　局部视图 *E*

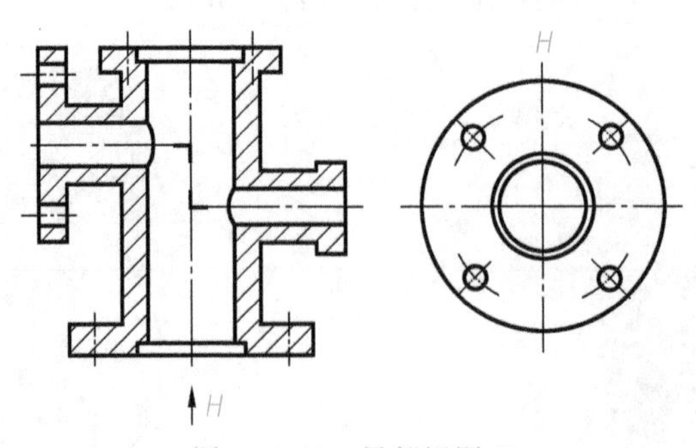

图 4-10-11　局部视图 *H*

2. 内部结构分析

四通管中每根管道的内部结构都要经过纵向及横向剖切以清晰表达。表达四通管内部结

构时，由于左方管道和右前方管道不在同一高度，中轴线交叉，考虑使用两个平行平面剖切，在俯视方向上得到 $A—A$ 全剖视图；使用两个相交平面剖切，在主视方向上得到 $B—B$ 全剖视图，如图 4-10-12 所示。

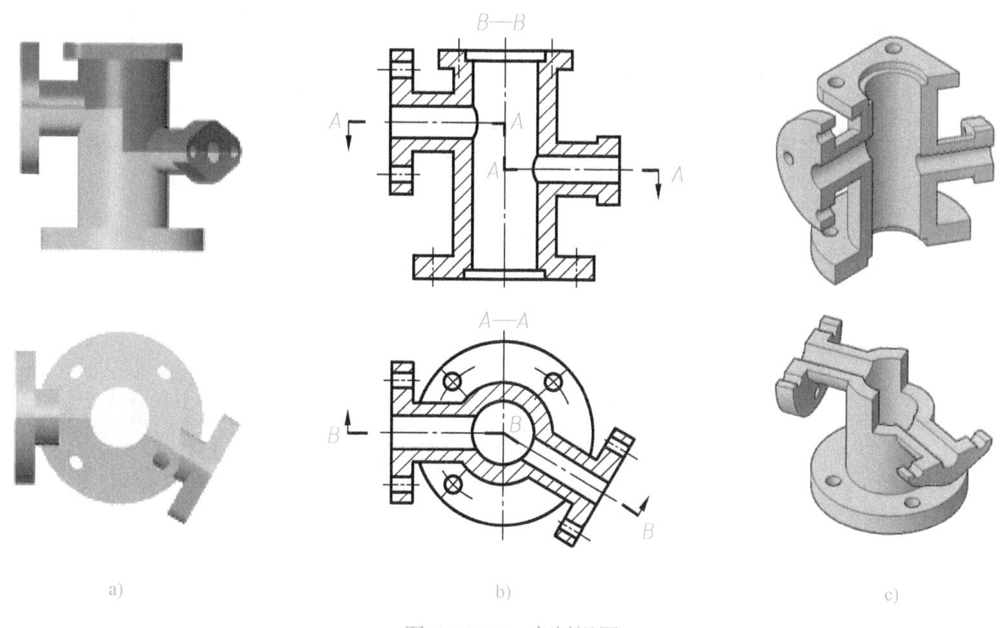

a)　　b)　　c)

图 4-10-12　全剖视图

左方管道和右前方管道横截面形状需要另外的剖视图表达。左方管道用单一剖切面剖切，得到 $C—C$ 剖视图，如图 4-10-13 所示；右前方管道用单一斜面剖切，得到 $D—D$ 剖视图，如图 4-10-14 所示。

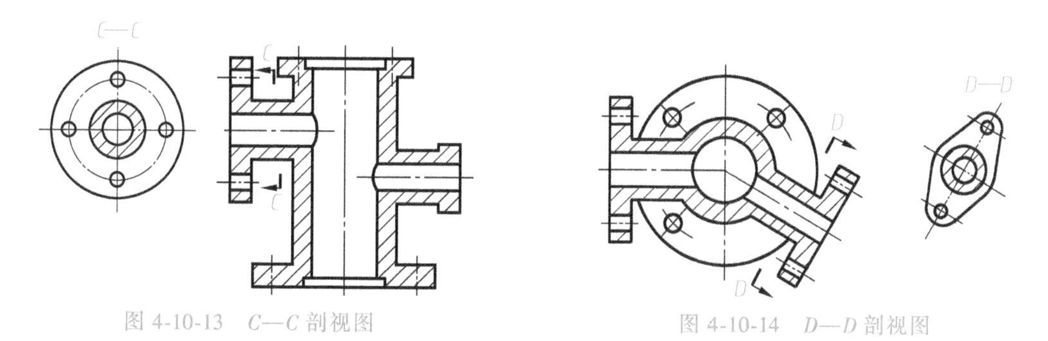

图 4-10-13　$C—C$ 剖视图　　图 4-10-14　$D—D$ 剖视图

3. 综合整理以确定表达方案

在表达左方管道时，$C—C$ 剖视图既表达了管道的横截面形状，也表达了法兰的形状，因此局部视图 F 可不画。$C—C$ 剖视图可使用简化画法，如图 4-10-15 所示。同理，$D—D$ 剖视图表达右前方管道时，可不画斜视图 G。

在表达四通管上、下方的法兰时，由于 $A—A$ 全剖视图中已清晰表达了下方的圆形法兰结构，因此只需要用局部视图 E 表达上方的方形法兰结构。

最后整理出四通管的一个较为合适的表达方案，如图 4-10-15 所示。

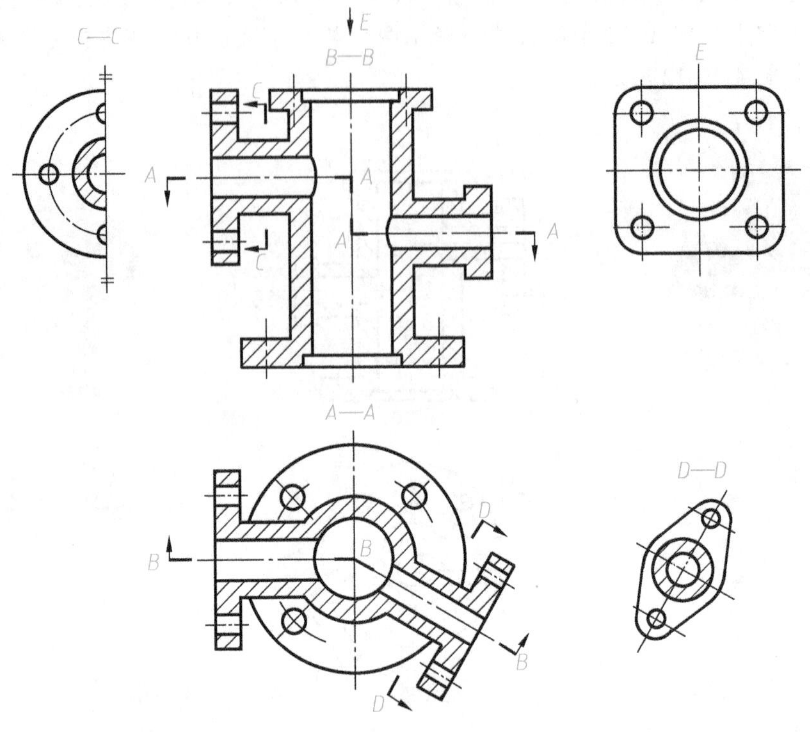

图 4-10-15　四通管的表达方案

【知识拓展 2】　第三角画法

目前世界上大多数国家技术图样采用的是第一角画法，例如中国、法国、英国、德国等，而有些国家采用的是第三角画法，例如美国、加拿大、日本、澳大利亚等。第三角画法也有六个基本视图，与第一角画法比较如图 4-10-16 所示。

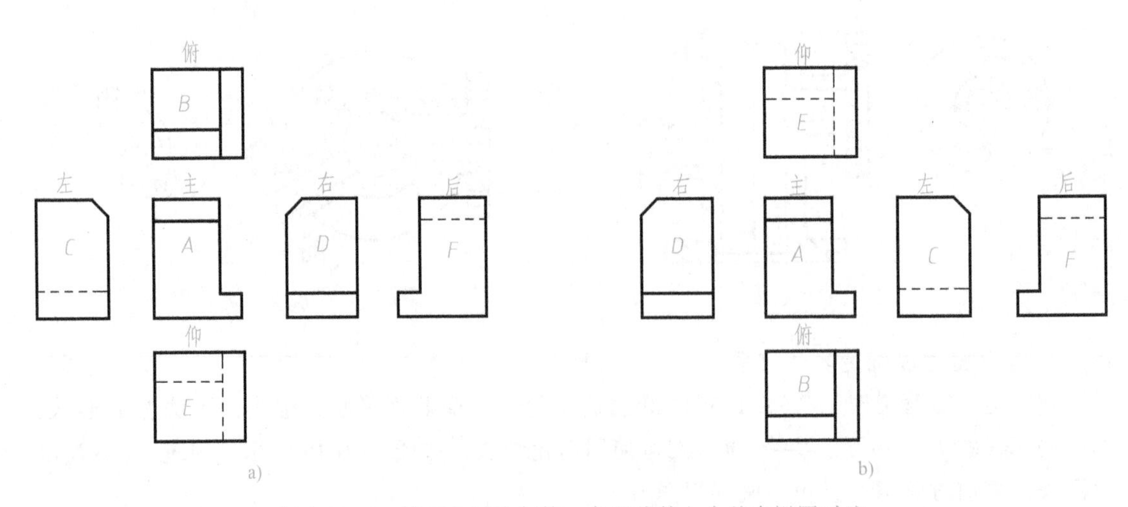

图 4-10-16　第三角画法与第一角画法的六个基本视图对比

a）第三角画法　b）第一角画法

为了识别不同视角的画法，在图样上采用投影符号，如图 4-10-17 所示，该符号一般放

在标题栏中名称及代号区的下方。

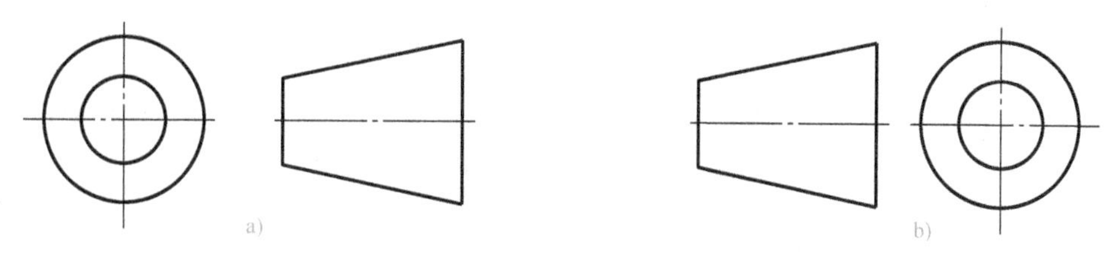

图 4-10-17　第三角画法与第一角画法的投影识别符号
a）第三角画法识别符号　b）第一角画法识别符号

【小结】

通过绘制杠杆零件图，对向视图、局部视图及斜视图的规定画法进行了学习；学习了机械图样第三角画法和第一角画法的对比；并以四通管为例，学习了机件各种表示法的综合应用。

参 考 文 献

[1] 人力资源和社会保障部教材办公室. 机械制图［M］. 6版. 北京：中国劳动社会保障出版社，2011.

[2] 果连成. 机械制图习题集［M］. 6版. 北京：中国劳动社会保障出版社，2011.

[3] 金大鹰. 机械制图习题集［M］. 4版. 北京：机械工业出版社，2016.

[4] 汪令江. 机械制图习题集［M］. 北京：高等教育出版社，2002.

[5] 钱可强，邓玉清. 工程制图基础习题集［M］. 北京：高等教育出版社，2003.

[6] 孙兰凤. 机械制图［M］. 北京：中央广播电视大学出版社，2006.

[7] 吴宗泽，高志，罗圣国，等. 机械设计课程设计手册［M］. 4版. 北京：高等教育出版社，2012.

典型零件绘制习题册

主　编　曾　联
副主编　郭欣欣　刘　芳
参　编　张满球

机械工业出版社

班级______________ 姓名____________ 学号________ 成绩______________

【1-1 练习】

1. 线型练习：用 A4 图纸抄画图 1-1-1 和图 1-1-2 的下方。在图 1-1-3 的右侧空白处抄画原图，注意线型及线宽。

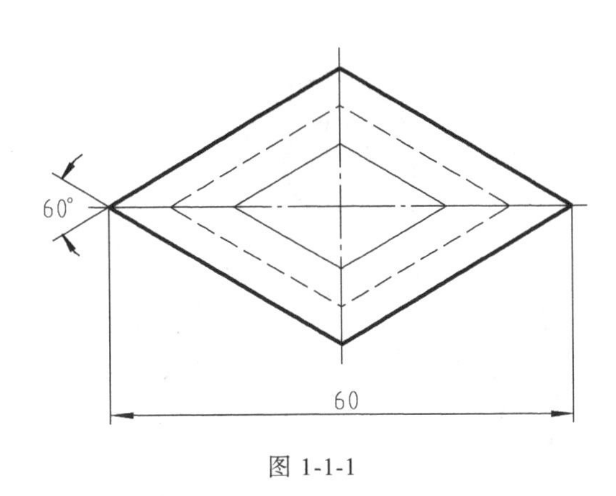

图 1-1-1

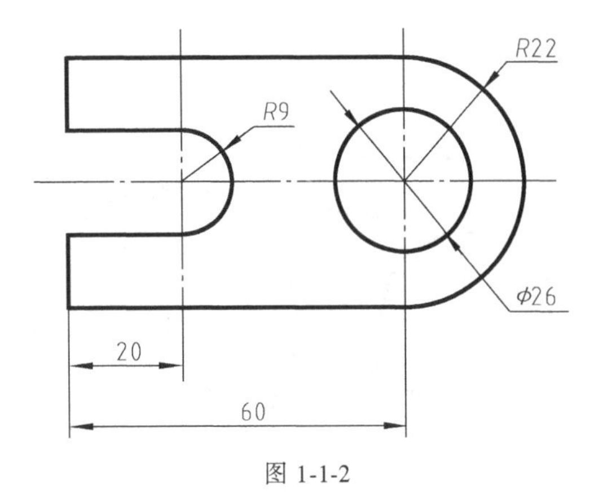

图 1-1-2

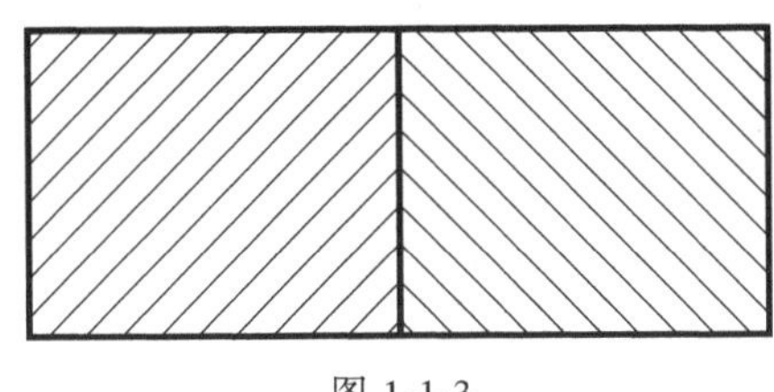

图 1-1-3

2. 选择合适的图纸按 1 : 1 比例抄画图 1-1-4 和图 1-1-5 所示图形，并标注尺寸。

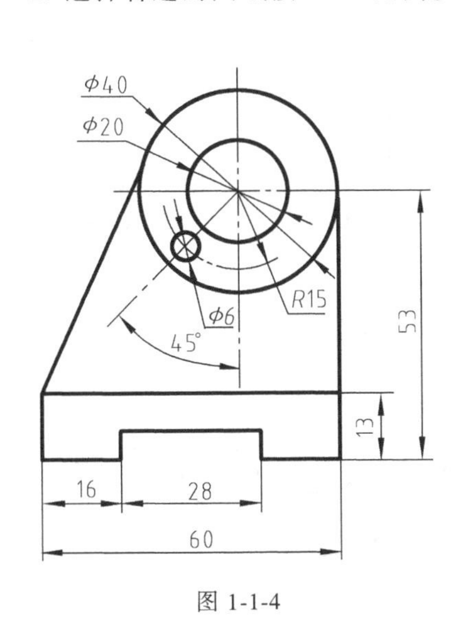

图 1-1-4

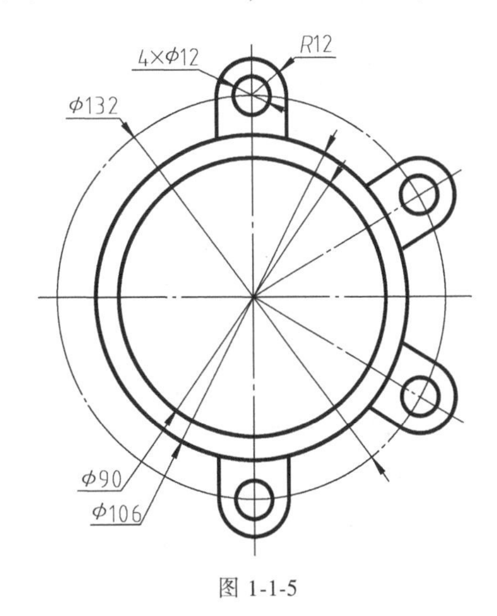

图 1-1-5

3. 参照教材中表 1-1-4 书写汉字、数字和字母。

班级＿＿＿＿＿＿＿＿＿＿ 姓名＿＿＿＿＿＿＿＿ 学号＿＿＿＿＿ 成绩＿＿＿＿＿＿＿＿＿＿

【1-2 练习】

1. 按 1：1 比例，选择合适的图纸，抄画图 1-2-1 的各图。

（1）

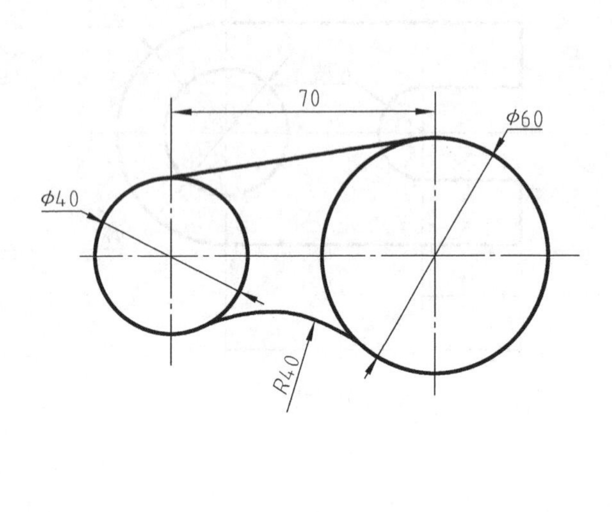

（2）

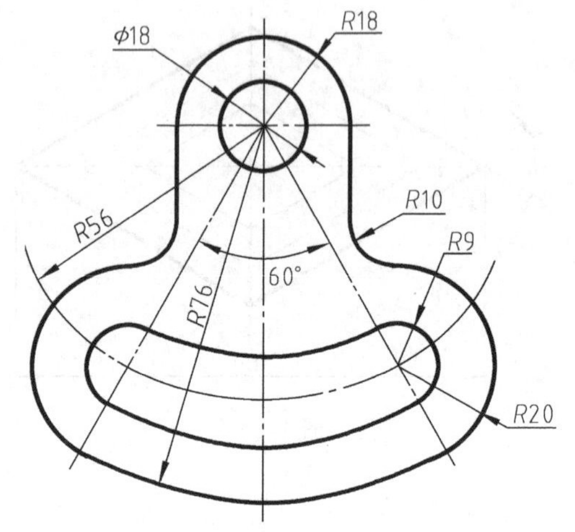

（3）

（4）

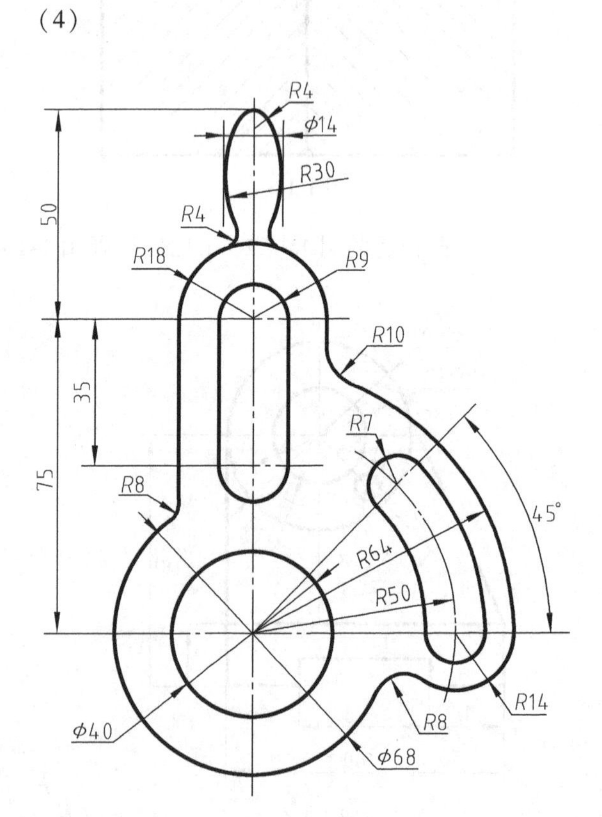

图 1-2-1

2. 在图 1-2-2 中将线段 AB 七等分。

图 1-2-2

3. 在图 1-2-3 中作圆的内接正五边形。

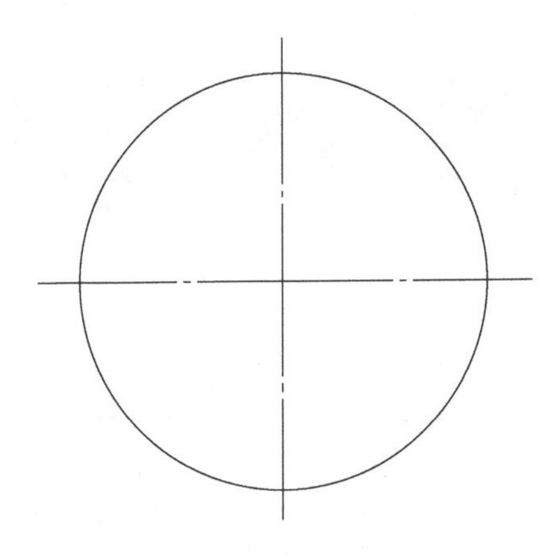

图 1-2-3

4. 在图 1-2-4 中用四心法按给定的长轴 AB、短轴 CD 作椭圆。

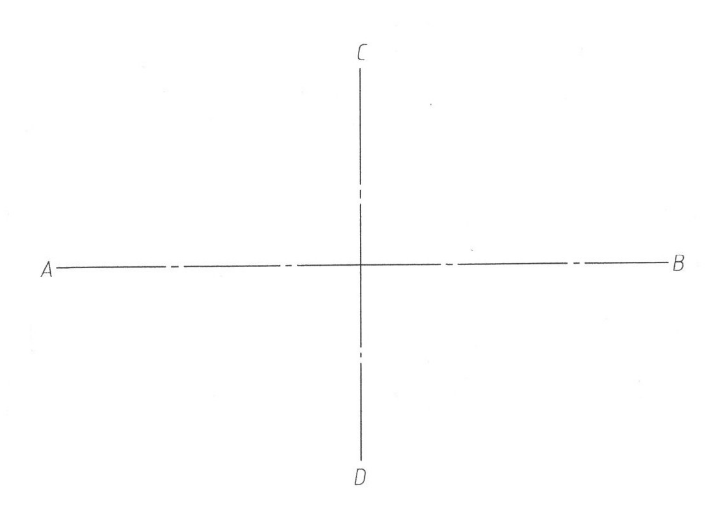

图 1-2-4

班级________ 姓名________ 学号________ 成绩________

【2-1 练习】

1. 请将图 2-1-1 中立体图的编号填写在对应的三视图中。

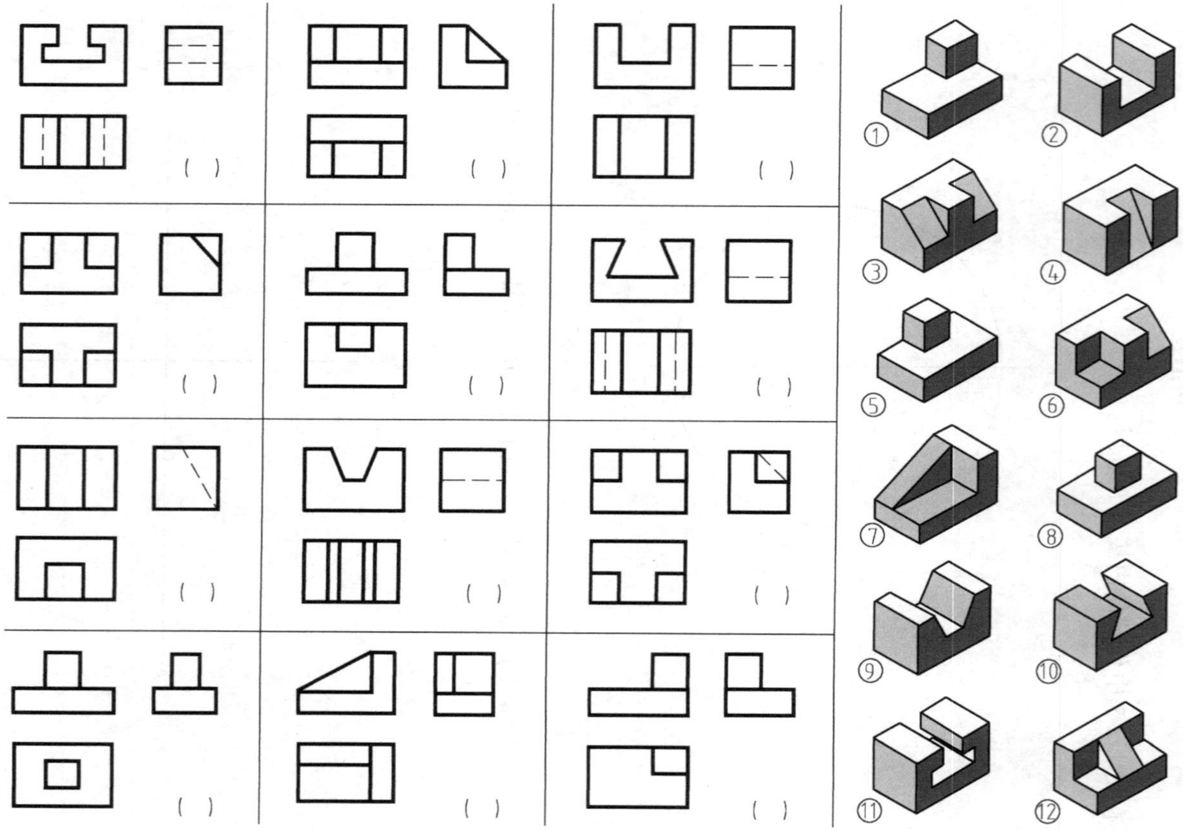

( ) ( ) ( )
( ) ( ) ( )
( ) ( ) ( )
( ) ( ) ( )

①②③④⑤⑥⑦⑧⑨⑩⑪⑫

图 2-1-1

2. 在图 2-1-2 的三视图中，补全各个视图的名称，并在尺寸标注的位置相应填写“长”、“宽”或“高”。

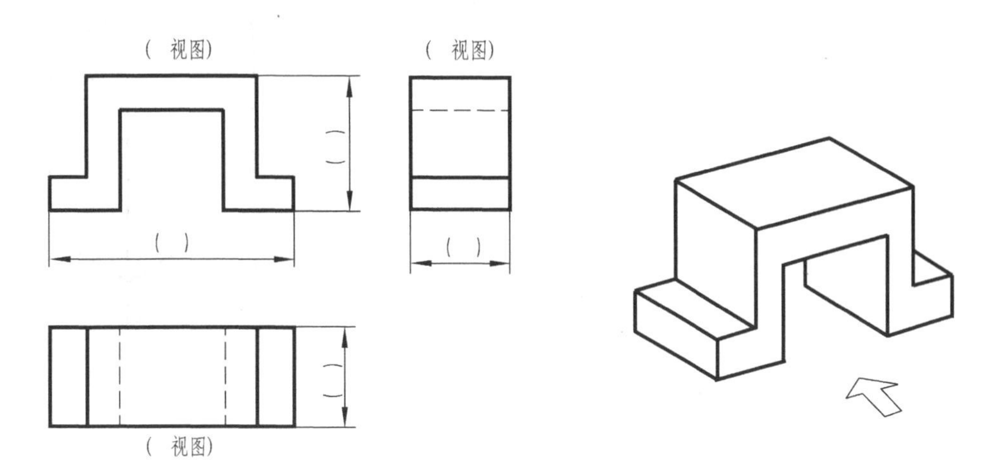

图 2-1-2

3. 在图 2-1-3 的三视图中，判断并填写前、后、左、右、上、下方位。

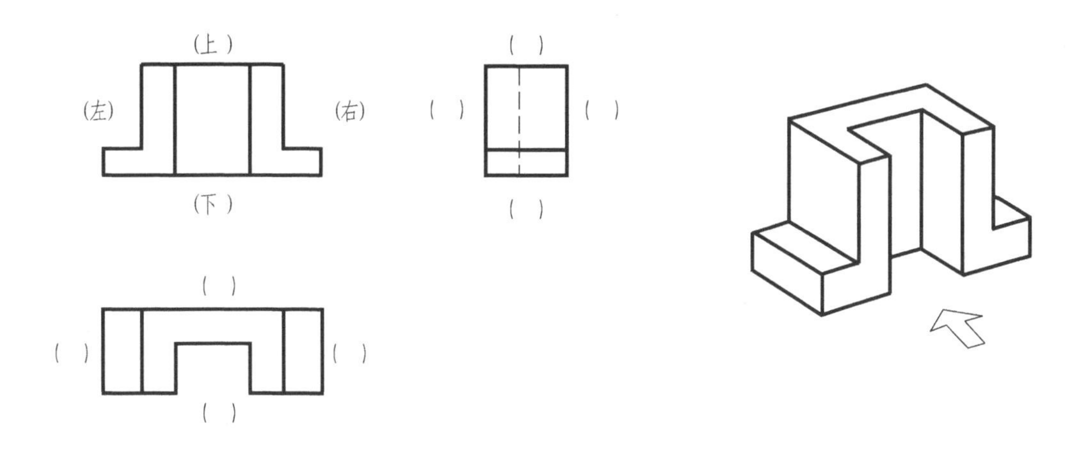

图 2-1-3

4. 绘制一个正方体垫块的左视图。如图 2-1-4 所示，已知主视图，补画左视图和俯视图，并在左视图中标注出“宽”。

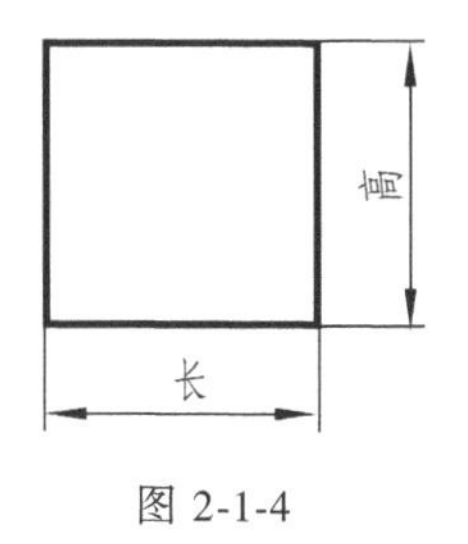

图 2-1-4

5. 绘制一个长方体的三视图，尺寸如图 2-1-5 所示，绘图比例为 1：1，并标注尺寸。

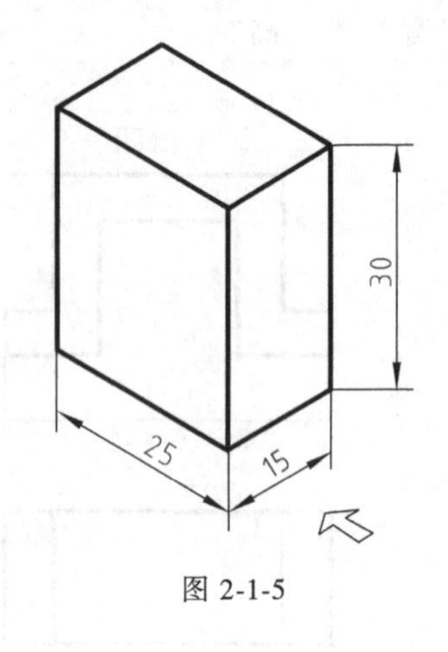

图 2-1-5

6. 绘制图 2-1-6 所示三棱柱的三视图，绘图比例为 1：1，并标注尺寸。

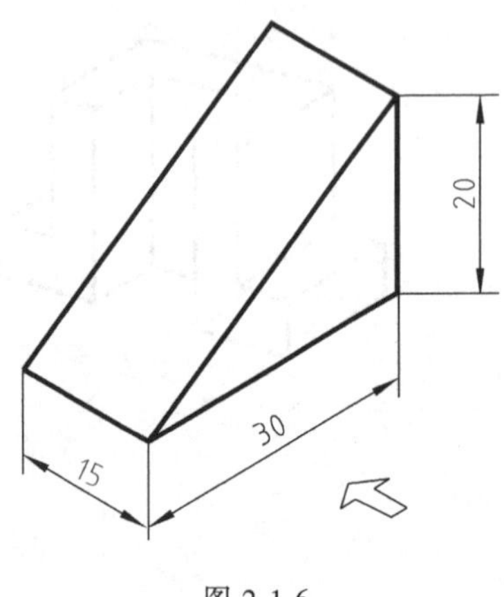

图 2-1-6

班级________________ 姓名______________ 学号__________ 成绩________________

【2-2 练习】

1. 参照图 2-2-1 将图 2-2-1 补画完整。

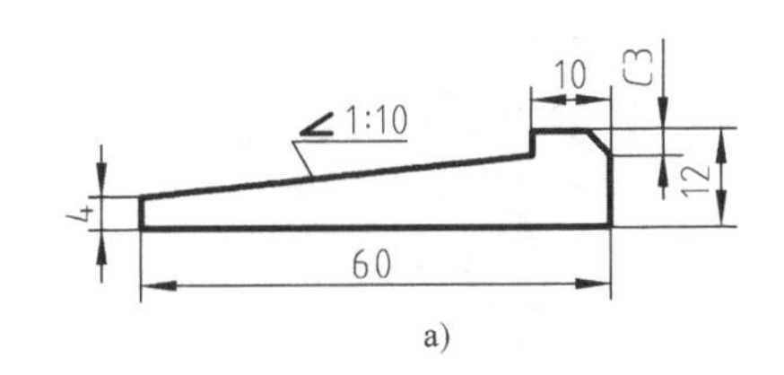

a)

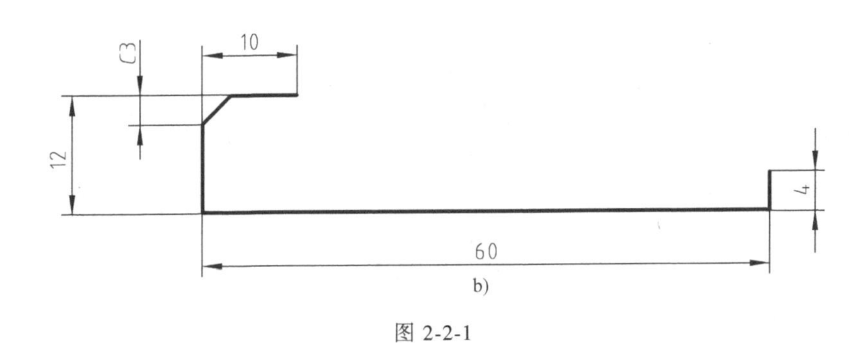

b)

图 2-2-1

2. 辨别立体图中带字母的面，完成图 2-2-2 的填空题，并参考例题在三视图中标识出该面。

例：(1) *A* 面在 *B* 面的<u>下</u>方（上或下）。

(2) *C* 面在 *D* 面的____方（前或后）。

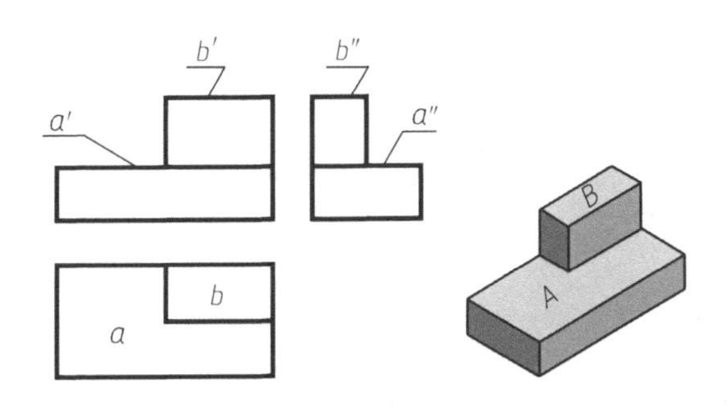

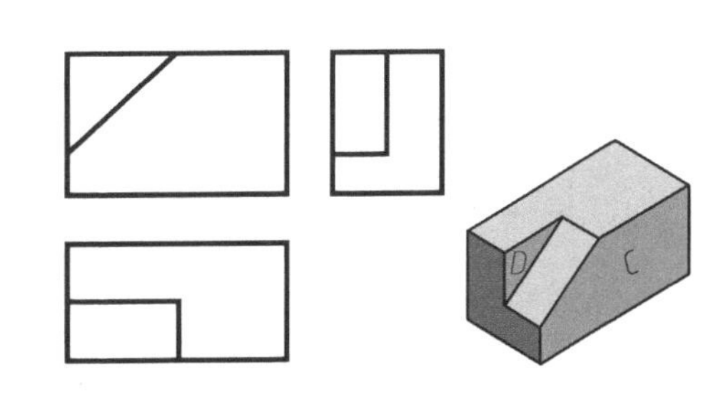

(3) *E* 面在 *F* 面的____方（左或右）。

(4) *B* 面在 *A* 面的____方，在 *C* 面的____方（上、下、左、右、前或后）。

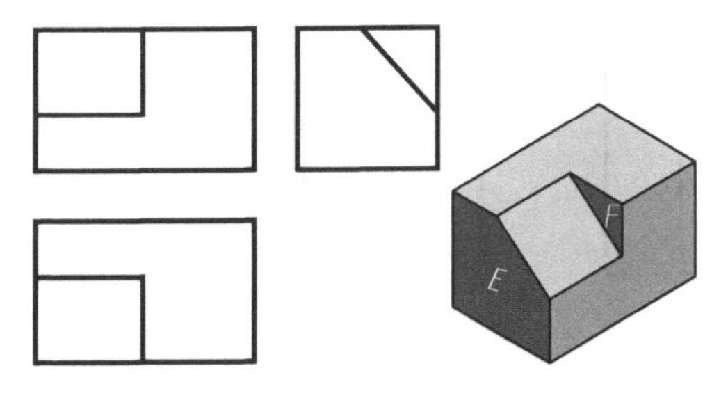

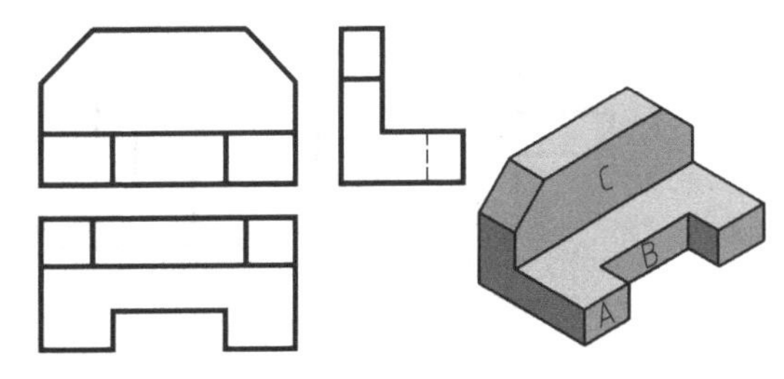

图 2-2-2

3. 请将图 2-2-3 右侧立体图的编号填写在左侧对应的三视图中，并补画图中缺少的线段。

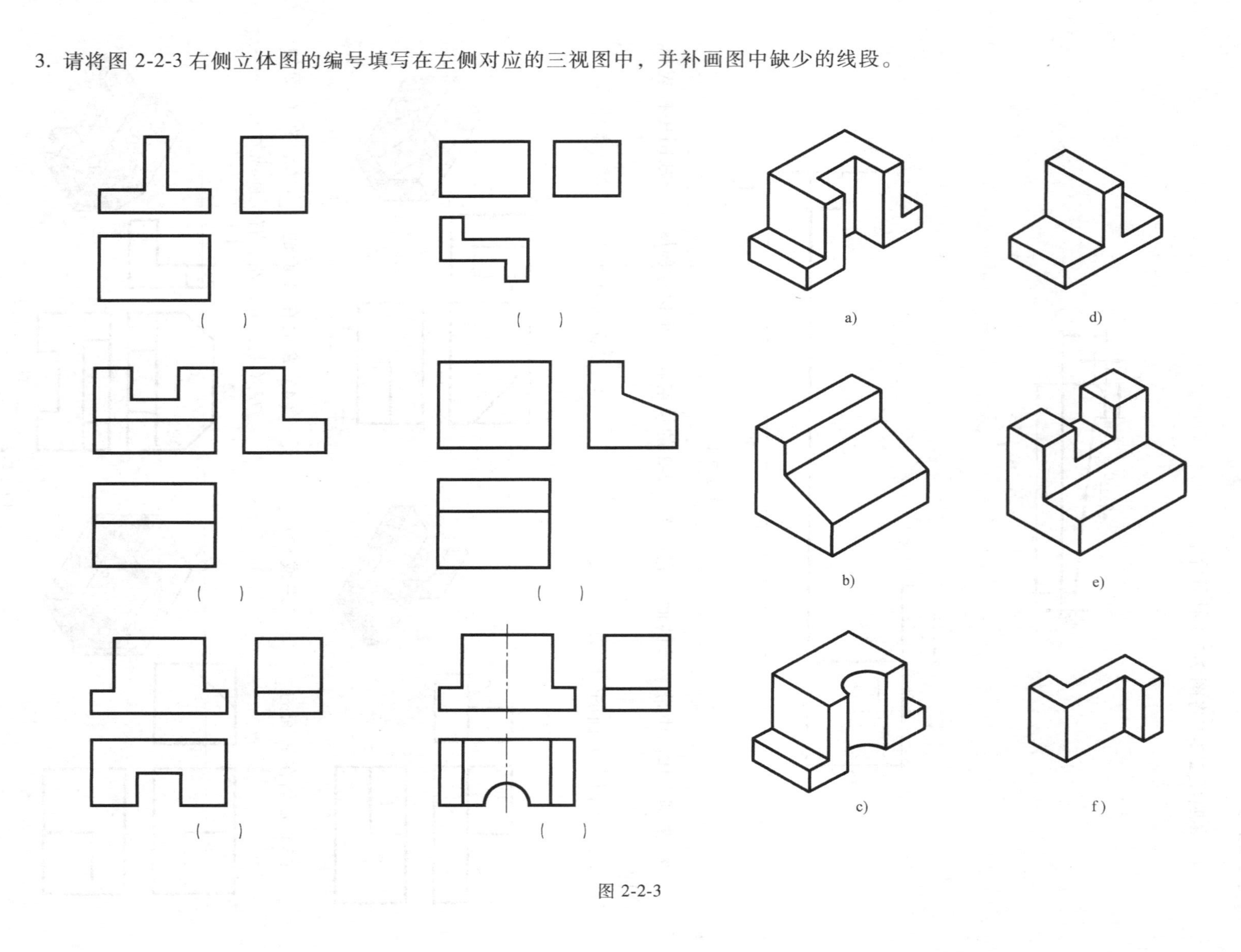

图 2-2-3

班级________ 姓名________ 学号________ 成绩________

【2-3 练习】

1. 根据图 2-3-1 已给出的图，写出各平面立体的名称，并完成各种摆放位置的三视图。

名称	立体图	已知俯视图	已知主视图	已知左视图
	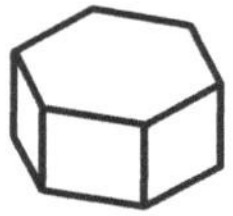	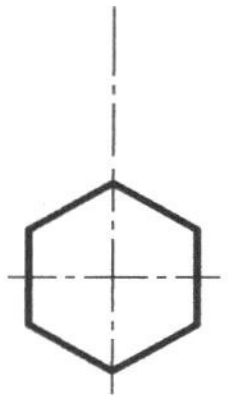	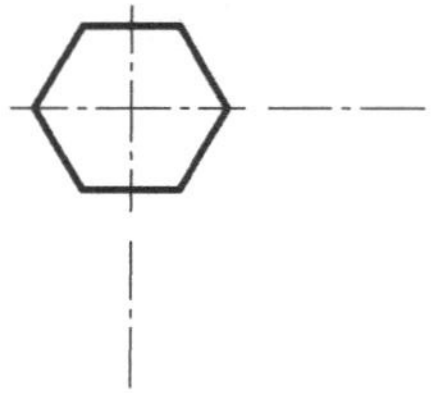	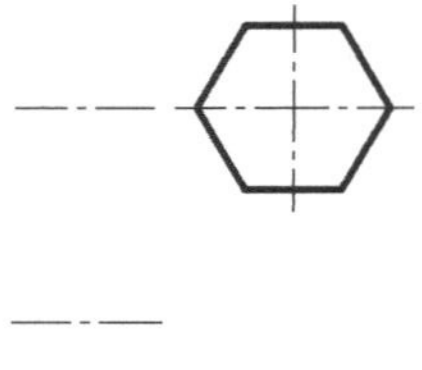
	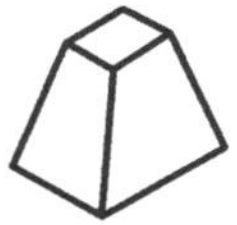	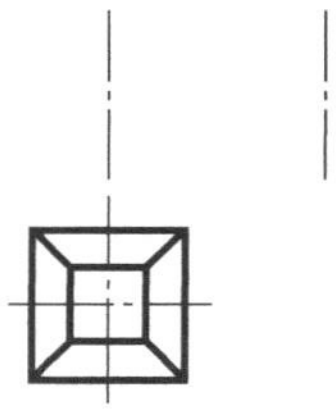	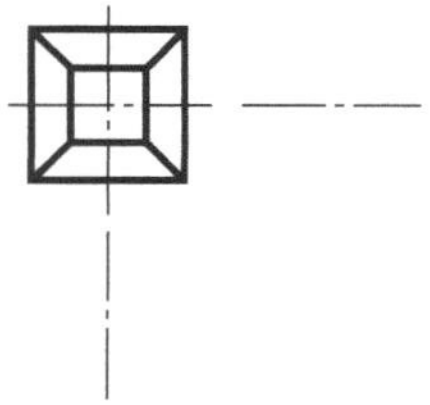	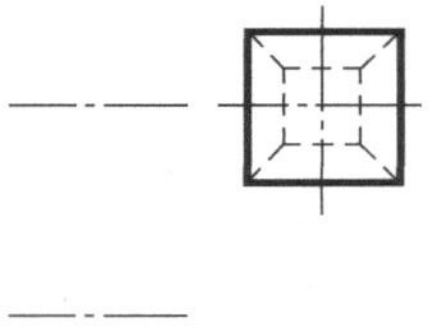
	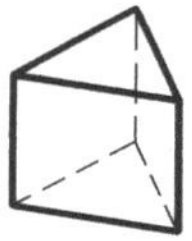	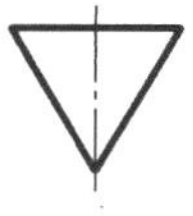	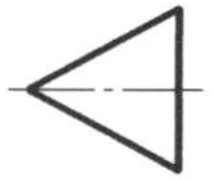	

图 2-3-1

2. 在图 2-3-2 各图中分别绘制圆的内接正三边形、正四边形和正八边形。

(1)

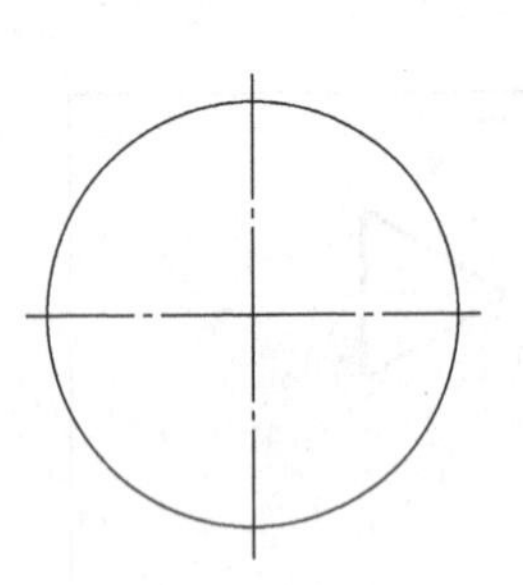

(2)

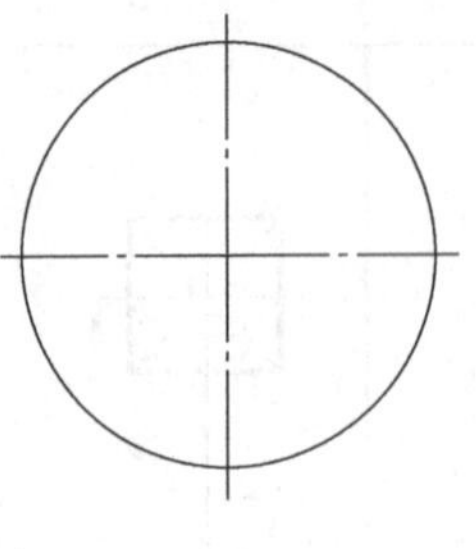
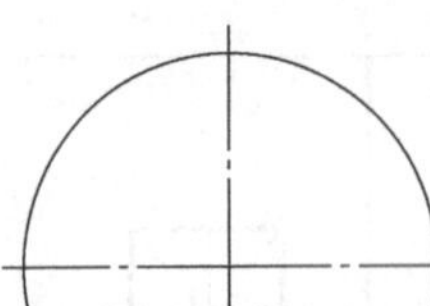

(3)

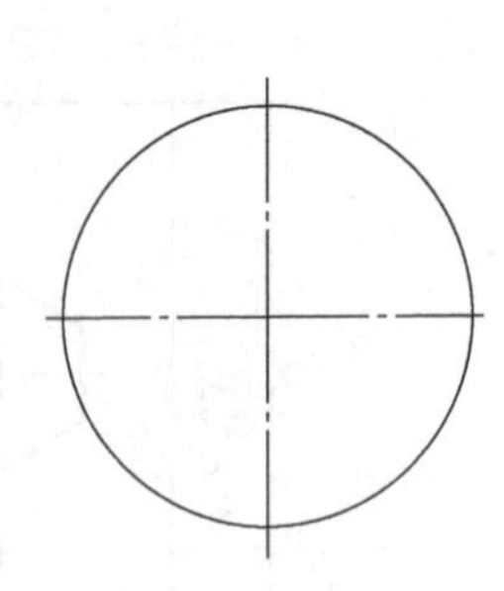

图 2-3-2

3. 绘制图 2-3-3 各个形体的三视图。主视图投射方向可参考箭头方向。

(1)

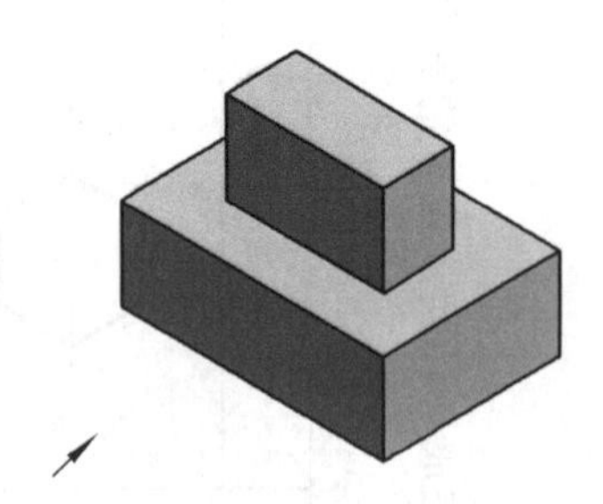

(2)

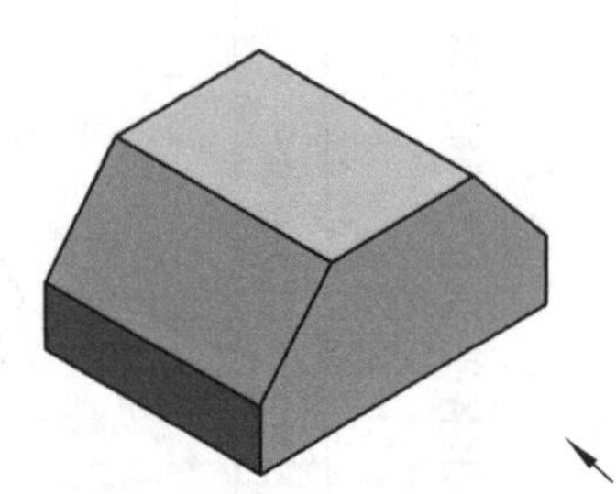

(3)

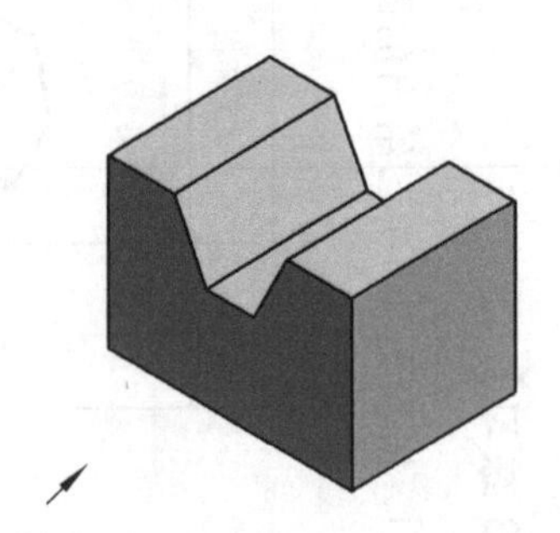

图 2-3-3

4. 已知图 2-3-4a 所示铁块尺寸为 70mm×70mm×10mm，请在铁块上画出图 2-3-4b 所示的正六边形，以便将铁块加工成正六棱柱。

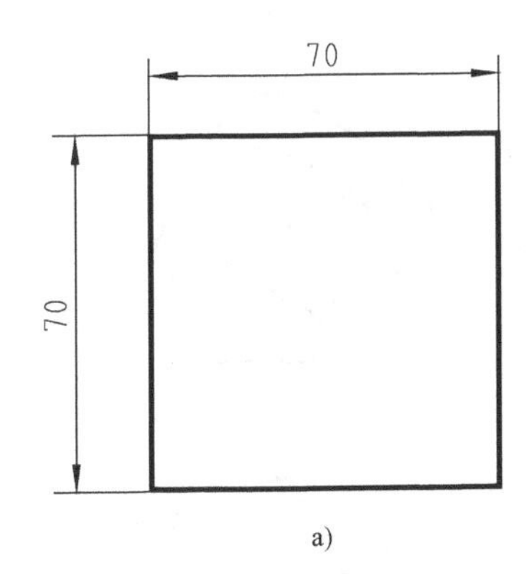

a)

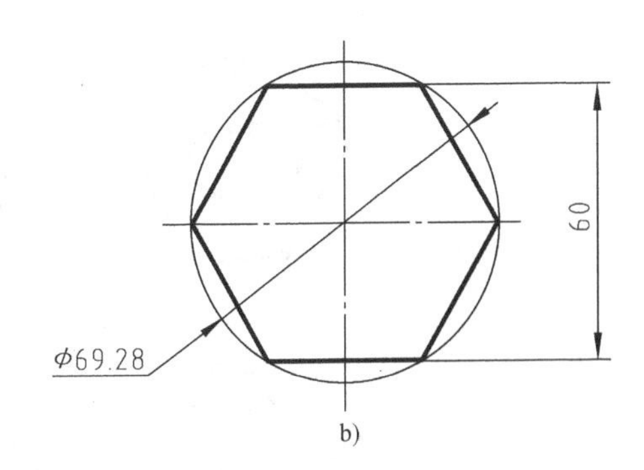

b)

图 2-3-4

a）铁块 b）正棱柱

5. 查看国家标准 GB/T 6170—2015，回答以下问题：

1）你能从什么途径找到国家标准？

2）GB/T 6170—2015 这串代号中的字母和数字分别代表什么意思？

3）查看国家标准后学习了什么新知识，有什么收获？

班级＿＿＿＿＿＿ 姓名＿＿＿＿＿＿ 学号＿＿＿＿＿＿ 成绩＿＿＿＿＿＿

【2-4 练习】

1. 在图 2-4-1 中由三视图找对应的立体图，并将对应数字填到括号内。

（1）

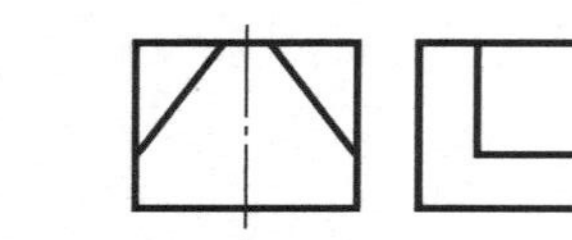

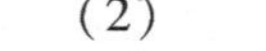

（2）

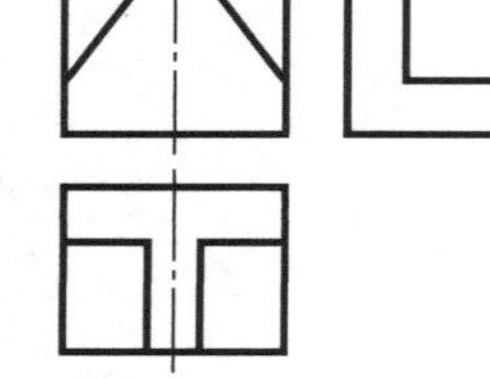

（3）

（4）

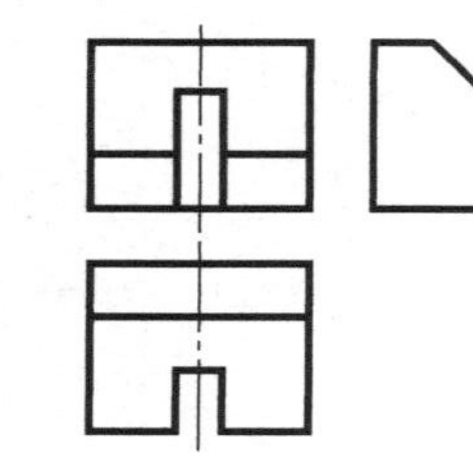

（5）

（6）

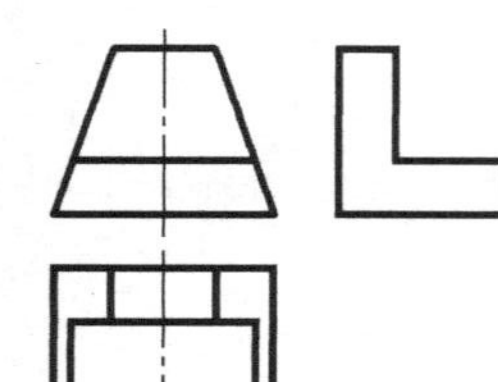

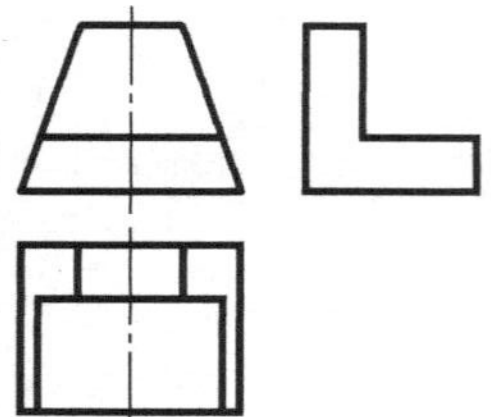

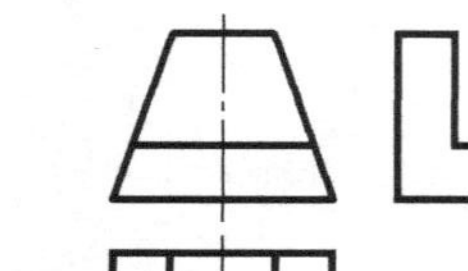

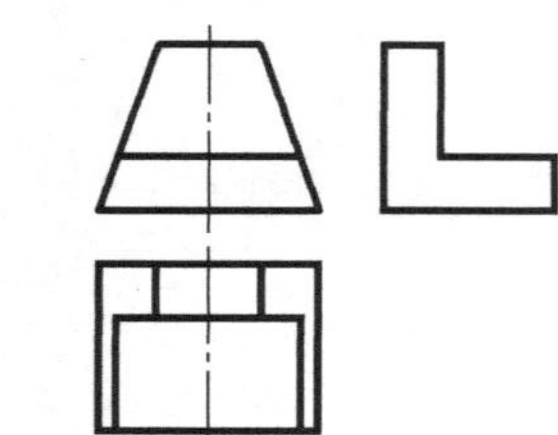

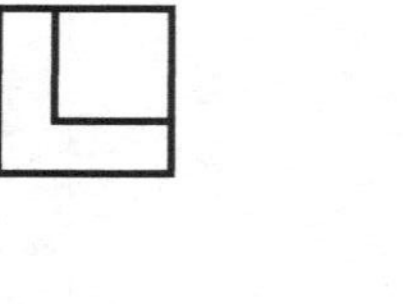

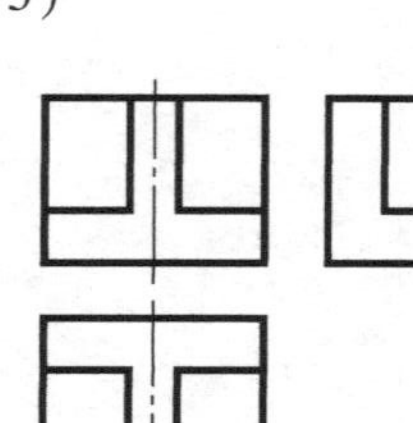

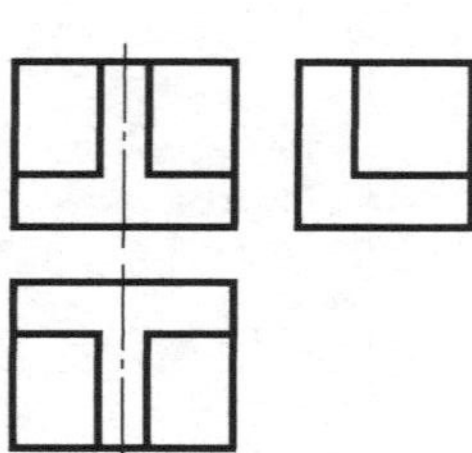

（ ） （ ）

（ ） （ ）

（ ） （ ）

图 2-4-1

2. 在图 2-4-2 中根据立体图，补全三视图中缺少的图线。

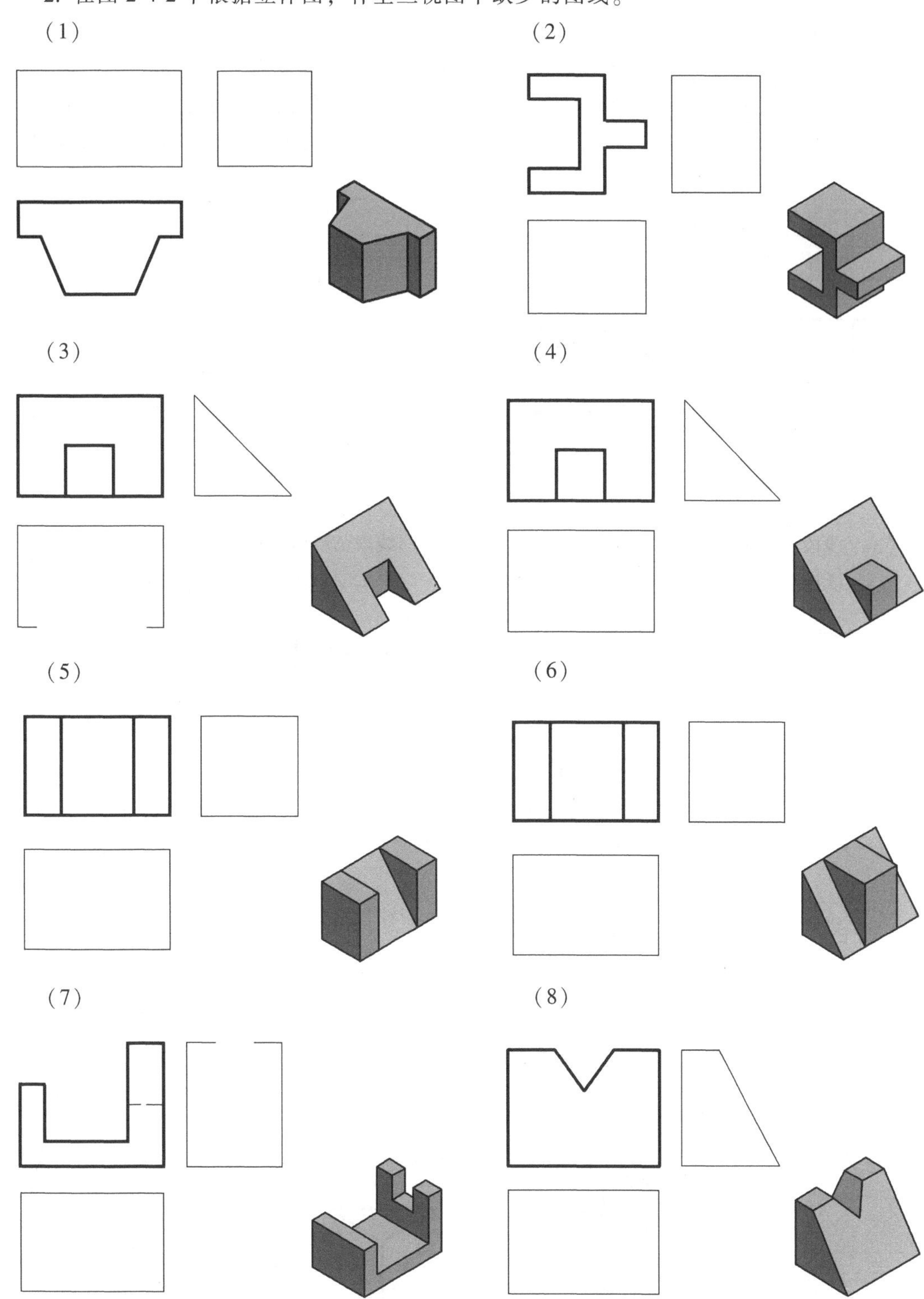

图 2-4-2

3. 补全图 2-4-3 中形体的三面投影，并将立体图中标有字母的特殊点标识在视图中。尝试判断形体中的线条或平面的位置，完成填空。

（1）线段 *AB* 是__________线；
线段 *BE* 是__________线；
平面 *BCDE* 是__________面。

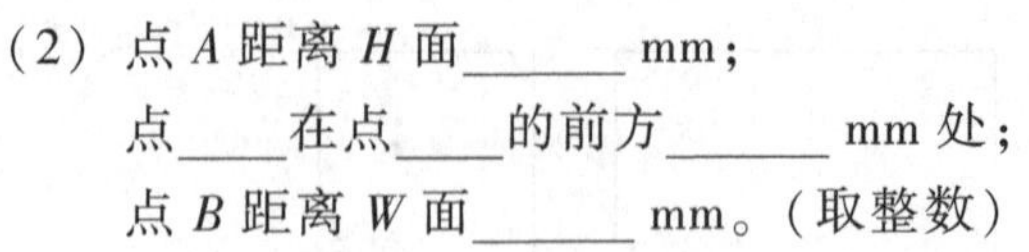

（2）点 *A* 距离 *H* 面______mm；
点____在点____的前方______mm 处；
点 *B* 距离 *W* 面______mm。（取整数）

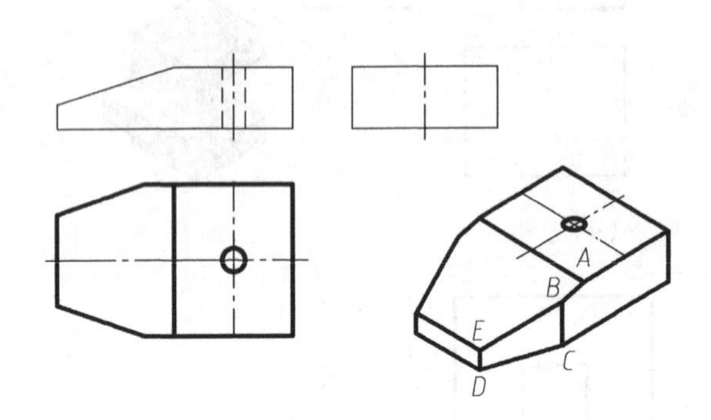

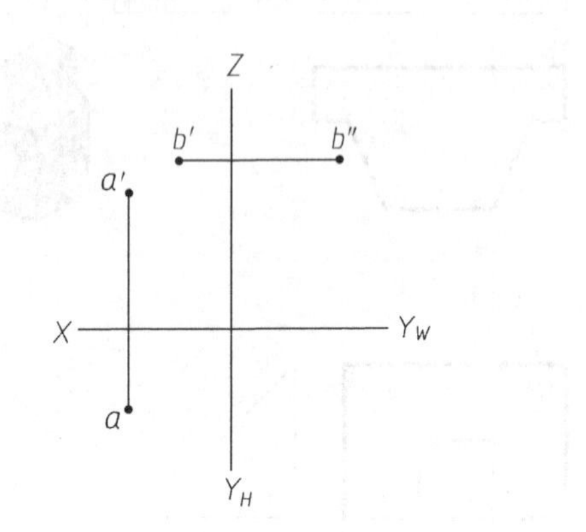

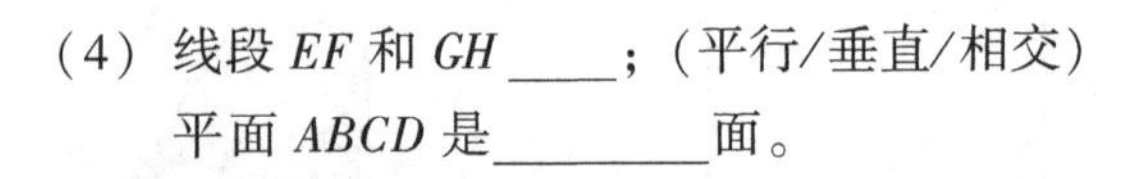

（3）线段 *AD* 是__________线；
线段 *AB* 是__________线。

（4）线段 *EF* 和 *GH* ____；（平行/垂直/相交）
平面 *ABCD* 是________面。

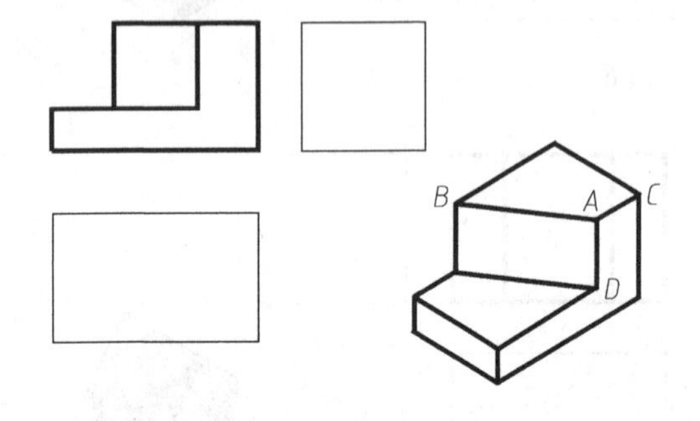

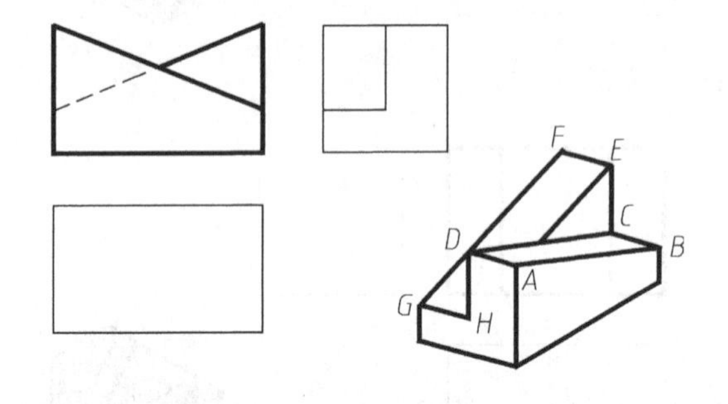

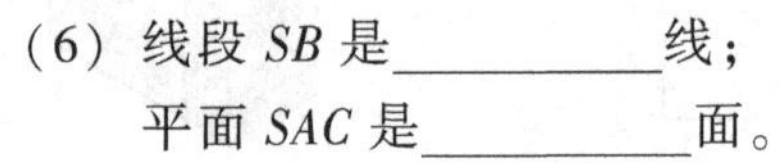

（5）线段 *SF* 是__________线；
平面 *SAB* 是__________面。

（6）线段 *SB* 是__________线；
平面 *SAC* 是__________面。

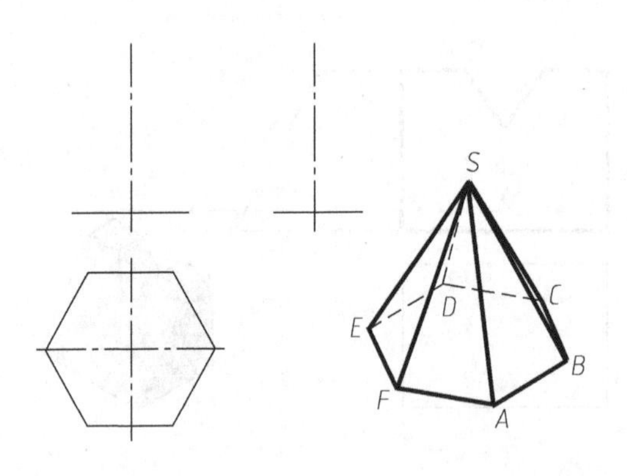

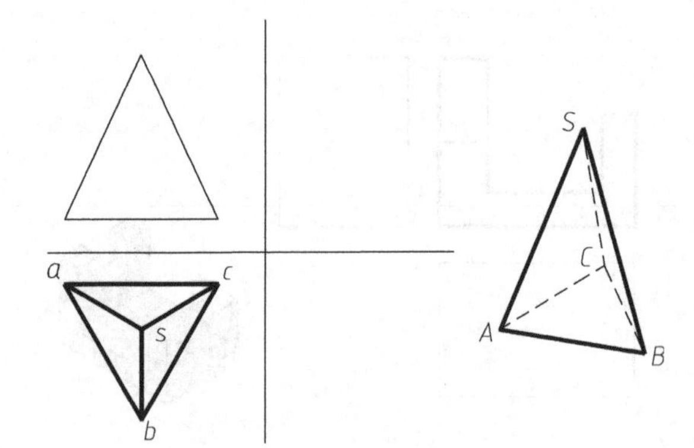

图 2-4-3

4. 在图 2-4-4 中完成基本体被截切后的第三个视图。

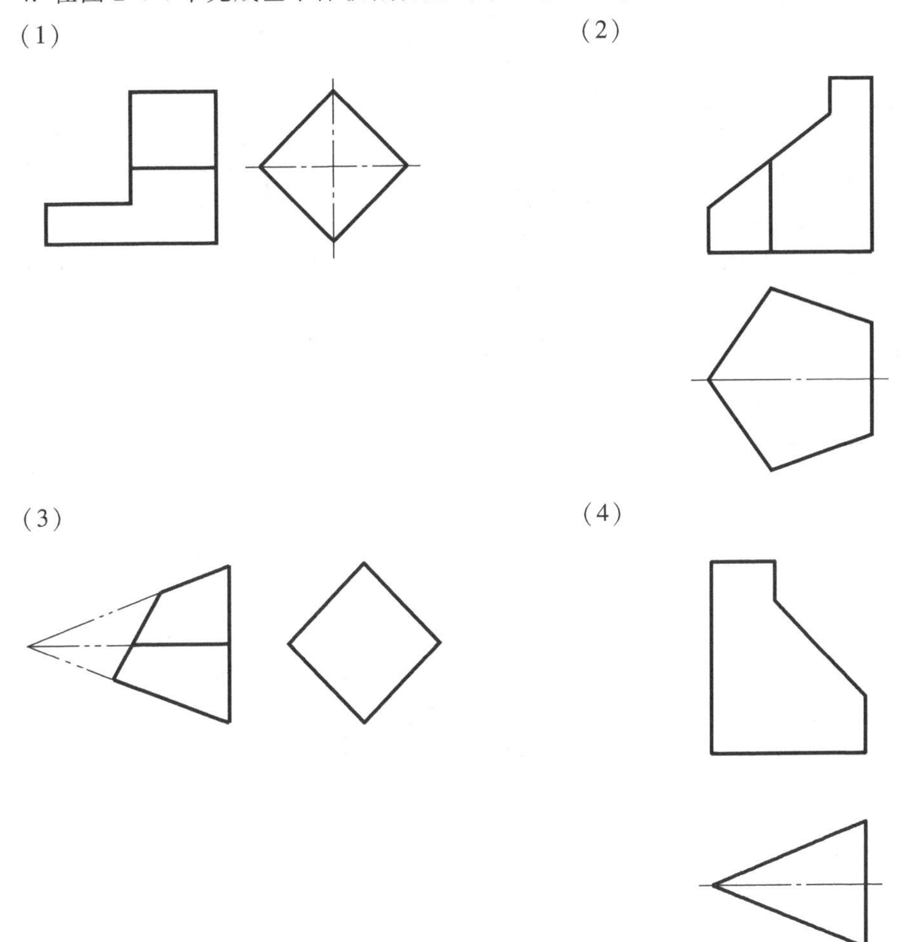

图 2-4-4

5. 绘制图 2-4-5 所示形体的三视图。尺寸从图中直接量取并取整数，自行选择主视方向。

(1)

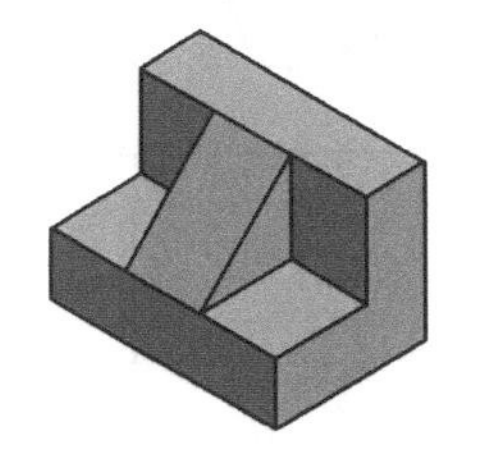

(2)

图 2-4-5

班级________ 姓名________ 学号________ 成绩________

【2-5 练习】

1. 在图 2-5-1 中绘制各种常见回转体的三视图：已知一个或两个视图，补画其他视图，并写出相应名称。

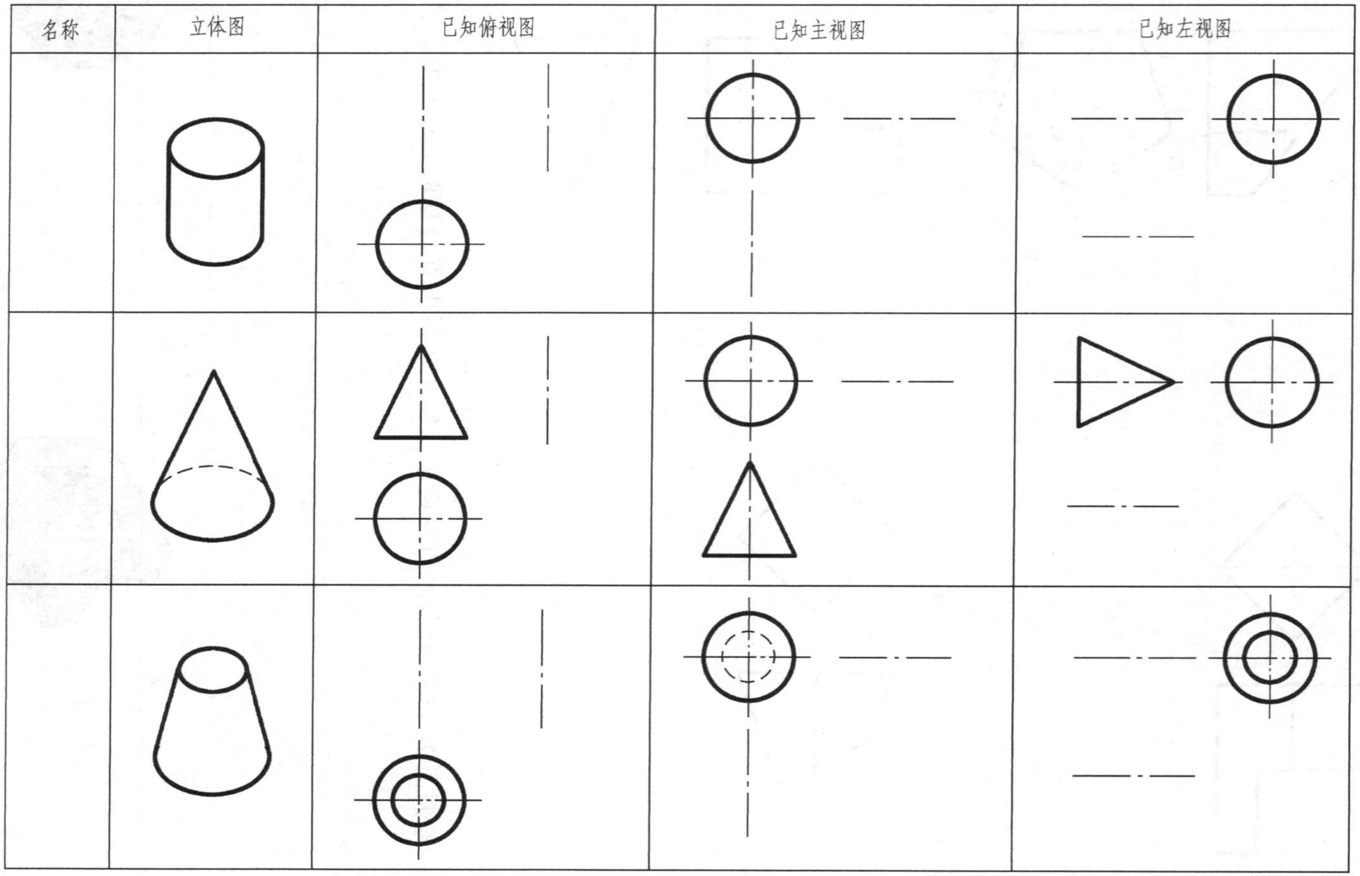

名称	立体图	已知俯视图	已知主视图	已知左视图

图 2-5-1

2. 在图 2-5-2 中根据立体图，找出对应的三视图，将序号填在括号内。

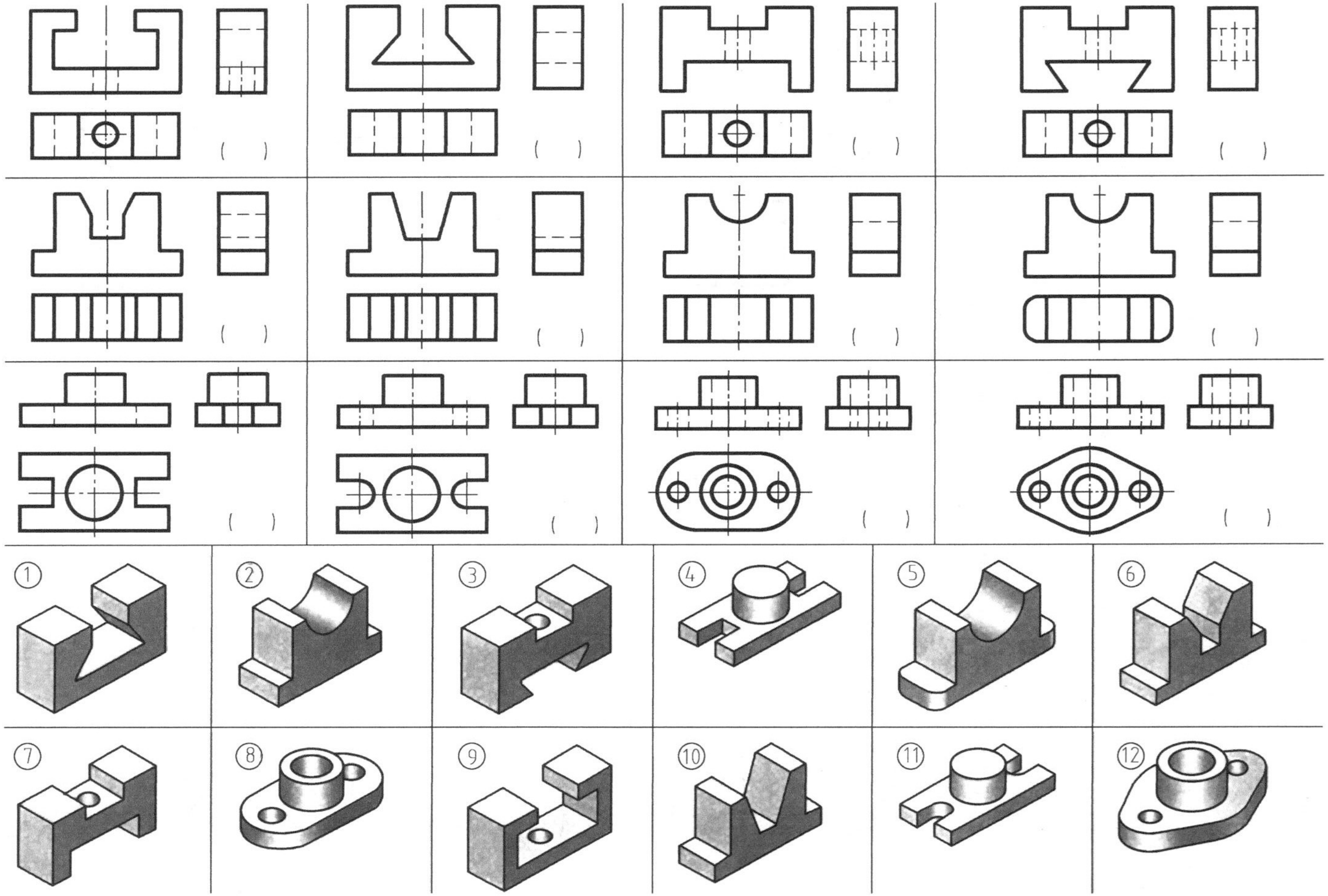

( ) ( ) ( ) ( )

( ) ( ) ( ) ( )

( ) ( ) ( ) ( )

① ② ③ ④ ⑤ ⑥

⑦ ⑧ ⑨ ⑩ ⑪ ⑫

图 2-5-2

3. 绘制圆台的三视图并标注尺寸。圆台大底面直径为 36mm，轴向长度为 40mm，锥度为 1∶3。圆台放置方向自定。

4. 图 2-5-3 中已知回转体（一部分）的两个视图，求作第三视图。

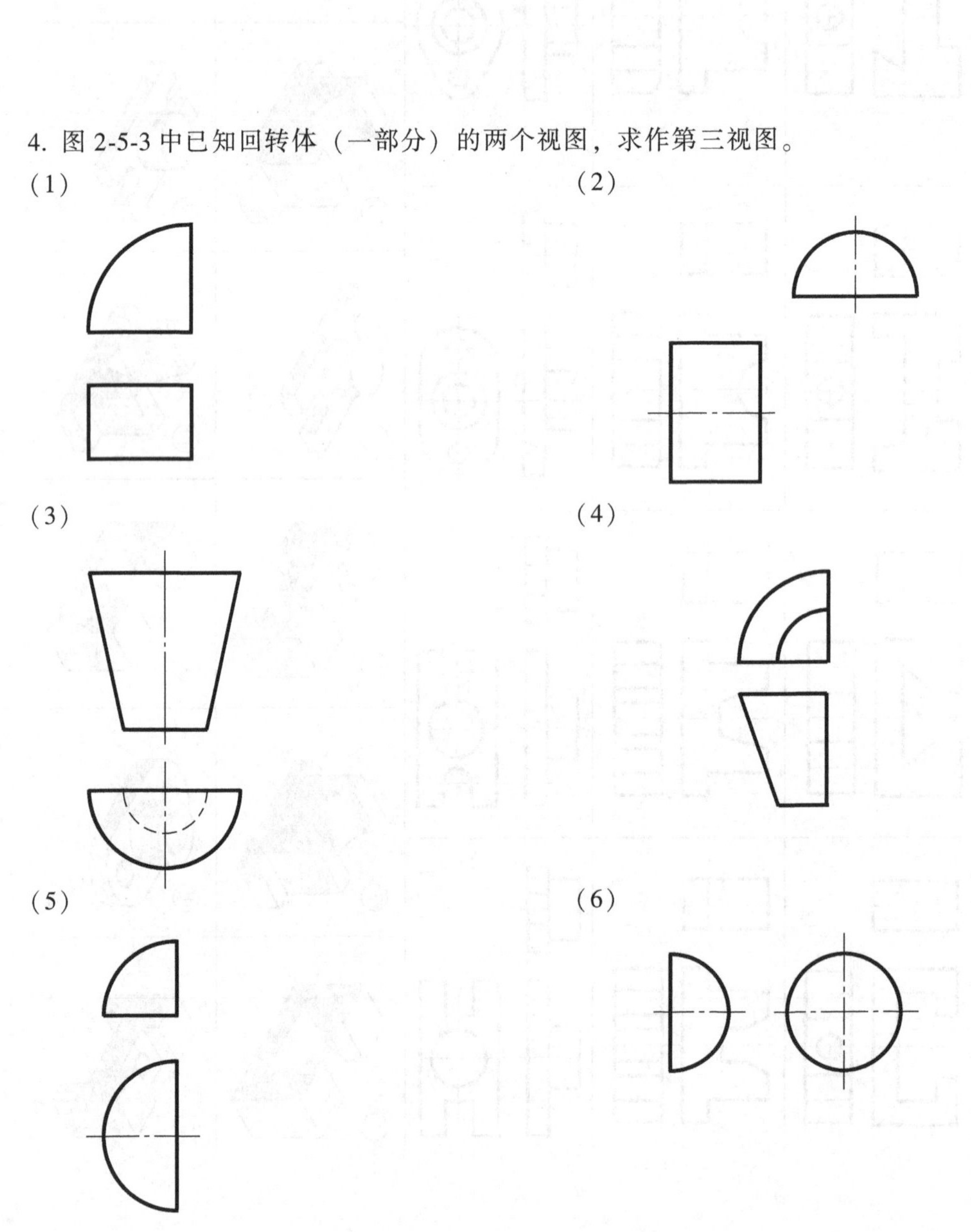

图 2-5-3

5. 在图 2-5-4 中根据立体图（尺寸可直接量度），将三视图补画完整。

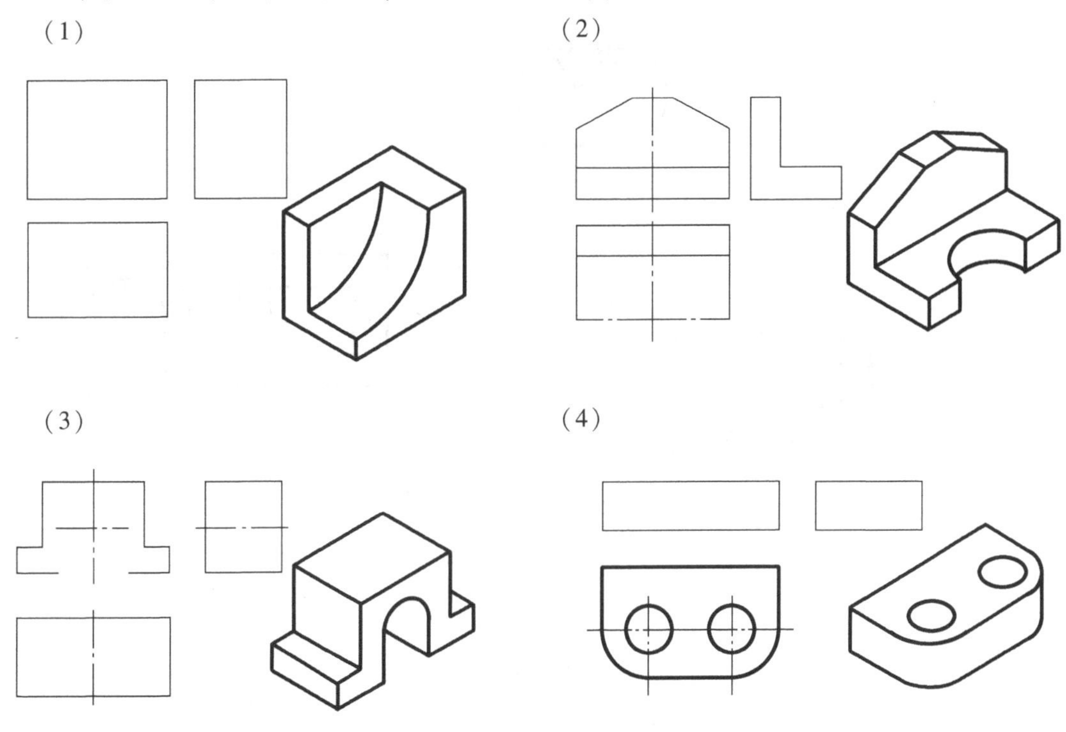

图 2-5-4

班级________ 姓名________ 学号________ 成绩________

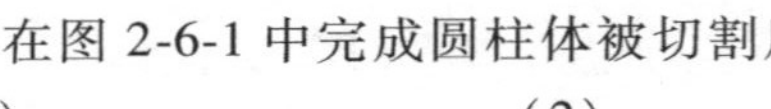

【2-6 练习】

1. 在图 2-6-1 中完成圆柱体被切割后的左视图。

(1) (2) (3) (4)

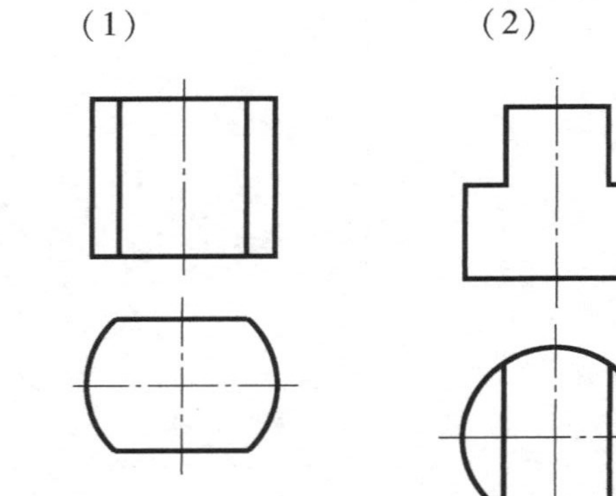

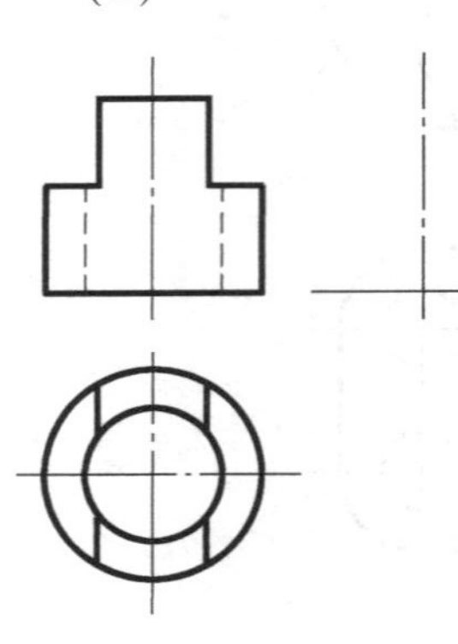

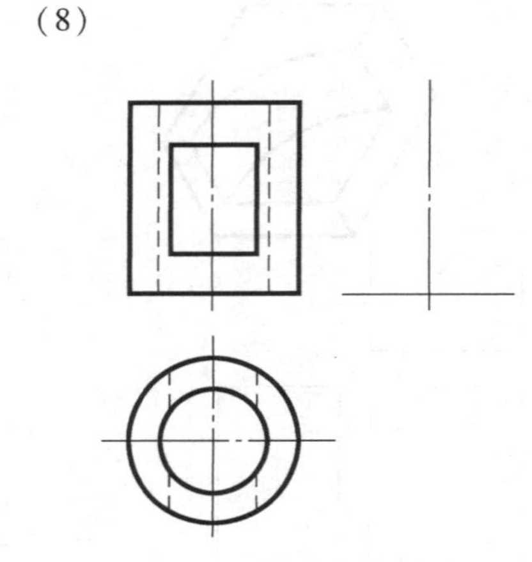

(5) (6) (7) (8)

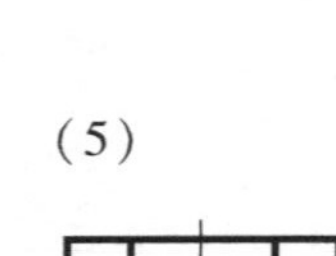

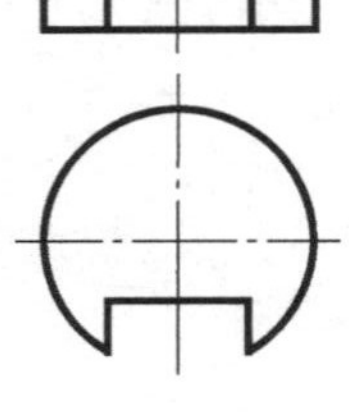

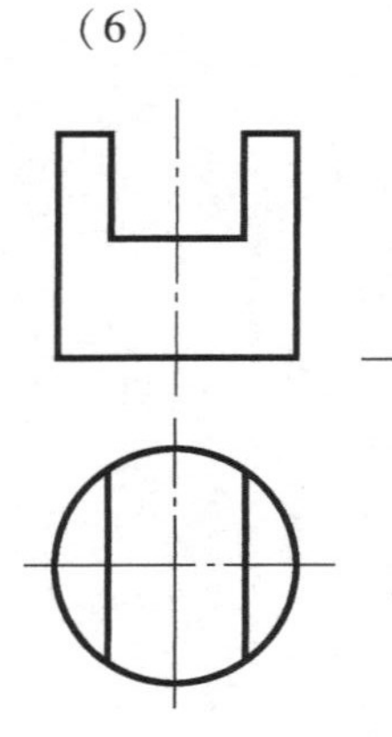

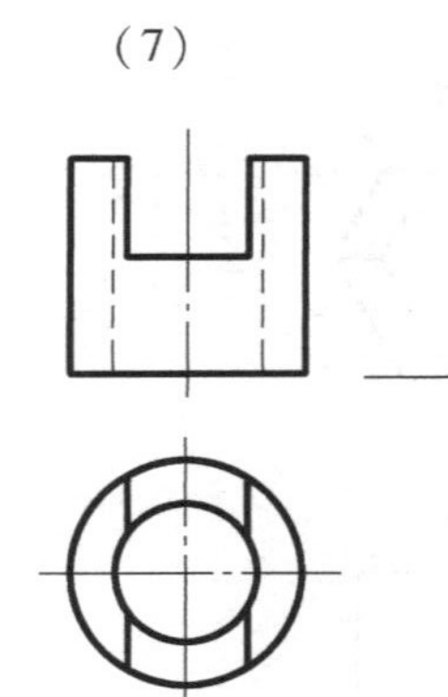

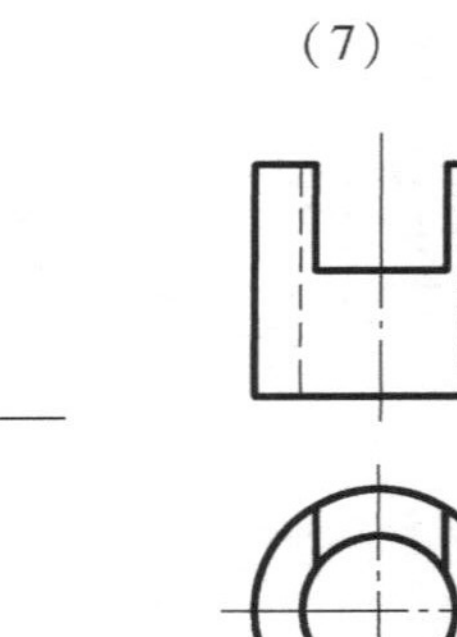

图 2-6-1

2. 根据图 2-6-2 中已知视图和立体图，完成被切割圆柱体的三视图。（可从图中量取轴向尺寸）

（1）

（2）

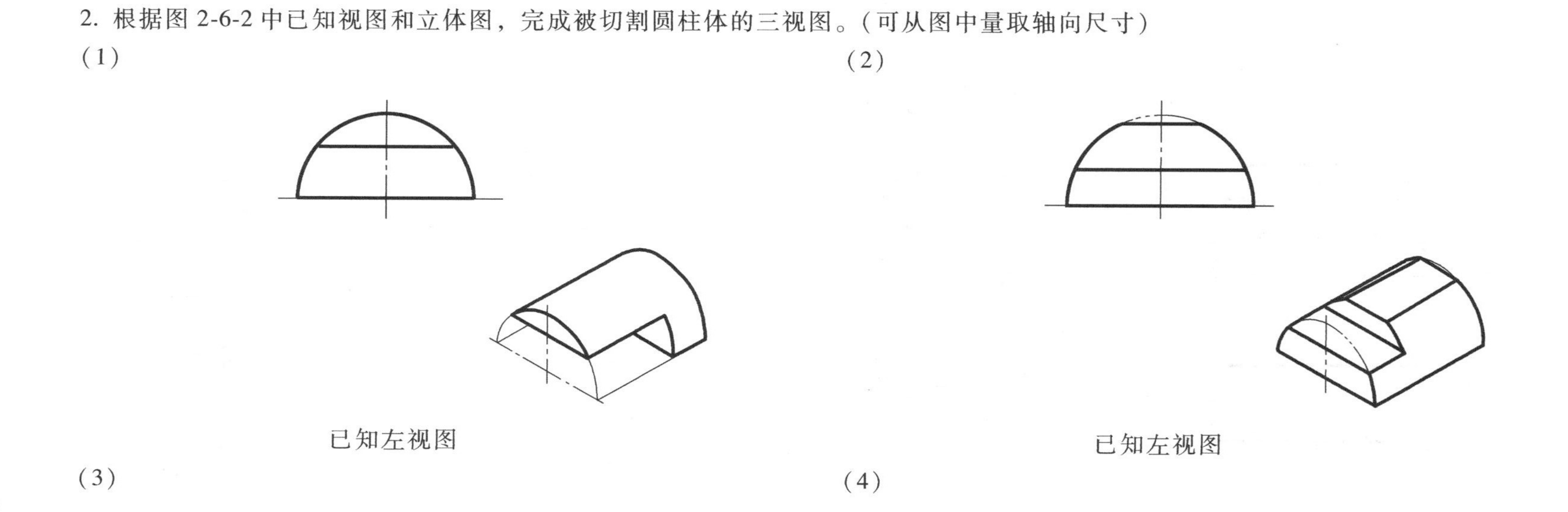

已知左视图

已知左视图

（3）

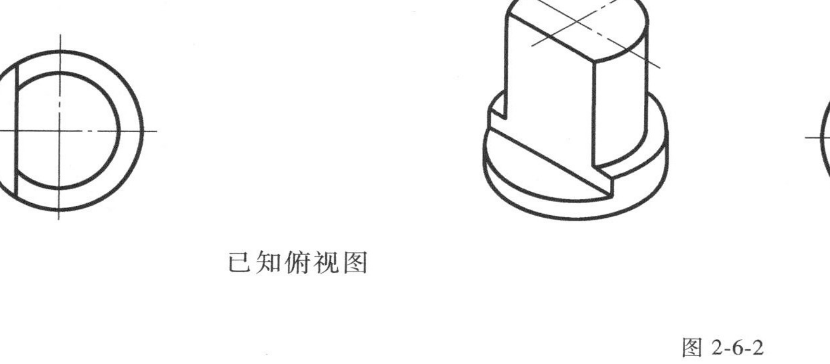

已知俯视图

（4）

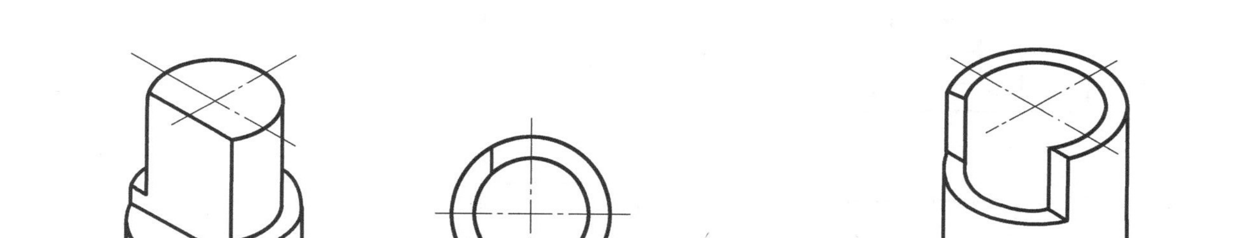

已知俯视图

图 2-6-2

3. 在图 2-6-3 中标注、补全下列图形的尺寸（数值从图中量取，取整数）。

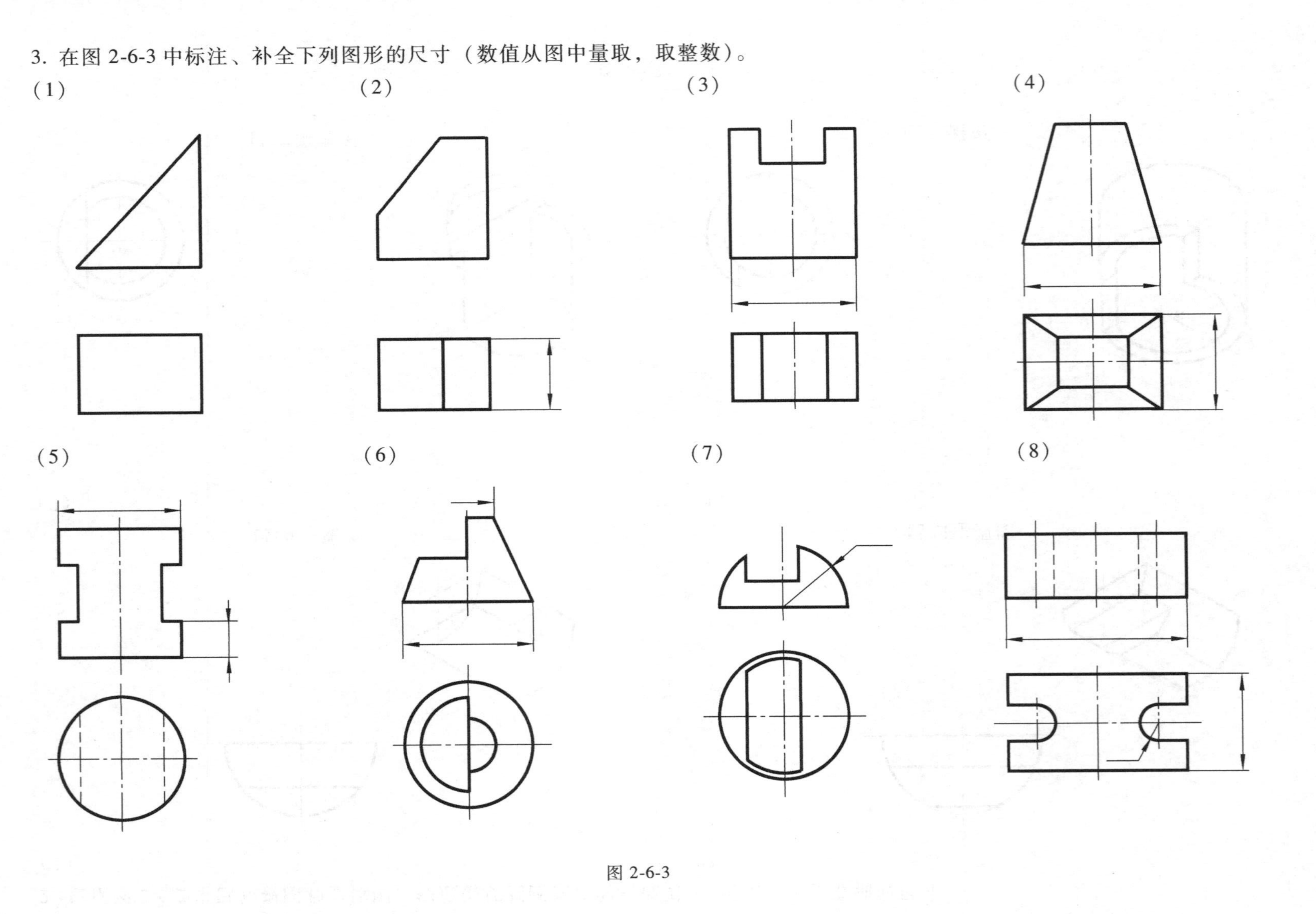

图 2-6-3

4. 在图 2-6-4 中根据立体图和两面视图找出正确的第三视图。

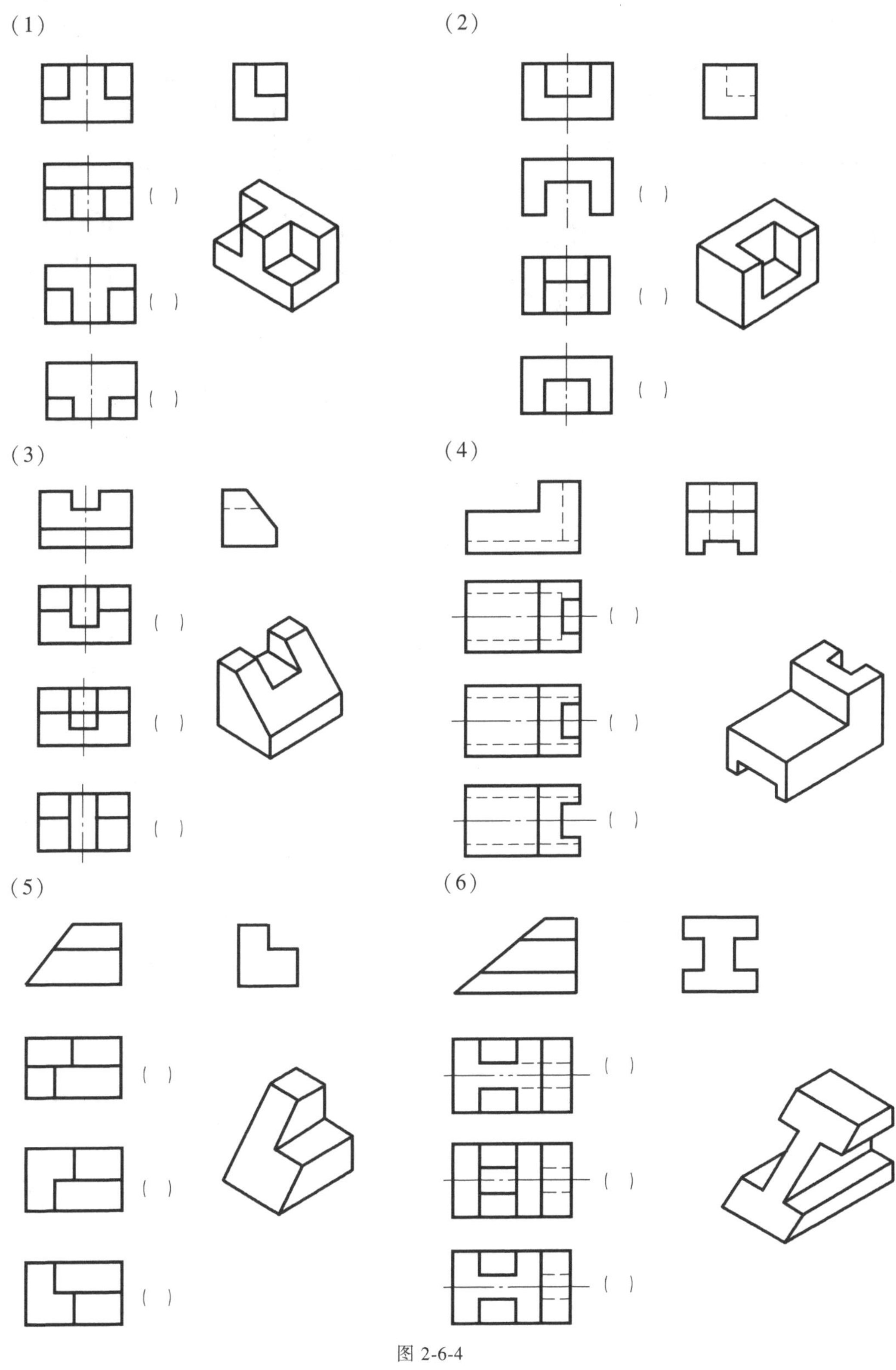

图 2-6-4

5. 在图 2-6-5 中根据立体图，补画三视图中缺少的图线。

（1）　　　　　　　　　　　　　　　　（2）

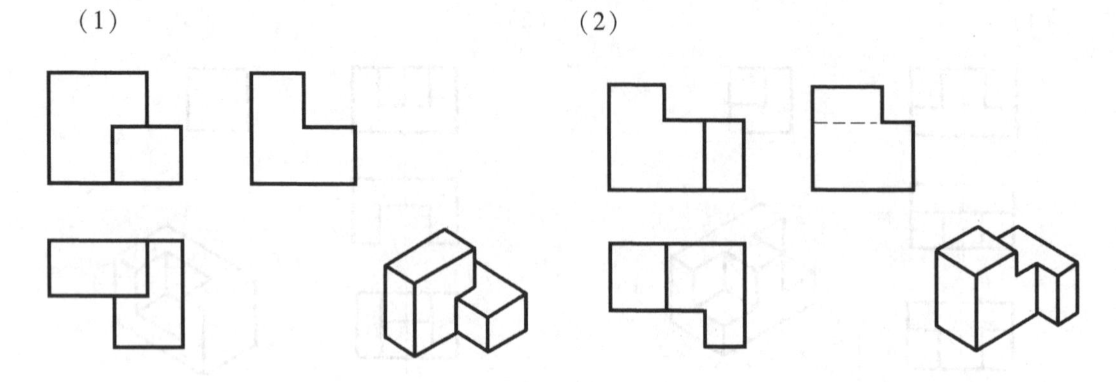

图 2-6-5

6. 在图 2-6-6 中选择主视图方向，绘制被切割体的三视图（尺寸自定，取整数）。

（1）

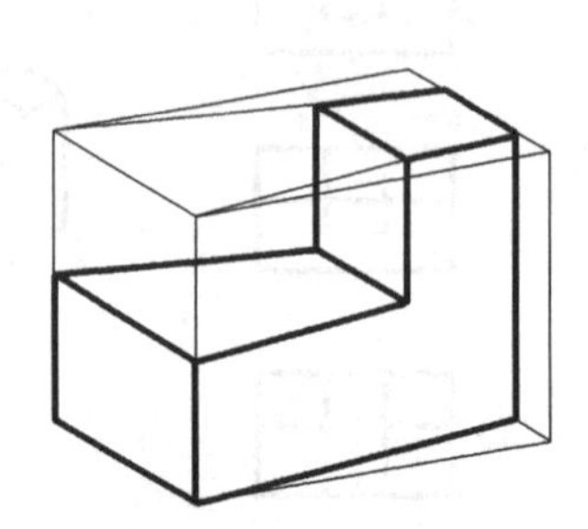

（2）

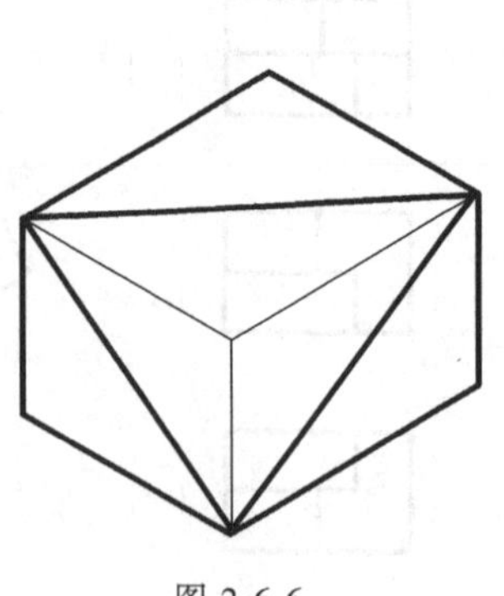

图 2-6-6

【2-7 练习】

1. 在图 2-7-1 中完成圆柱体被切割后的视图。

（1）

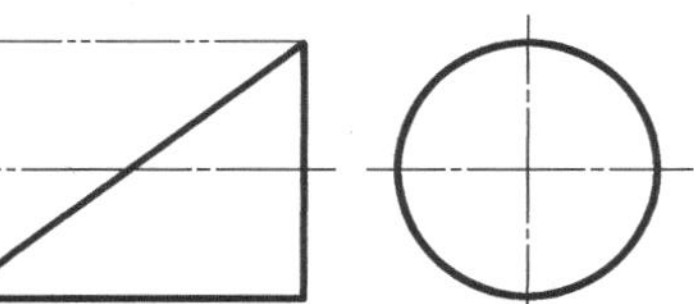
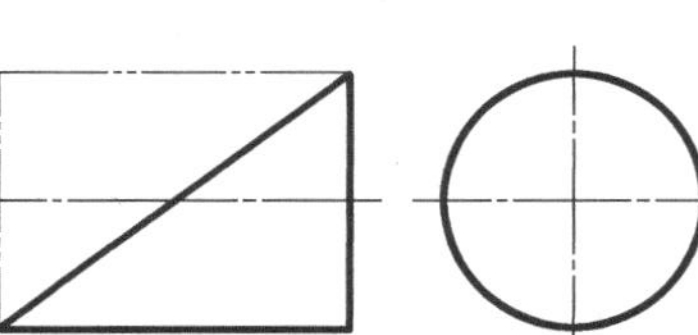
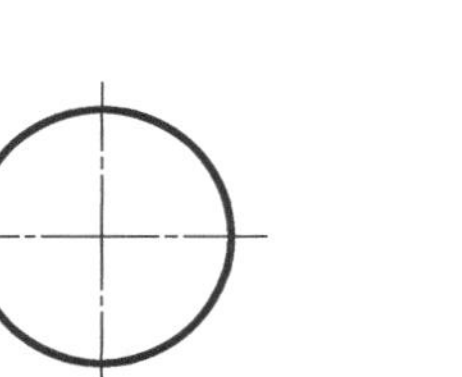

（2）

（3）

（4）

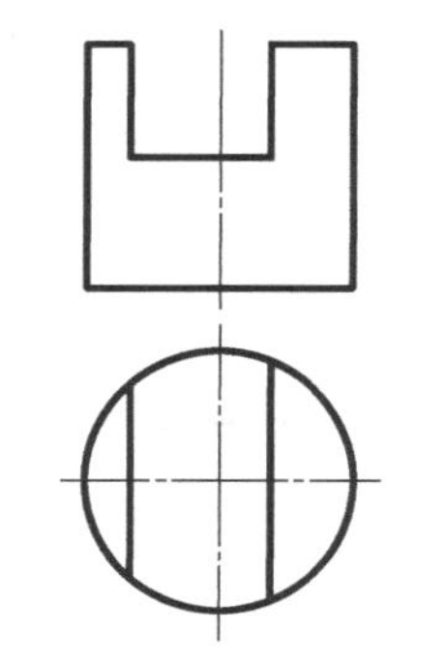

（5）

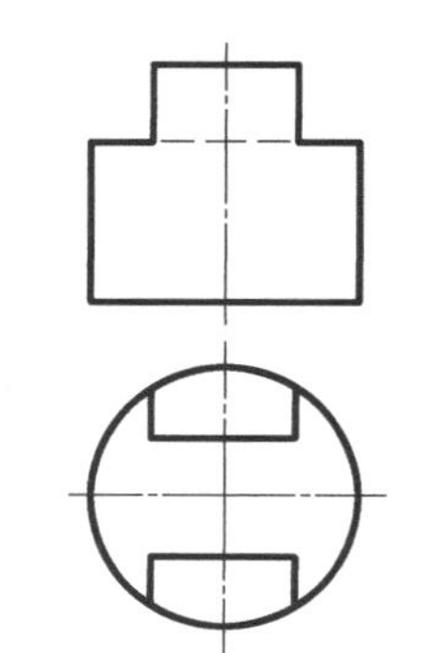

（6）

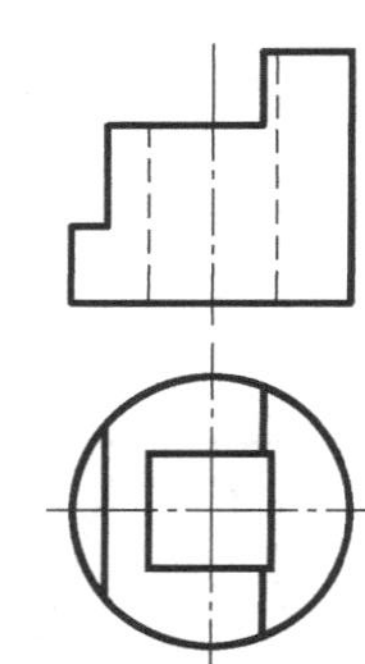
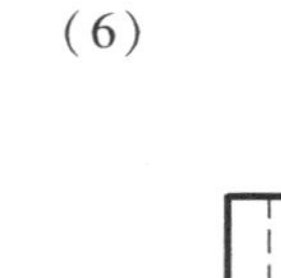

图 2-7-1

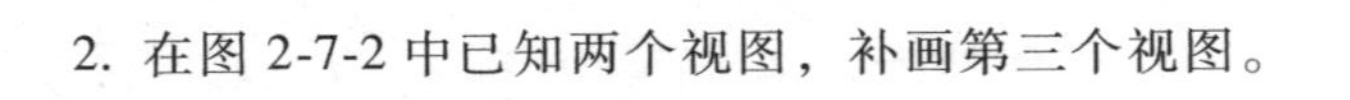

2. 在图 2-7-2 中已知两个视图，补画第三个视图。

（1）

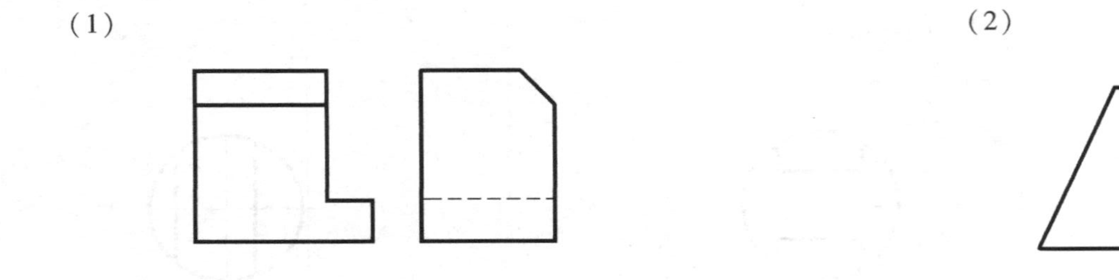

（2）

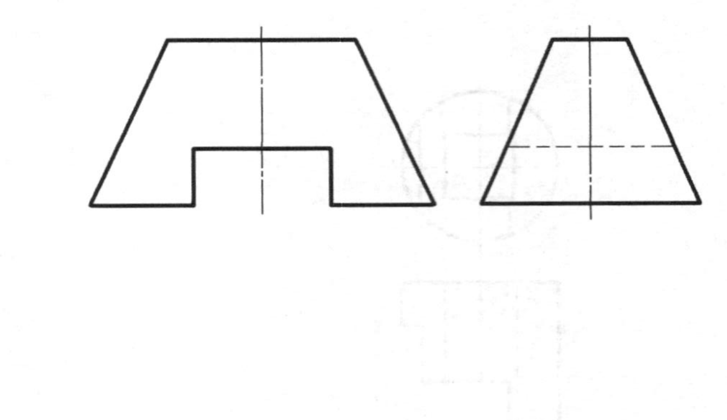

（3）

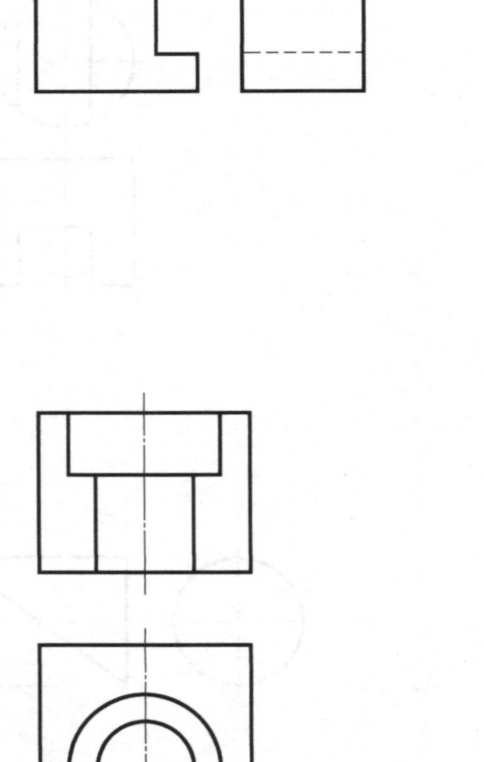

（4）

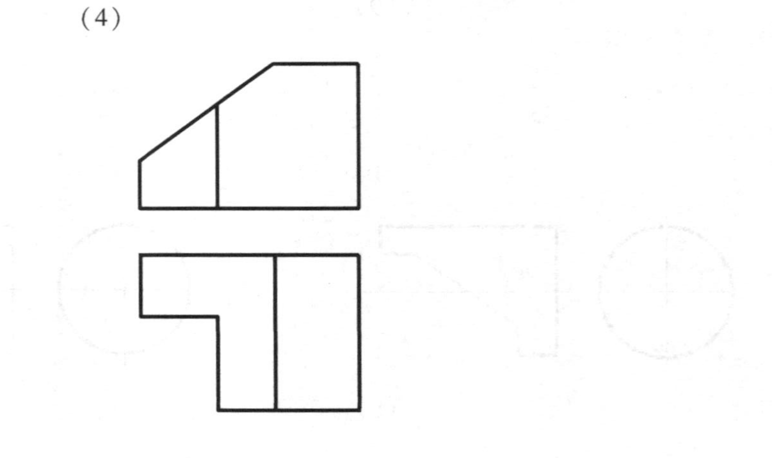

图 2-7-2

3. 在图 2-7-3 中作立体图的三视图（提示：想象被切割的步骤，按步骤画图）。

（1）

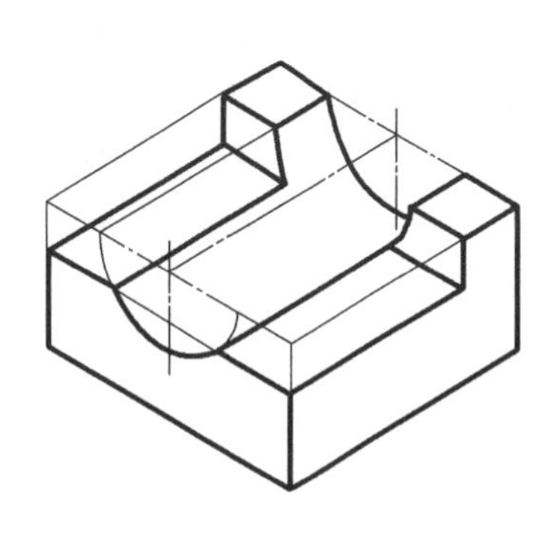

（2）

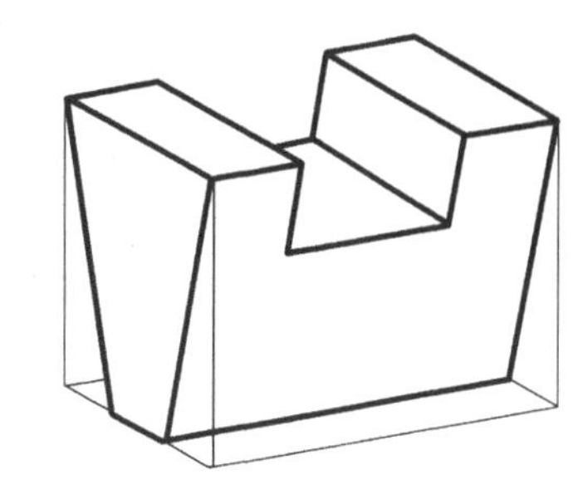

（3）

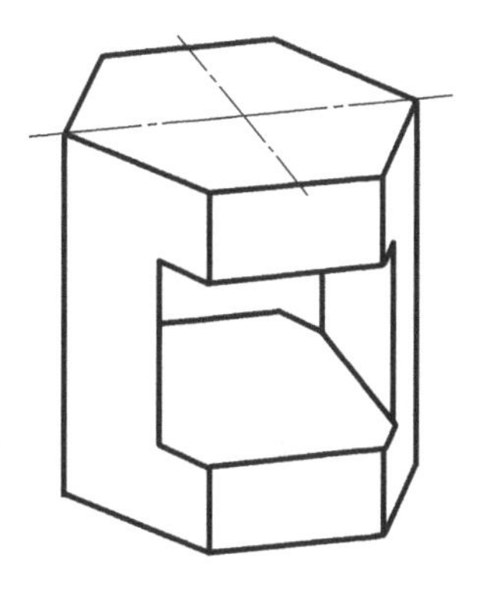

图 2-7-3

班级____________________　姓名______________　学号________　成绩__________________

【2-8 练习】

1. 球体切割练习。内六角平圆头螺钉如图 2-8-1 所示，绘制 M12 内六角平圆头螺钉头的视图，相关尺寸从表 2-8-1 中查取。

思考：1）螺钉头是什么基本体？

2）是否需要用三个视图表达？

图 2-8-1　内六角平圆头螺钉

表 2-8-1　部分内六角平圆头螺钉尺寸（GB/T 70.2—2015）

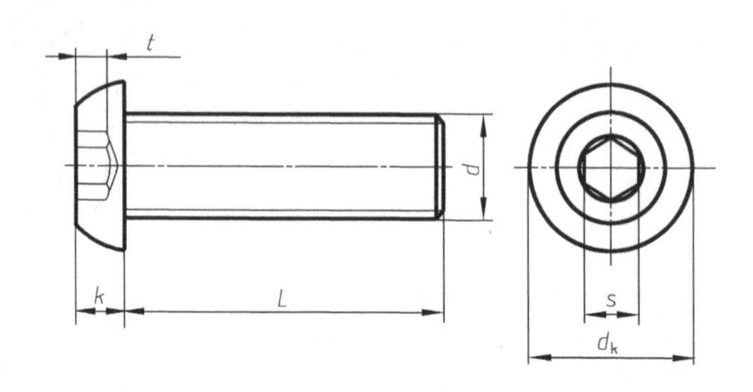

单位：mm

公称直径 d	螺距 P	d_k		k		s			t
		max	min	max	min	公称	max	min	min
M3	0.5	5.7	5.4	1.65	1.40	2	2.08	2.020	1.04
M4	0.7	7.60	7.24	2.20	1.95	2.5	2.58	2.52	1.3
M5	0.8	9.50	9.14	2.75	2.50	3	3.080	3.020	1.56
M6	1	10.50	10.07	3.3	3.0	4	4.095	4.020	2.08
M8	1.25	14.00	13.57	4.4	4.1	5	5.140	5.020	2.6
M10	1.5	17.50	17.07	5.5	5.2	6	6.140	6.020	3.12
M12	1.75	21.00	20.48	6.60	6.24	8	8.175	8.025	4.16
M16	2	28.00	27.48	8.80	8.44	10	10.175	10.025	5.2

2. 在图 2-8-2 中根据给出的视图，补画出完整的三视图。

（1）半球体

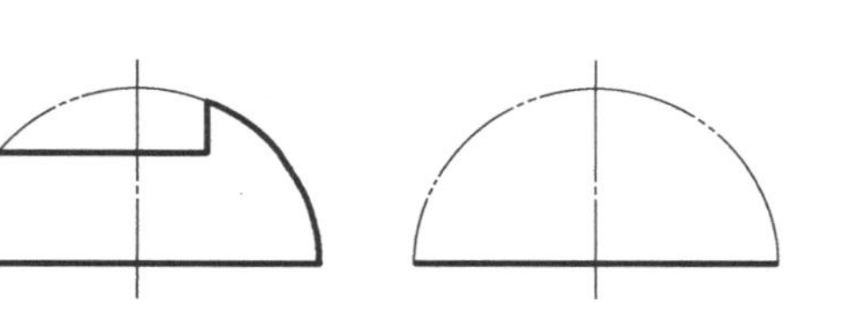

（2）球体

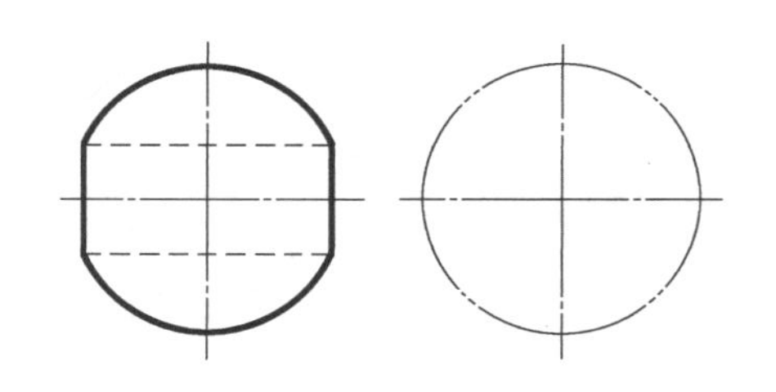

（3）半球体

（4）球体

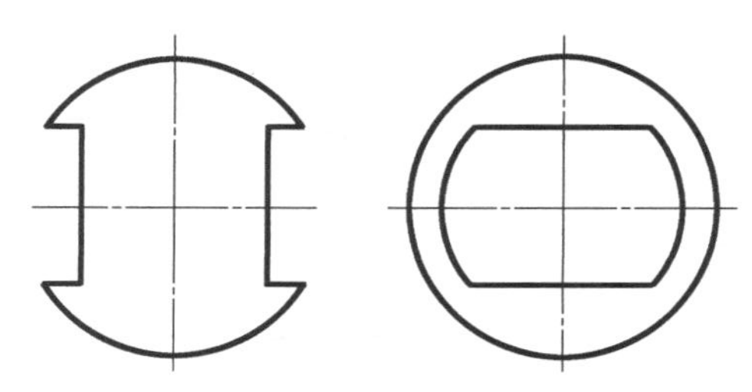

图 2-8-2

3. 在图 2-8-3 中补全图中缺少的图线——根据每个视图的特点，想象形体被切割的形状。

（1）

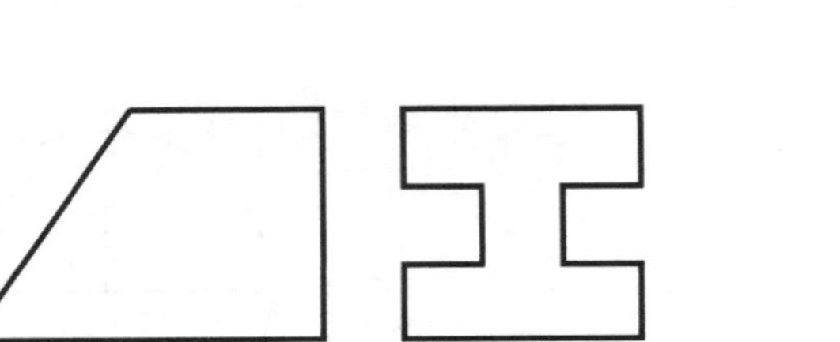

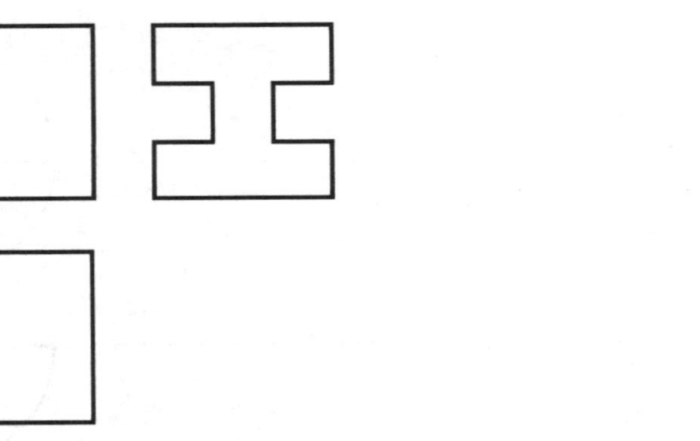

（2）

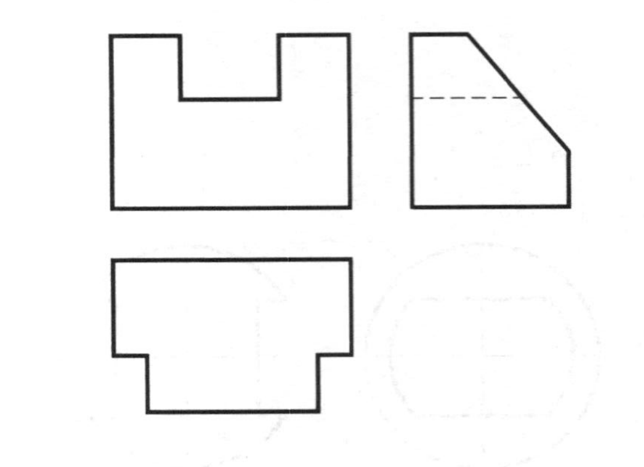

（3）

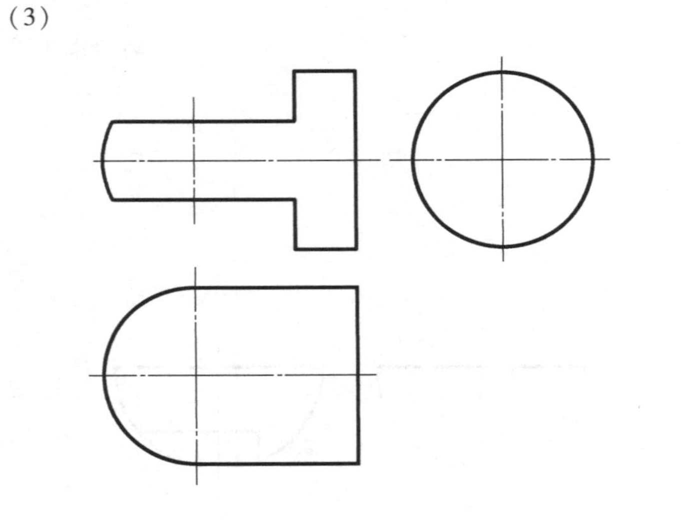

（4）

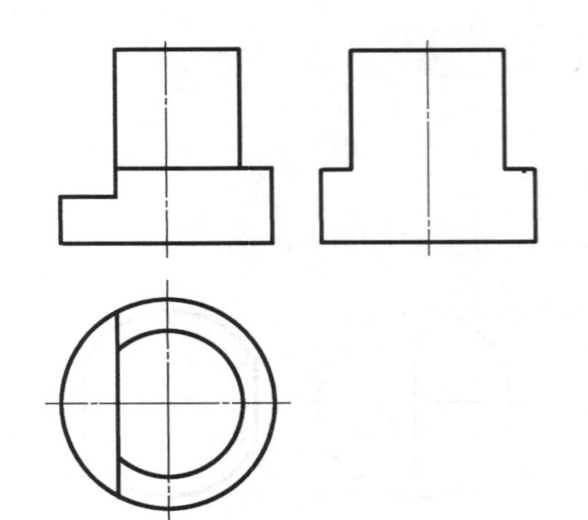

图 2-8-3

4. 在图 2-8-4 中根据立体图，补画第三个视图。

（1）

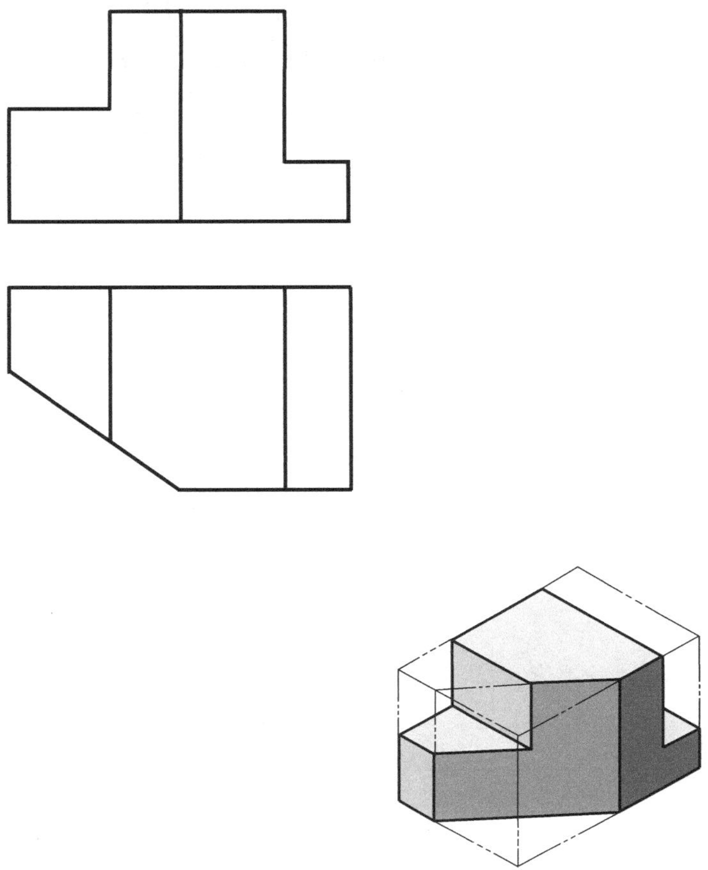

（2）

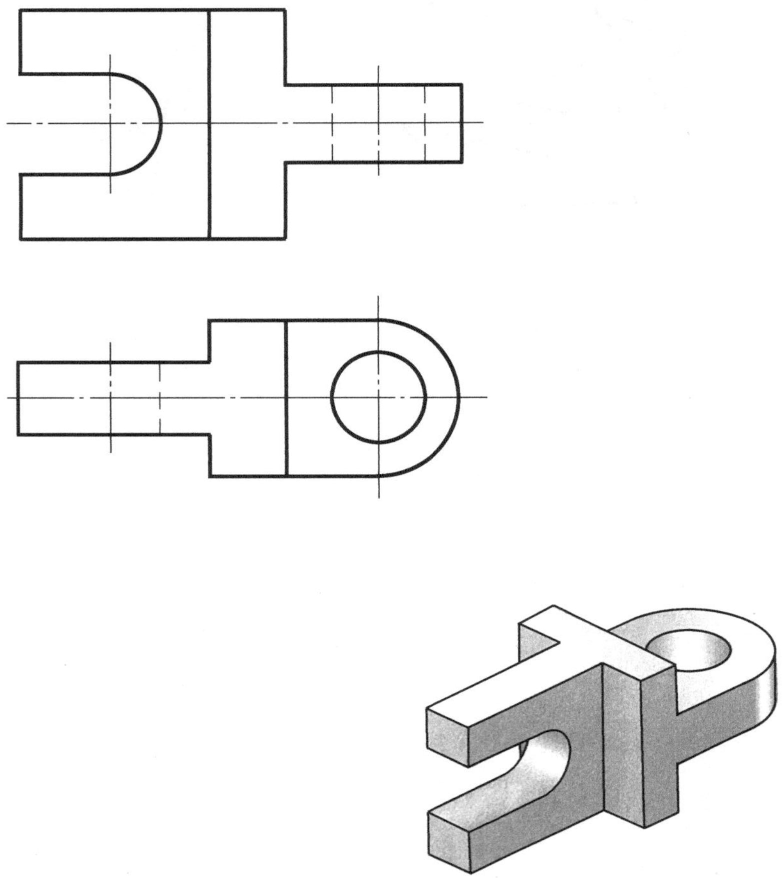

图 2-8-4

5. 在图 2-8-5 中根据立体图绘制三视图，尺寸从图中量取。

（1）

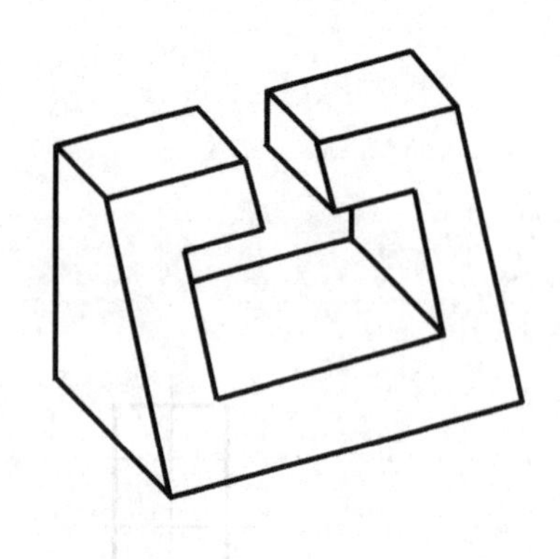

（2）

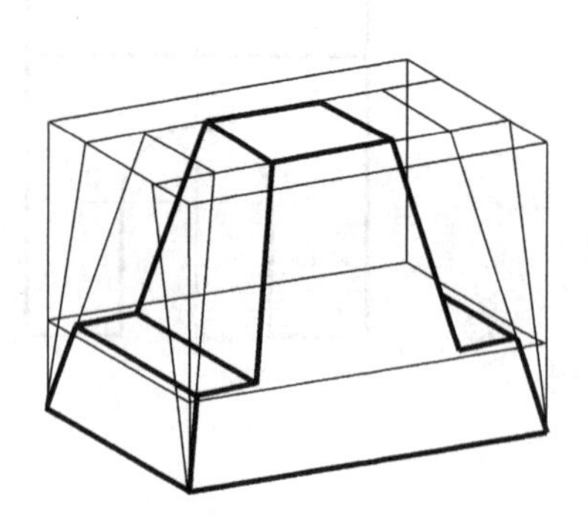

（3）

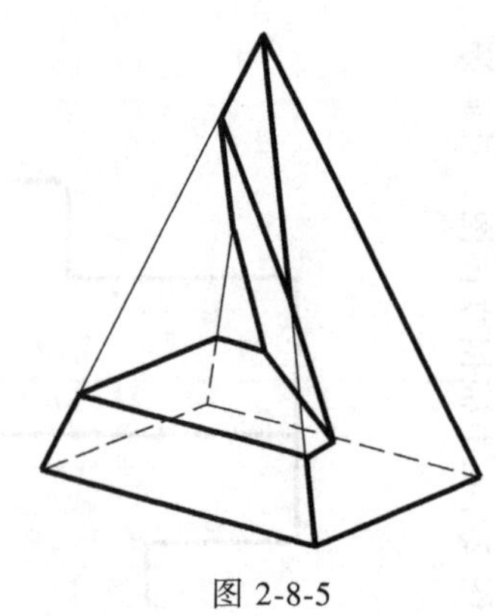

图 2-8-5

【2-9 练习】

1. 在图 2-9-1 中完成俯视图，并补画左视图。

(1)

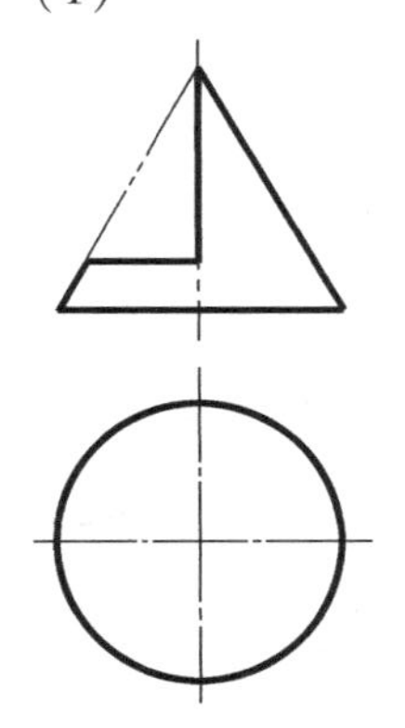

(2)

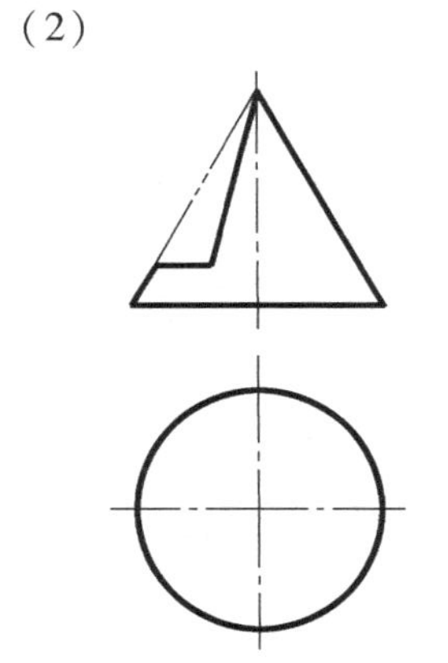

(3)

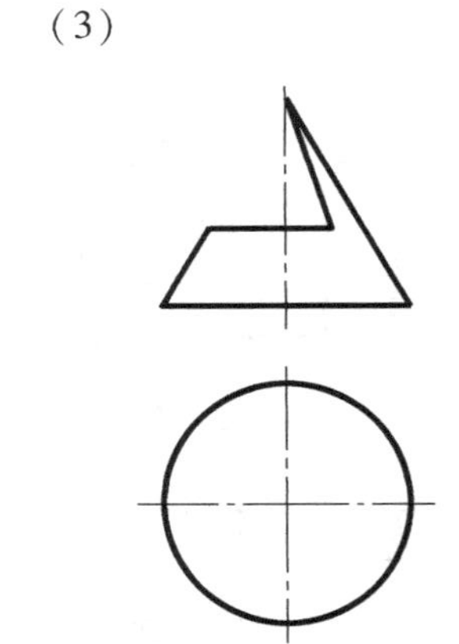

(4)

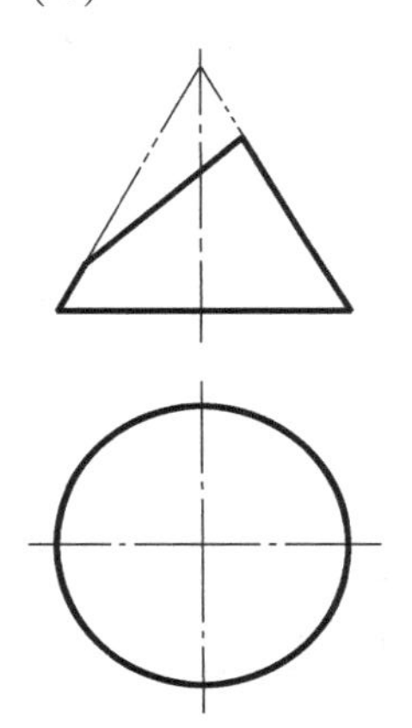

(5)

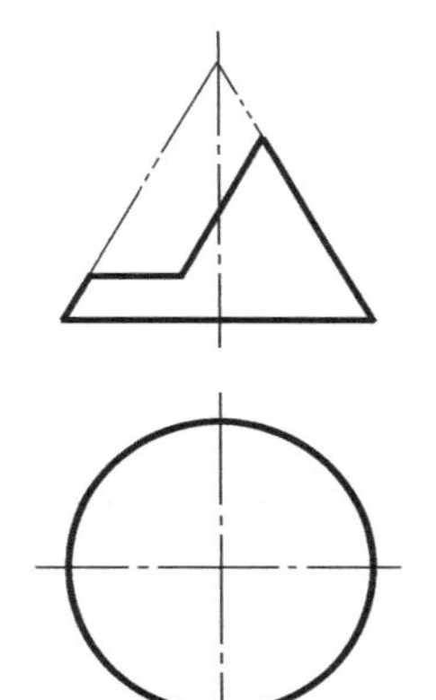

(6)

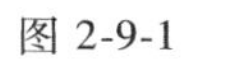

图 2-9-1

2. 在图 2-9-2 中根据已知的视图，补画出完整的三视图。

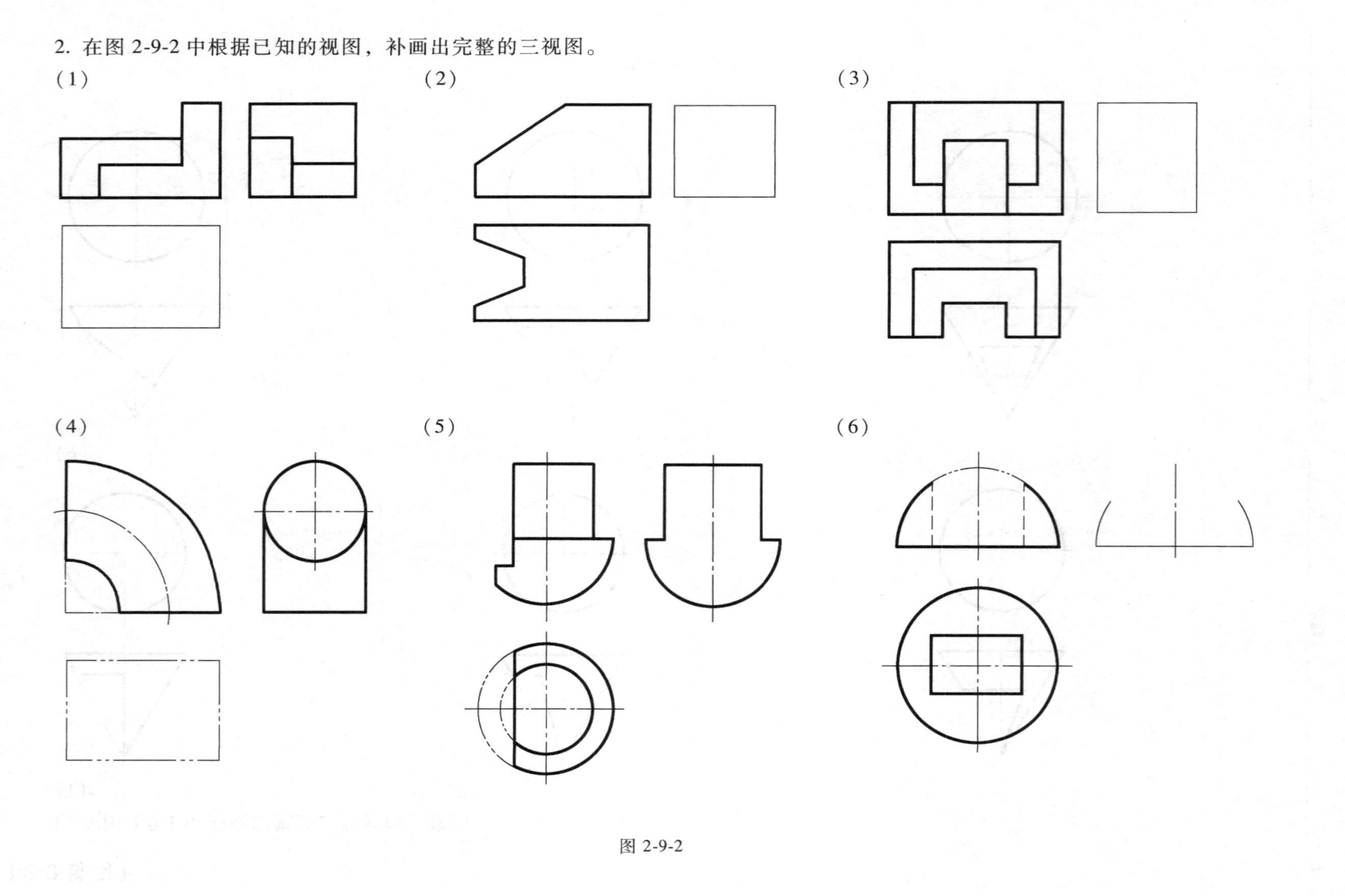

图 2-9-2

3. 在图 2-9-3 中根据立体图绘制三视图，具体尺寸图中量取。

（1）

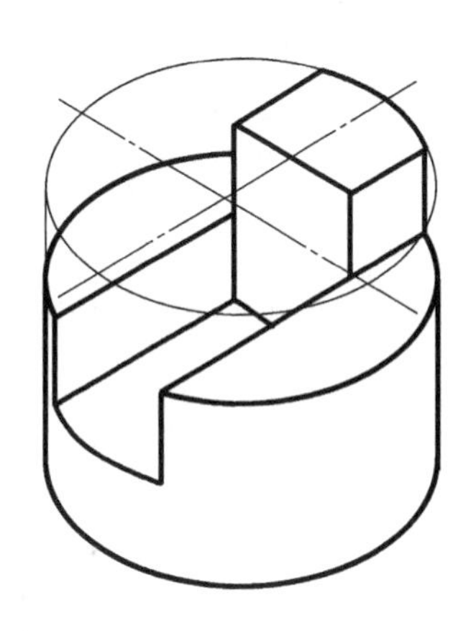

（2）

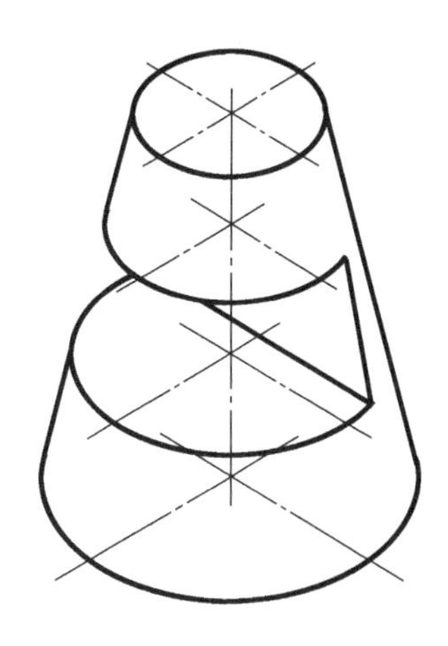

图 2-9-3

班级__________ 姓名__________ 学号__________ 成绩__________

【3-1 练习】

1. 在图 3-1-1 中补全主视图，并补画左视图。

（1）

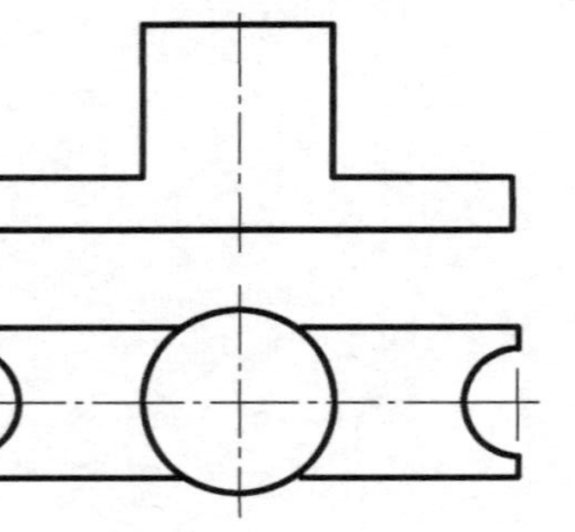

（2）

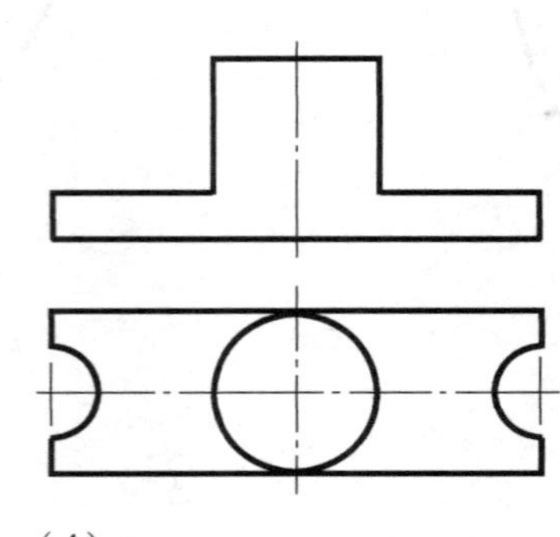

（3）

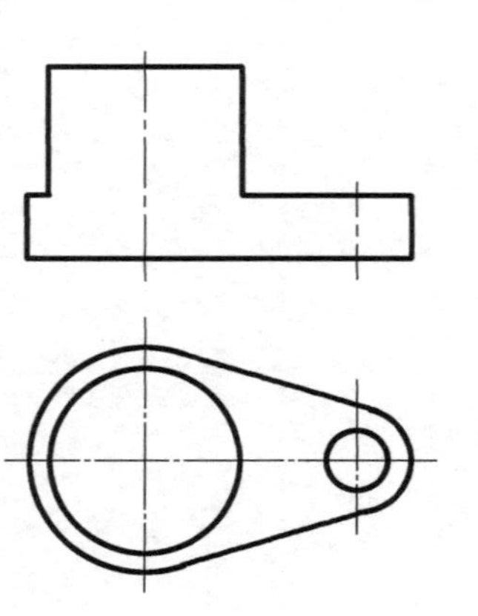

（4）

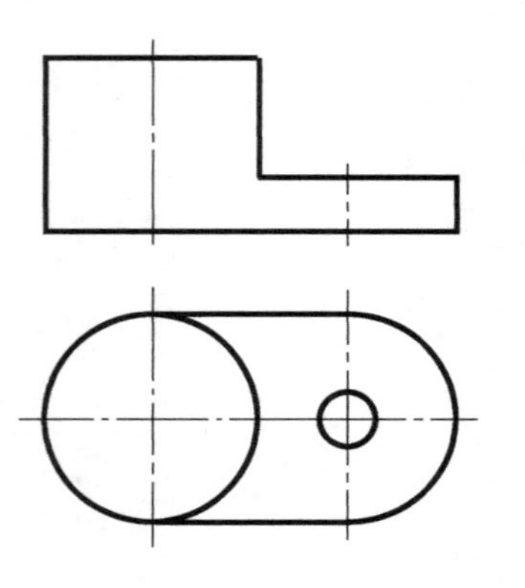

图 3-1-1

2. 在图 3-1-2 中标注下列常见法兰或底板形状，图中量取并取整数，并用 A4 图纸抄画。

（1）　　　　（2）　　　　（3）

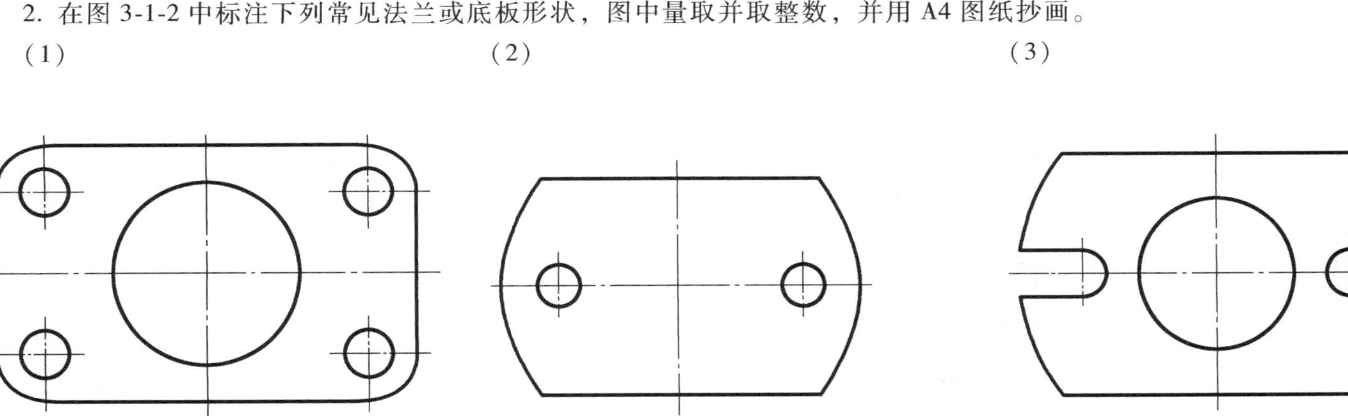

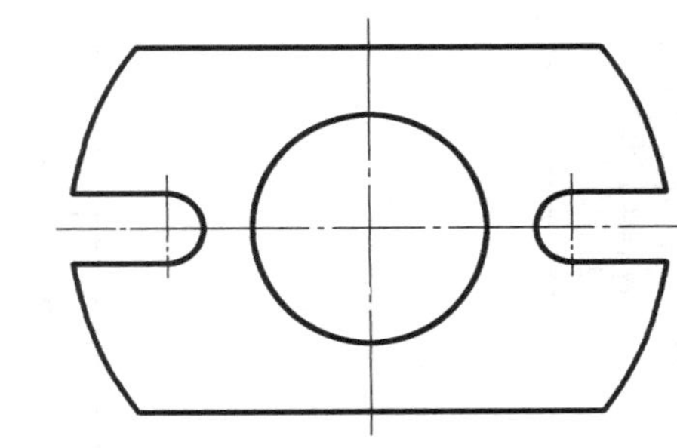

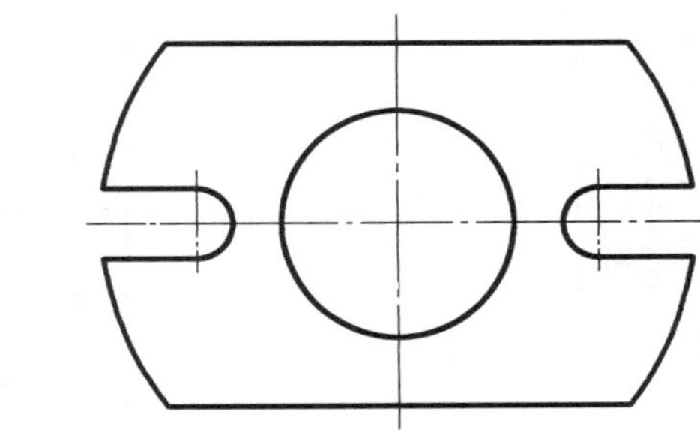

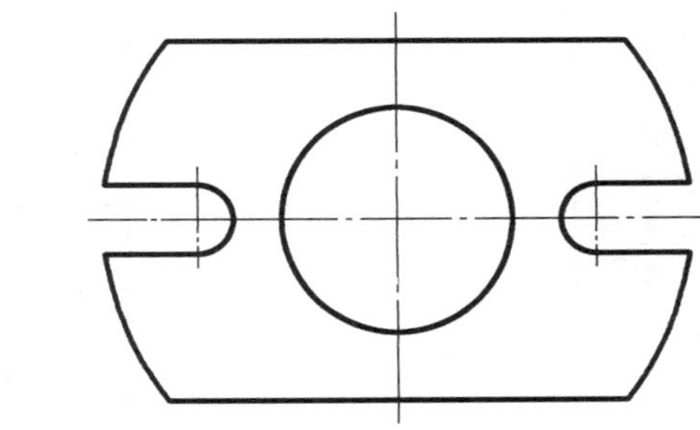

（4）　　　　（5）　　　　（6）

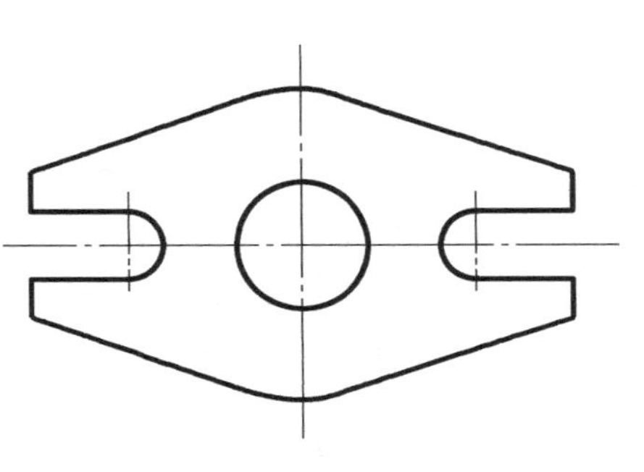

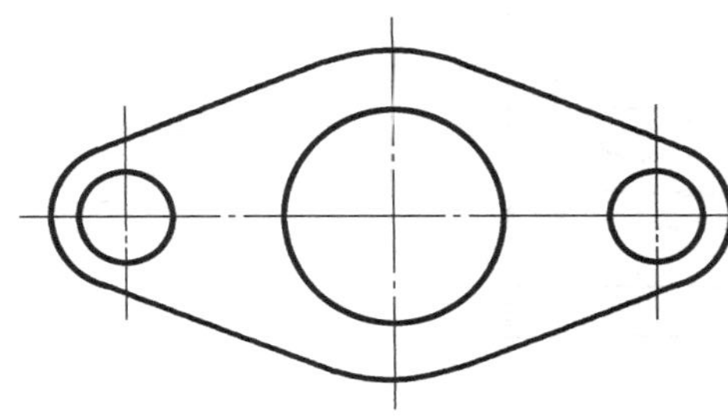

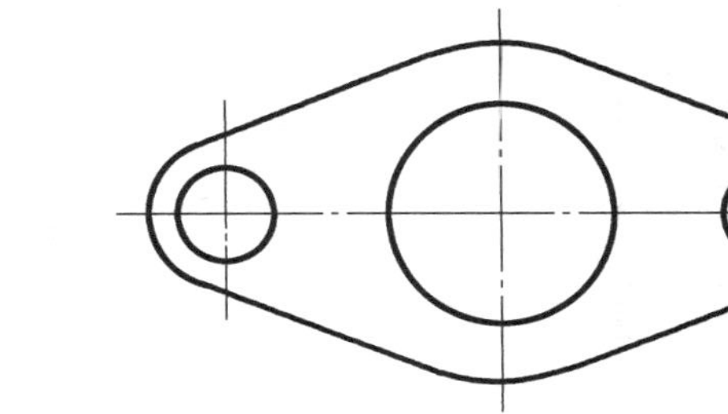

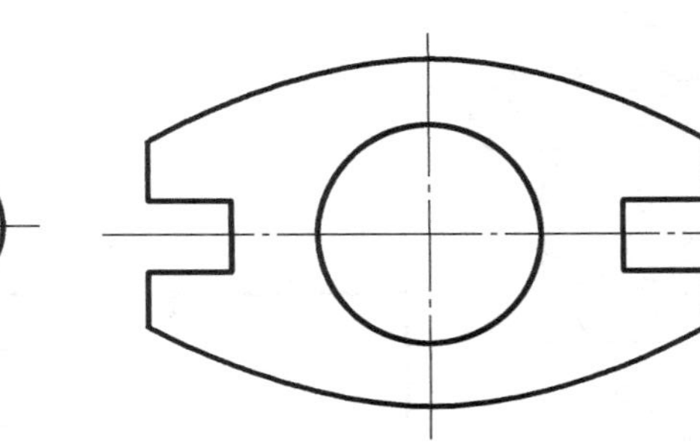

图 3-1-2

3. 在图 3-1-3 中将下列形体的三视图补画完整。

(1)

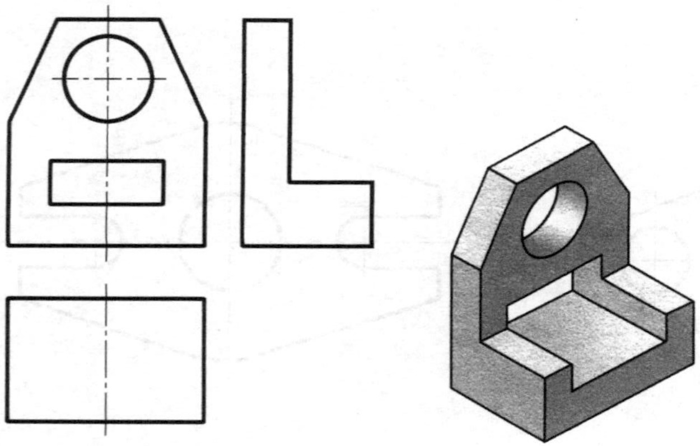

(2)

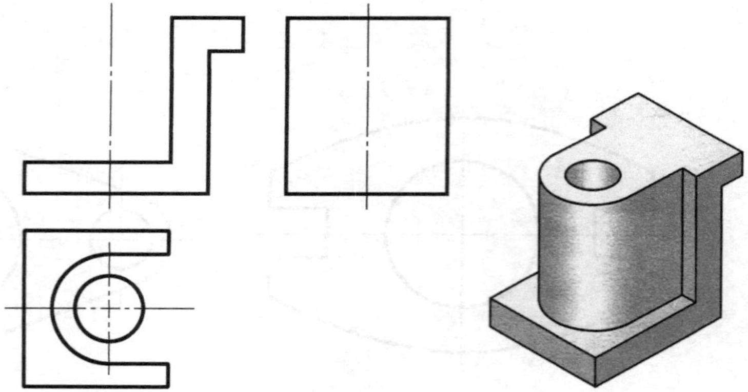

(3)

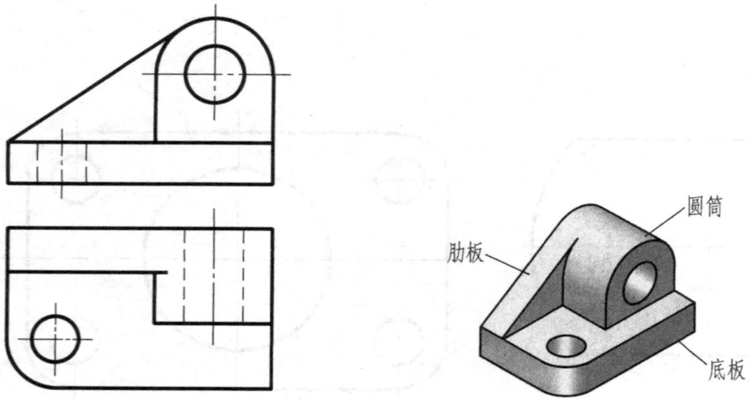

肋板

圆筒

底板

(4)

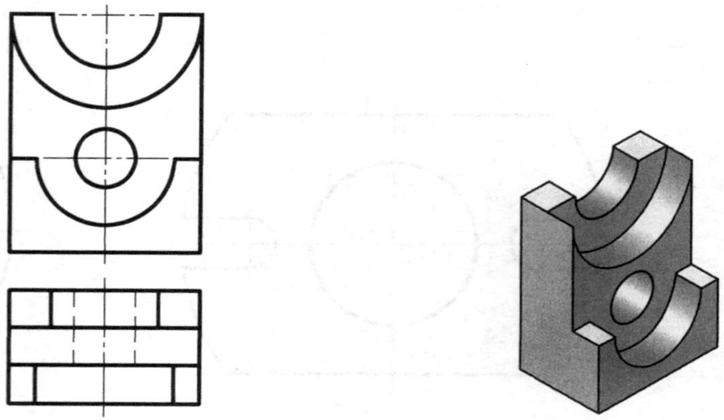

图 3-1-3

4. 在图 3-1-4 中补全下列组合体的漏线——正确辨别形体的表面连接关系。

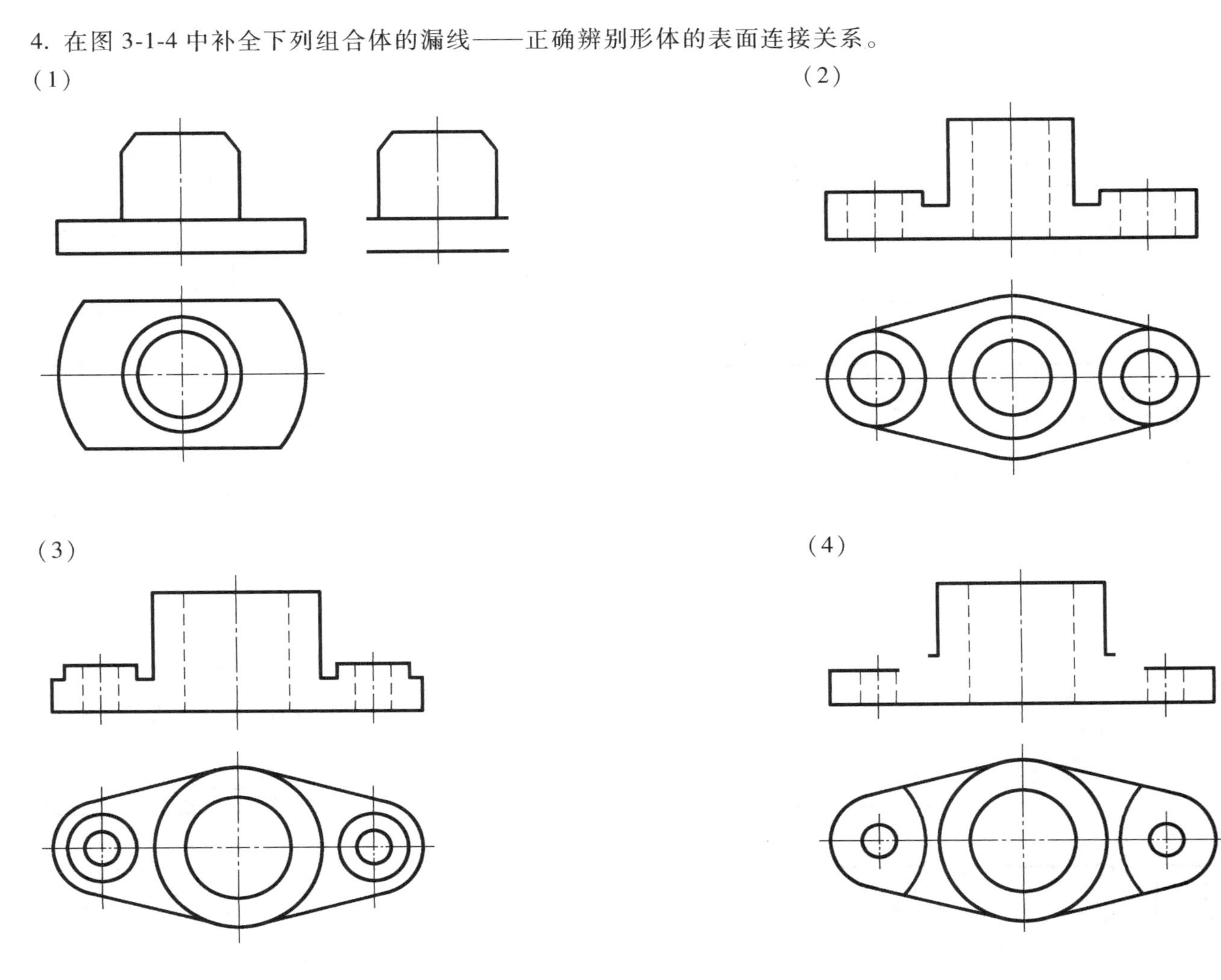

图 3-1-4

（5）

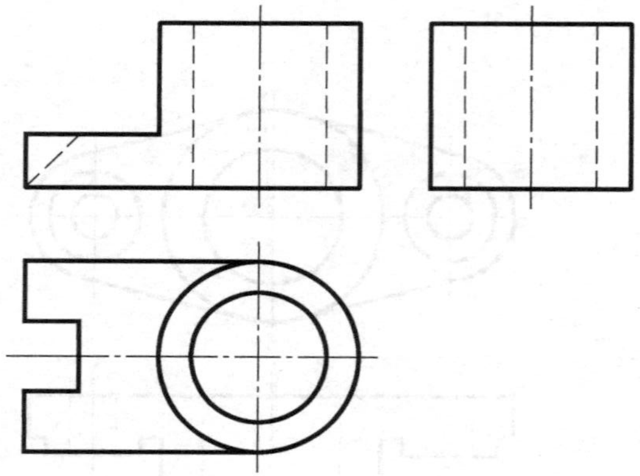

（6）

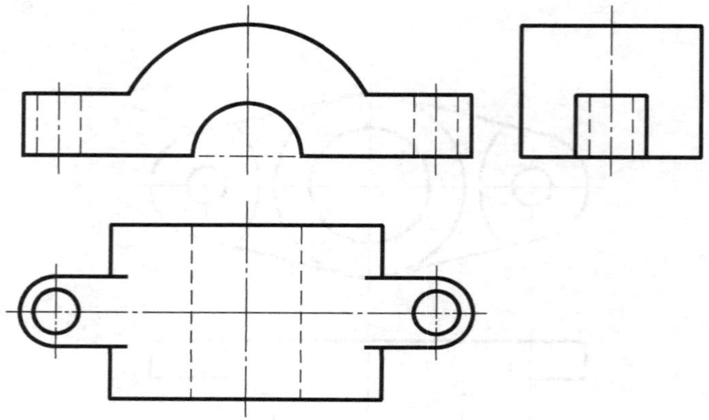

（7）

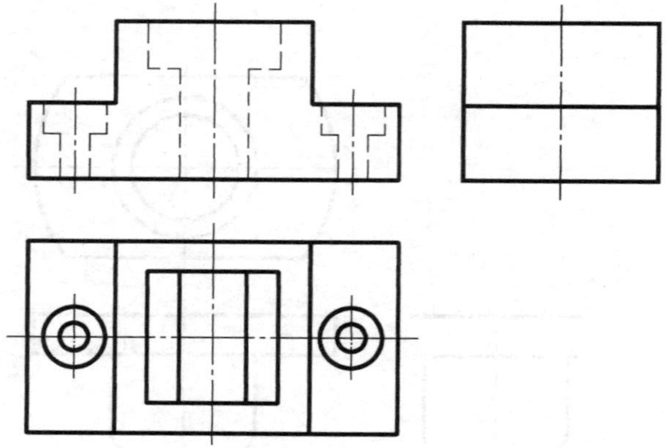

（8）

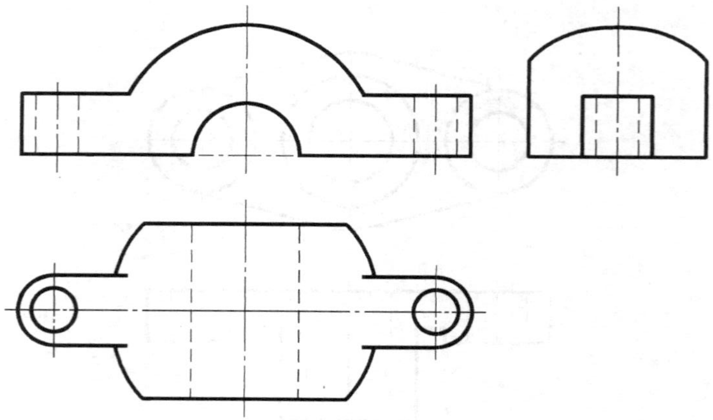

图 3-1-4（续）

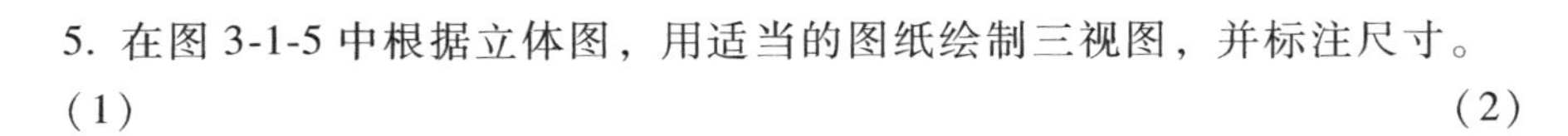

5. 在图 3-1-5 中根据立体图，用适当的图纸绘制三视图，并标注尺寸。

（1）

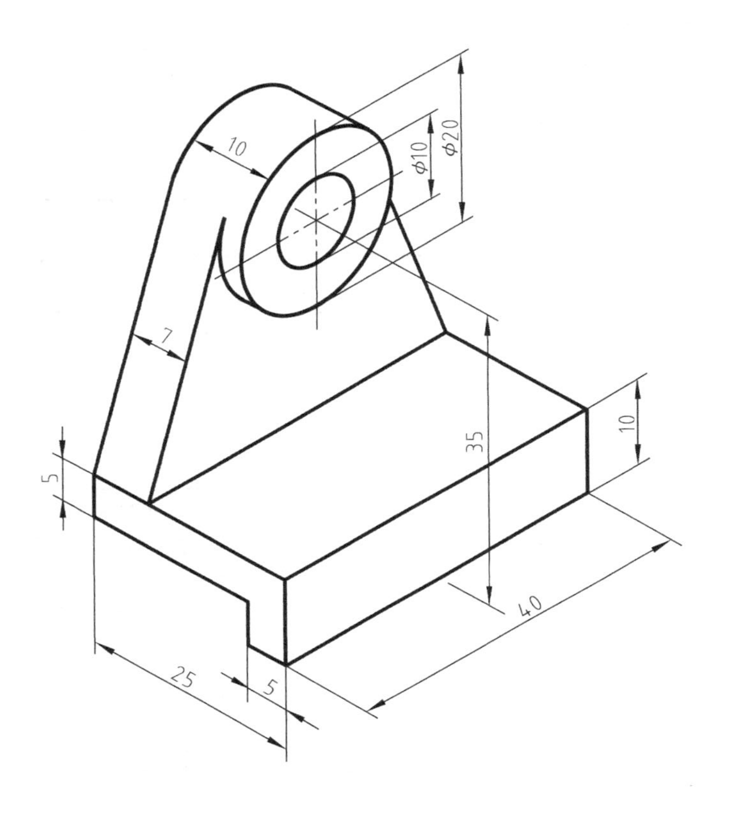

（2）

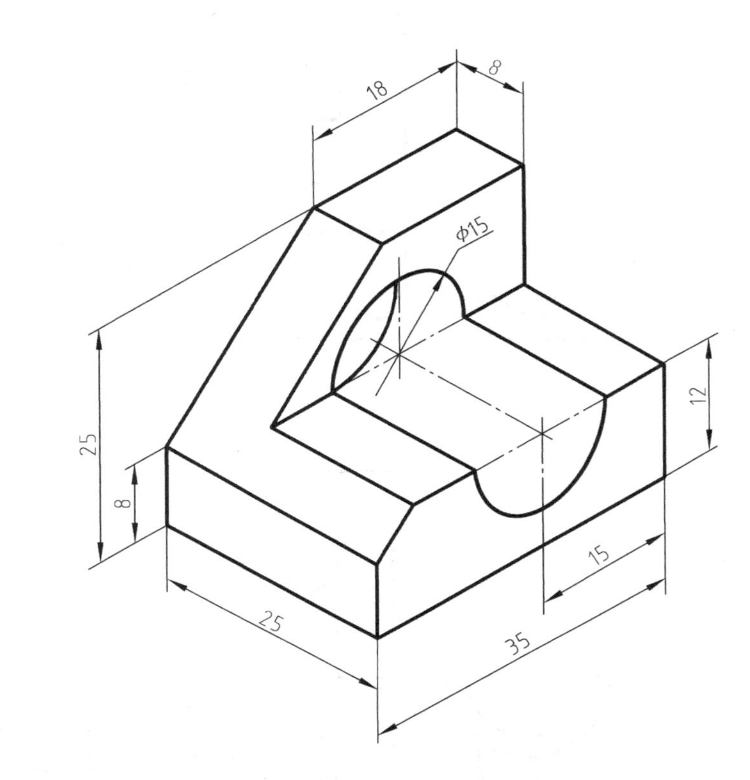

图 3-1-5

【3-2 练习】

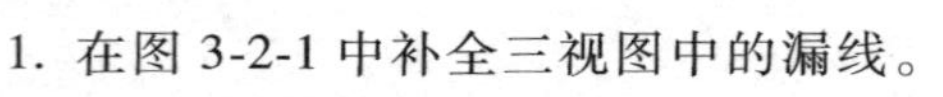

1. 在图 3-2-1 中补全三视图中的漏线。

（1） （2） （3）

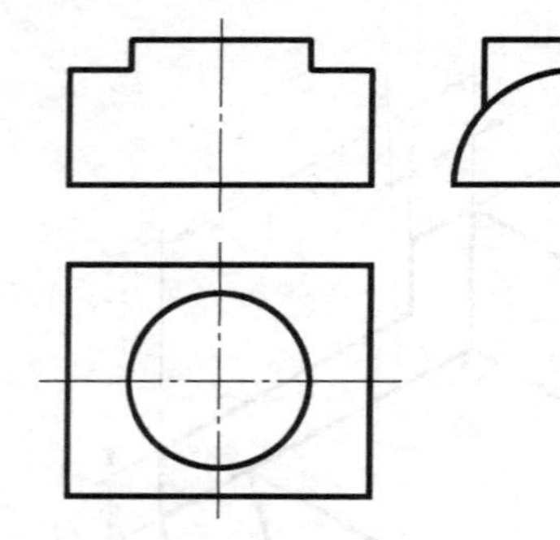
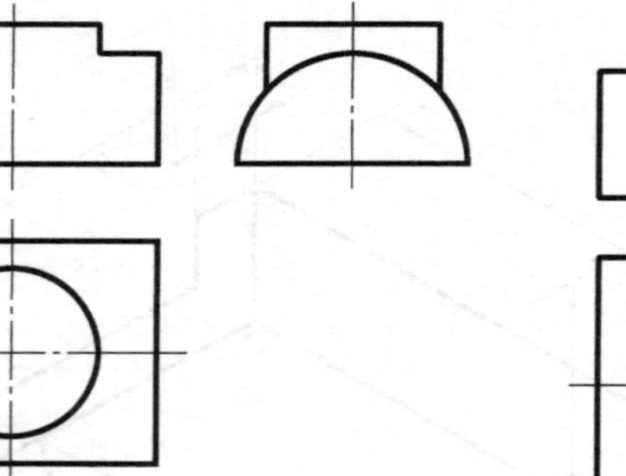
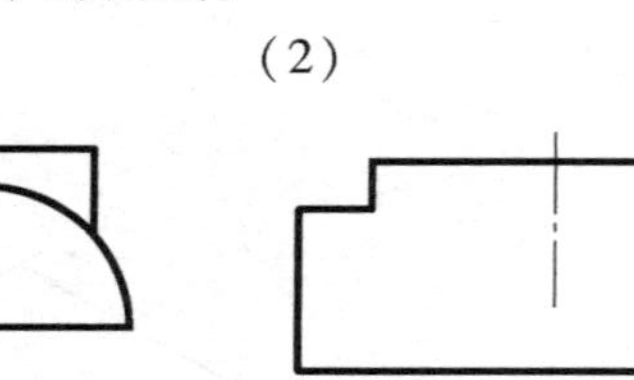

（4） （5） （6）

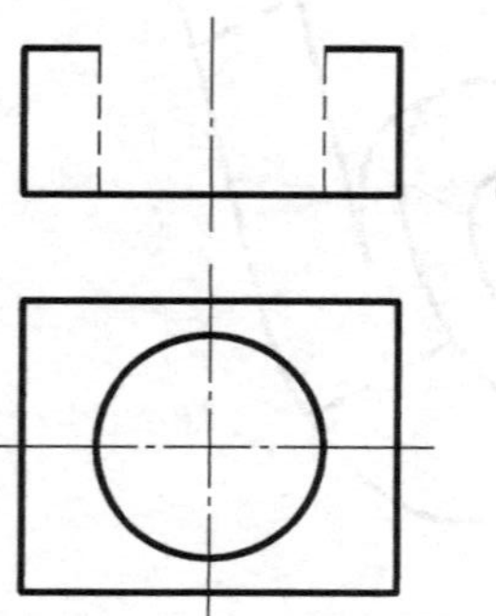
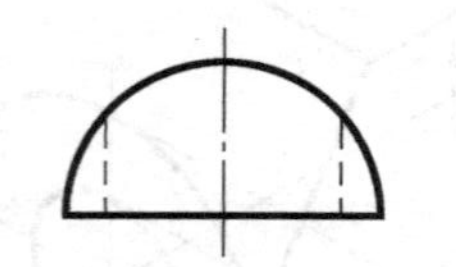
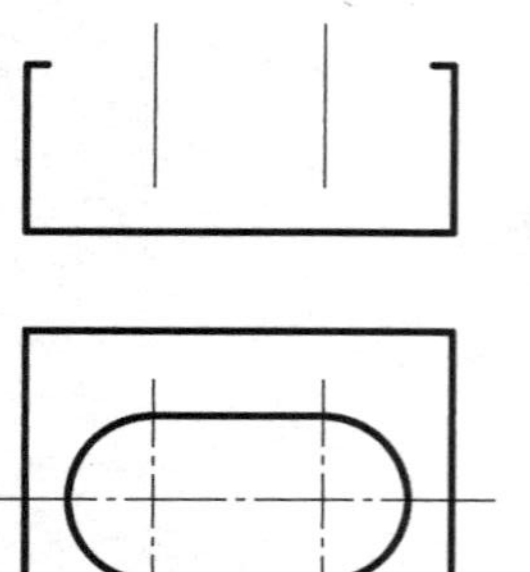
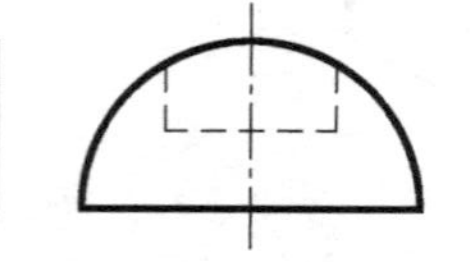
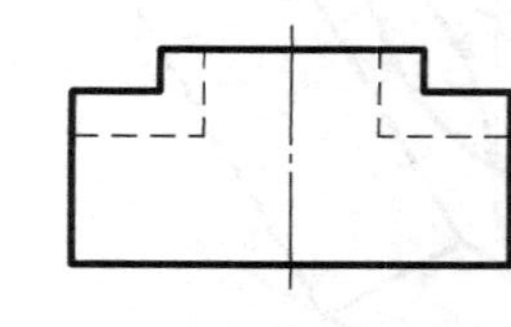
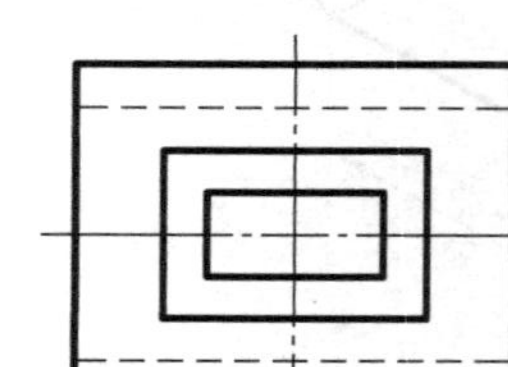
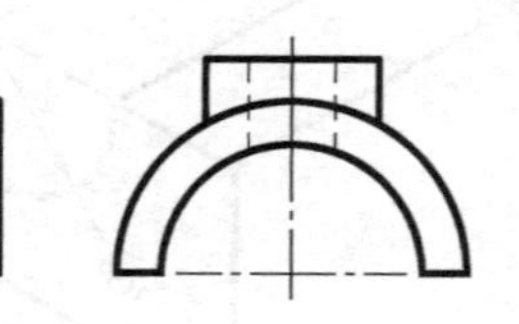

图 3-2-1

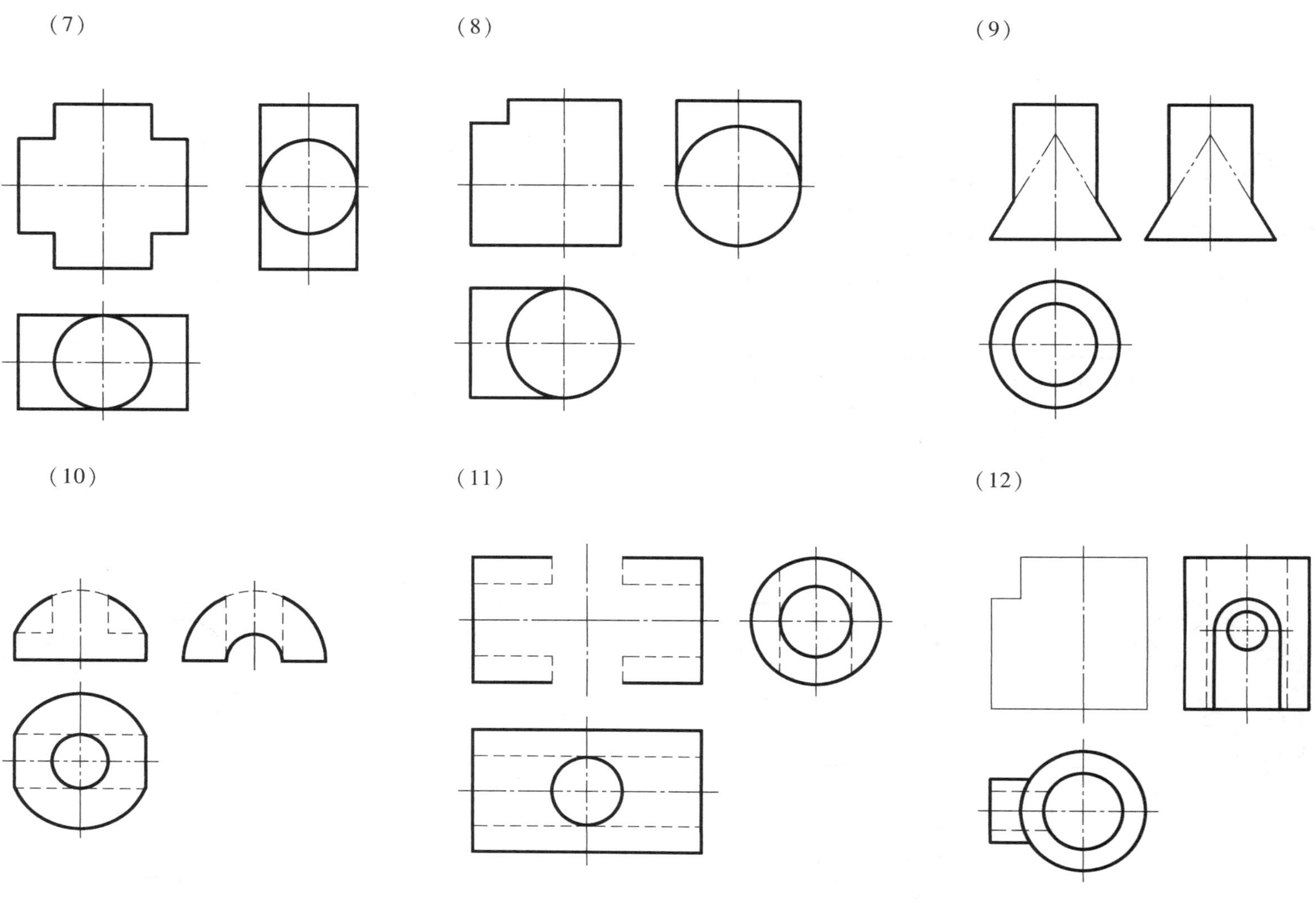

图 3-2-1（续）

2. 在图 3-2-2 中根据立体图，补画三视图中缺少的图线。

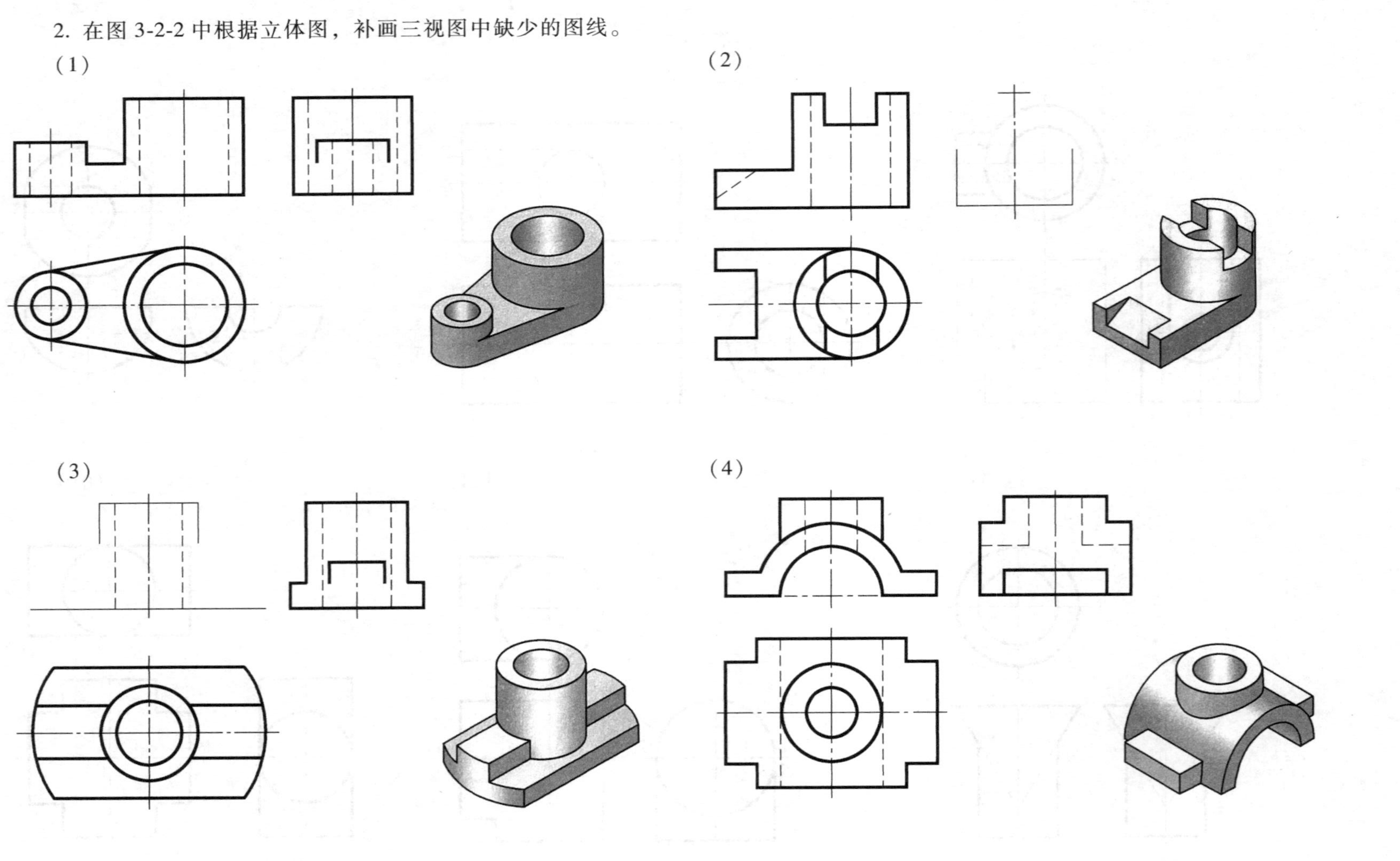

图 3-2-2

3. 在图 3-2-3 中选择正确的左视图。

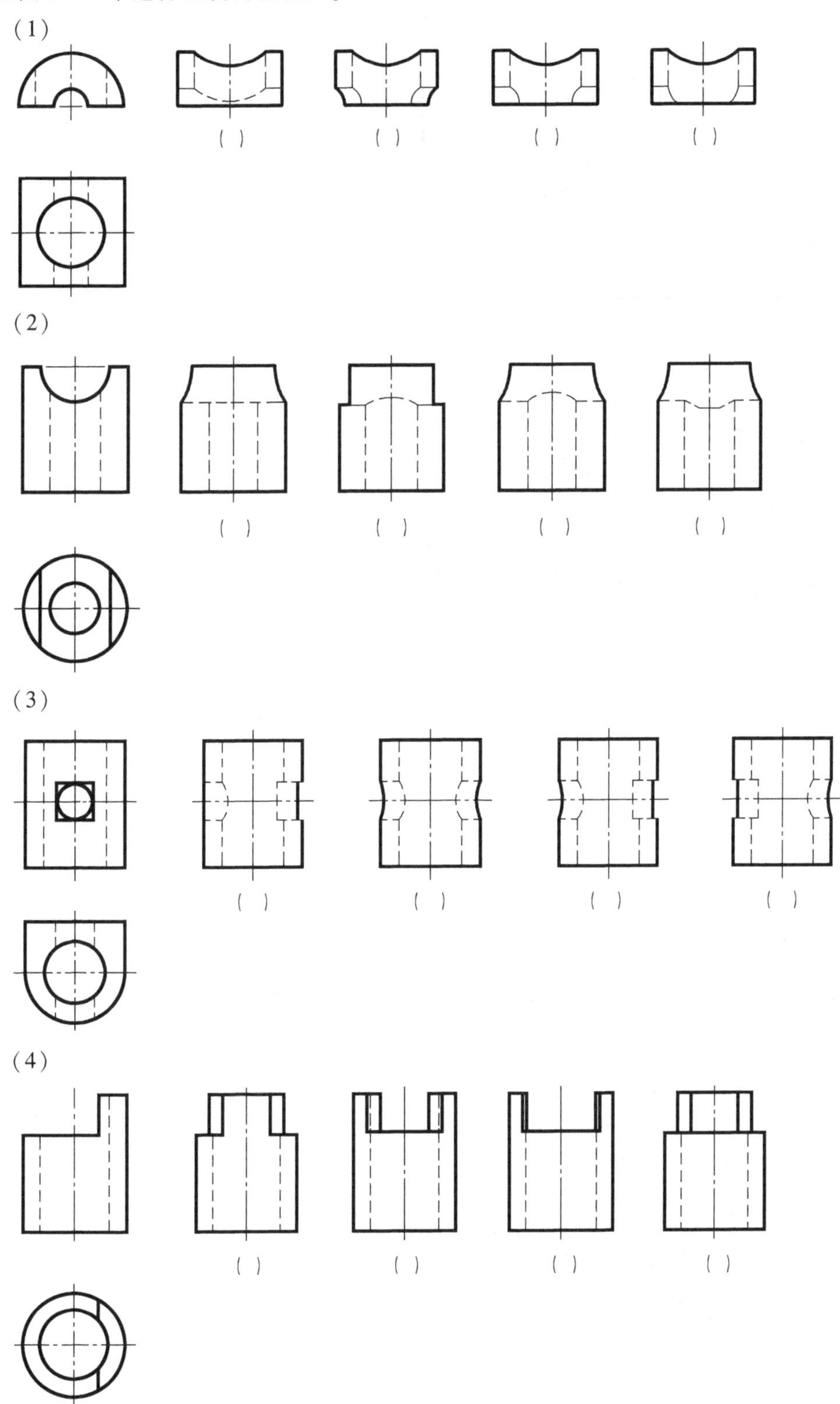

图 3-2-3

4. 在图 3-2-4 中补画第三个视图。

（1）

（2）

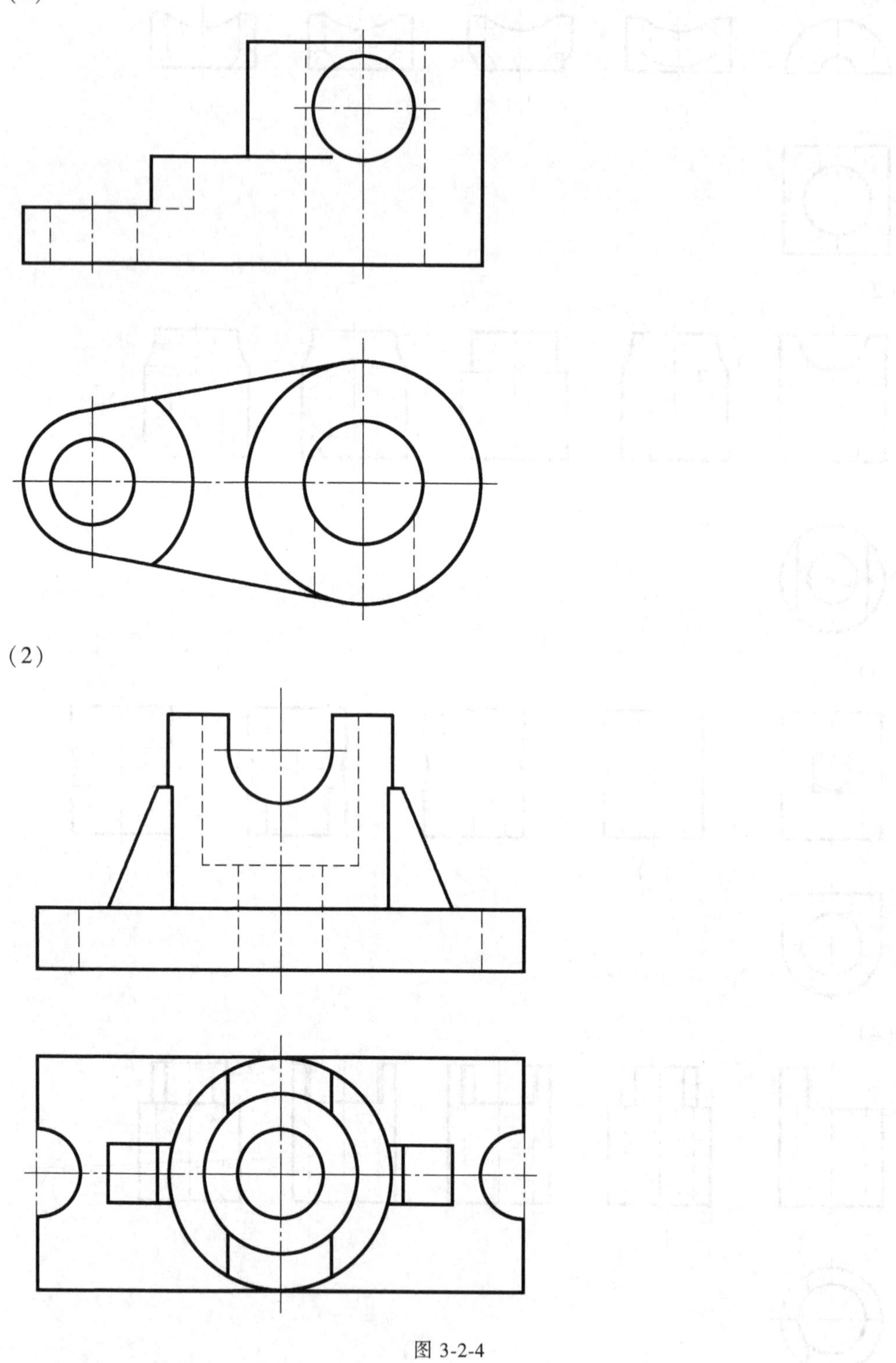

图 3-2-4

5. 图 3-2-5 中根据给出的主视图，构思多种左视图，分别画在空白处。

主视图	左视图 1	左视图 2	左视图 3	左视图 4
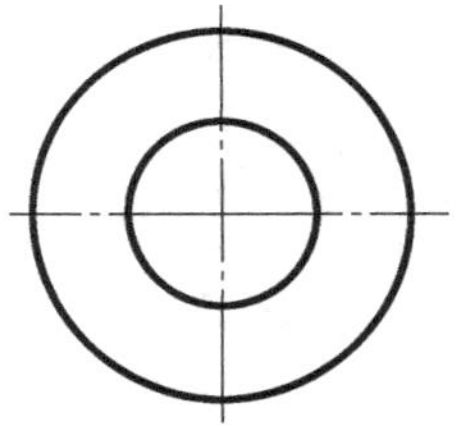				
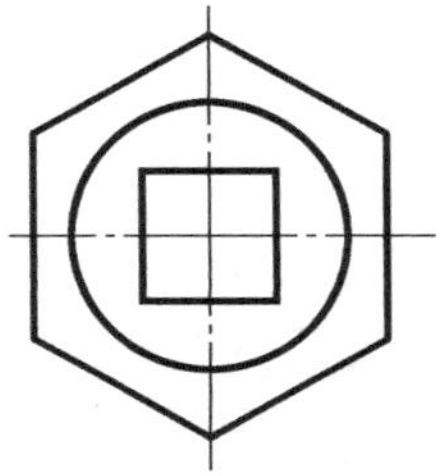				
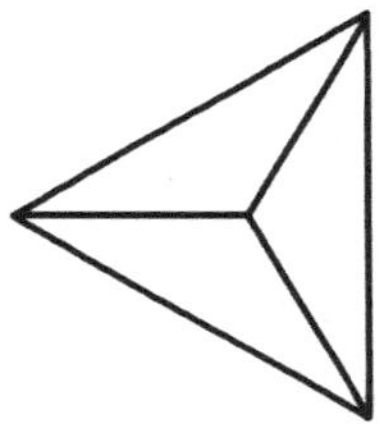				

图 3-2-5

6. 在图 3-2-6 中将形体的三个视图补充完整。

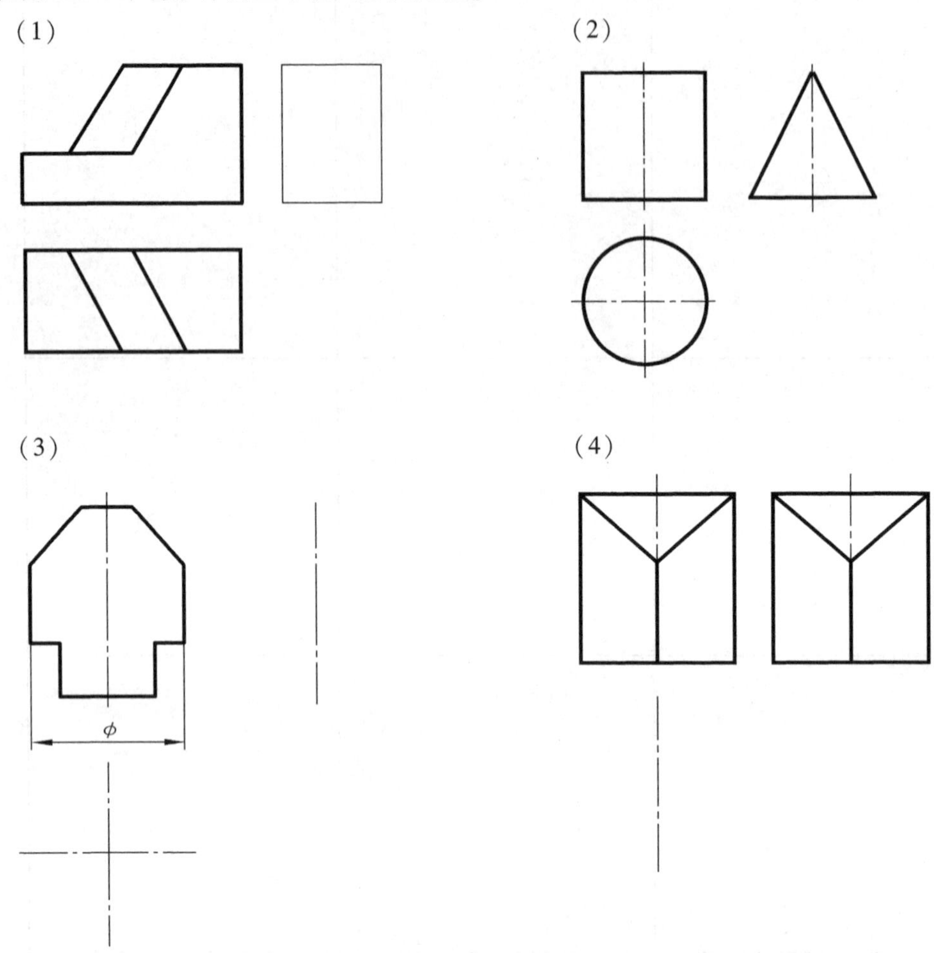

图 3-2-6

7. 根据图 3-2-7 中立体图，用适当的图纸绘制下列组合体的三视图，并标注尺寸。

(1) (2)

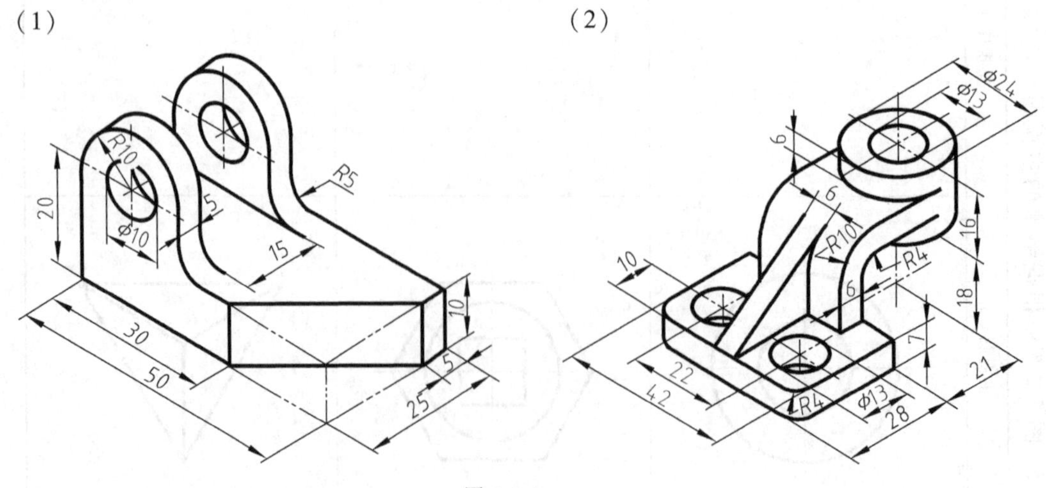

图 3-2-7

(3)

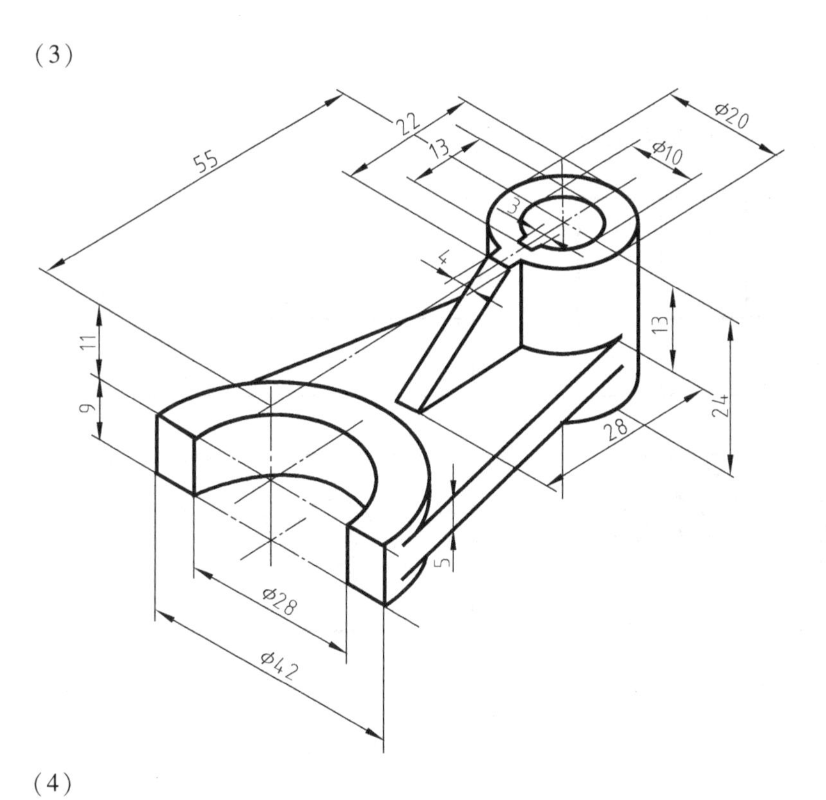

55
22
13
Φ20
Φ10
3
4
11
9
13
24
28
5
Φ28
Φ42

(4)

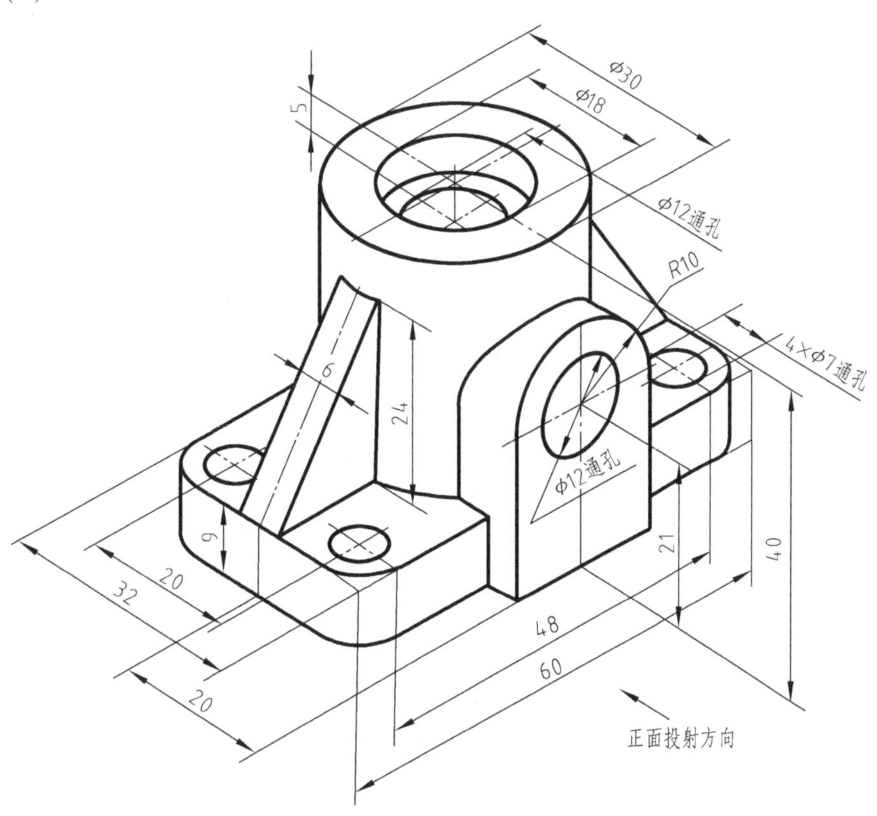

Φ30
Φ18
5
Φ12通孔
R10
4×Φ7通孔
6
24
Φ12通孔
9
21
40
20
32
48
60
20
正面投射方向

图 3-2-7（续）

班级____________ 姓名____________ 学号________ 成绩____________

【4-1 练习】

1. 在图 4-1-1 中把主视图改画为全剖视图。

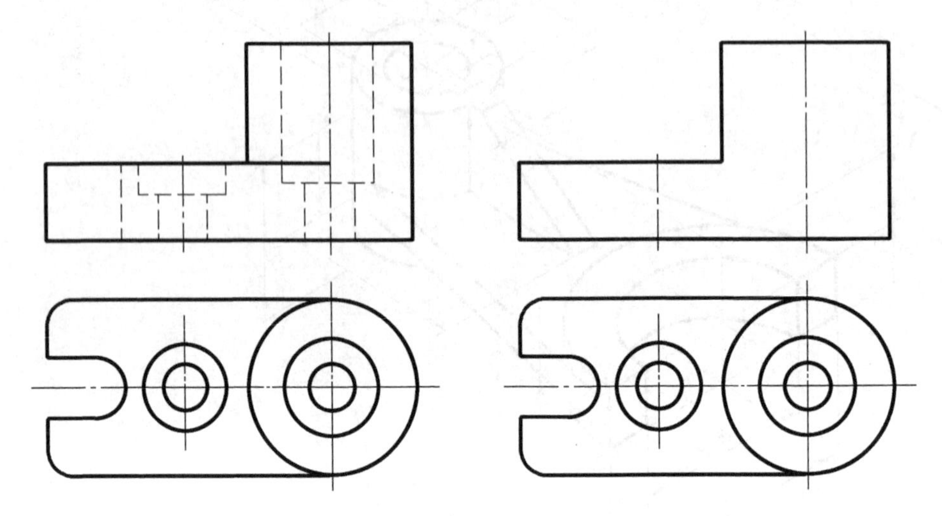

图 4-1-1

2. 在图 4-1-2 中按规定画法画出正确的全剖视图。（提示：肋板按不剖画出）

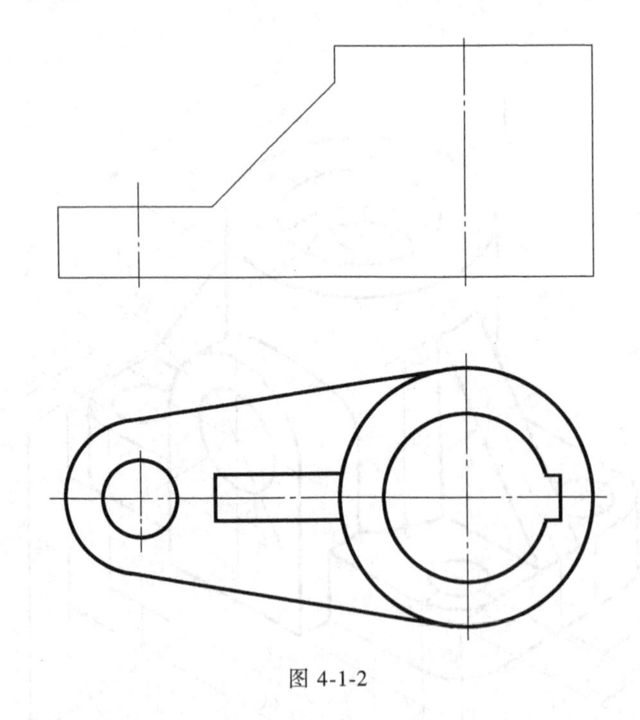

图 4-1-2

3. 已知一光滑圆柱配合件，孔直径为 ϕ20H8，轴直径为 ϕ20f7，查表写出其公称尺寸和极限偏差。

班级____________ 姓名____________ 学号__________ 成绩____________

【4-2 练习】

1. 将图 4-2-1 的主、左视图改为恰当的局部剖视图。
2. 将图 4-2-2 的主视图改为恰当的局部剖视图。

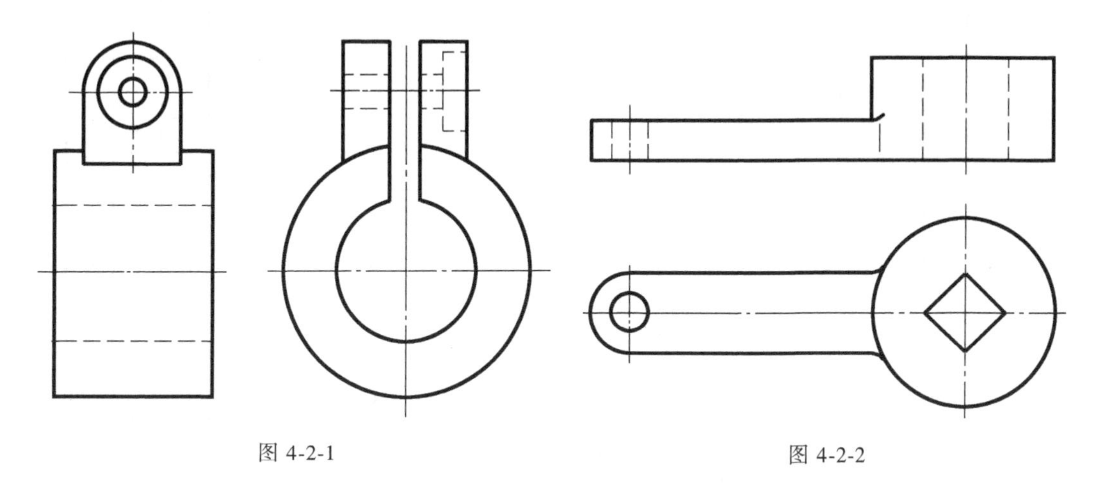

图 4-2-1　　图 4-2-2

3. 在图 4-2-3 中选择正确的局部剖视图。

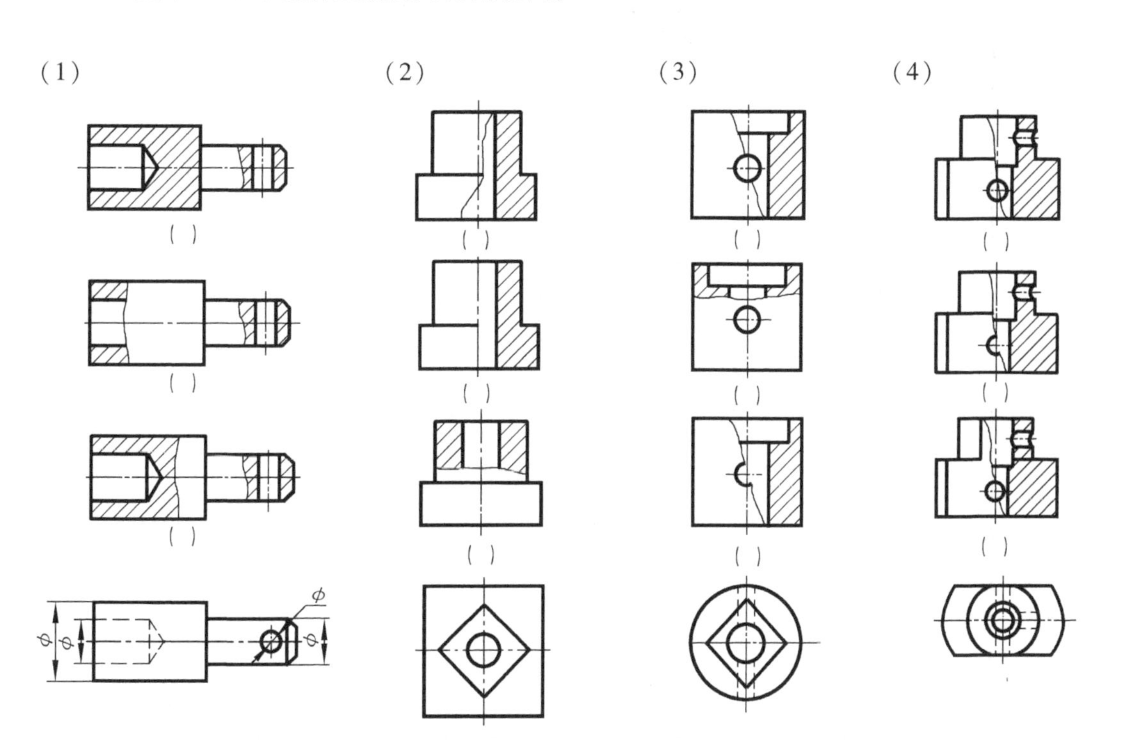

图 4-2-3

班级____________ 姓名____________ 学号________ 成绩____________

【4-3 练习】

抄画图 4-3 所示齿轮轴。

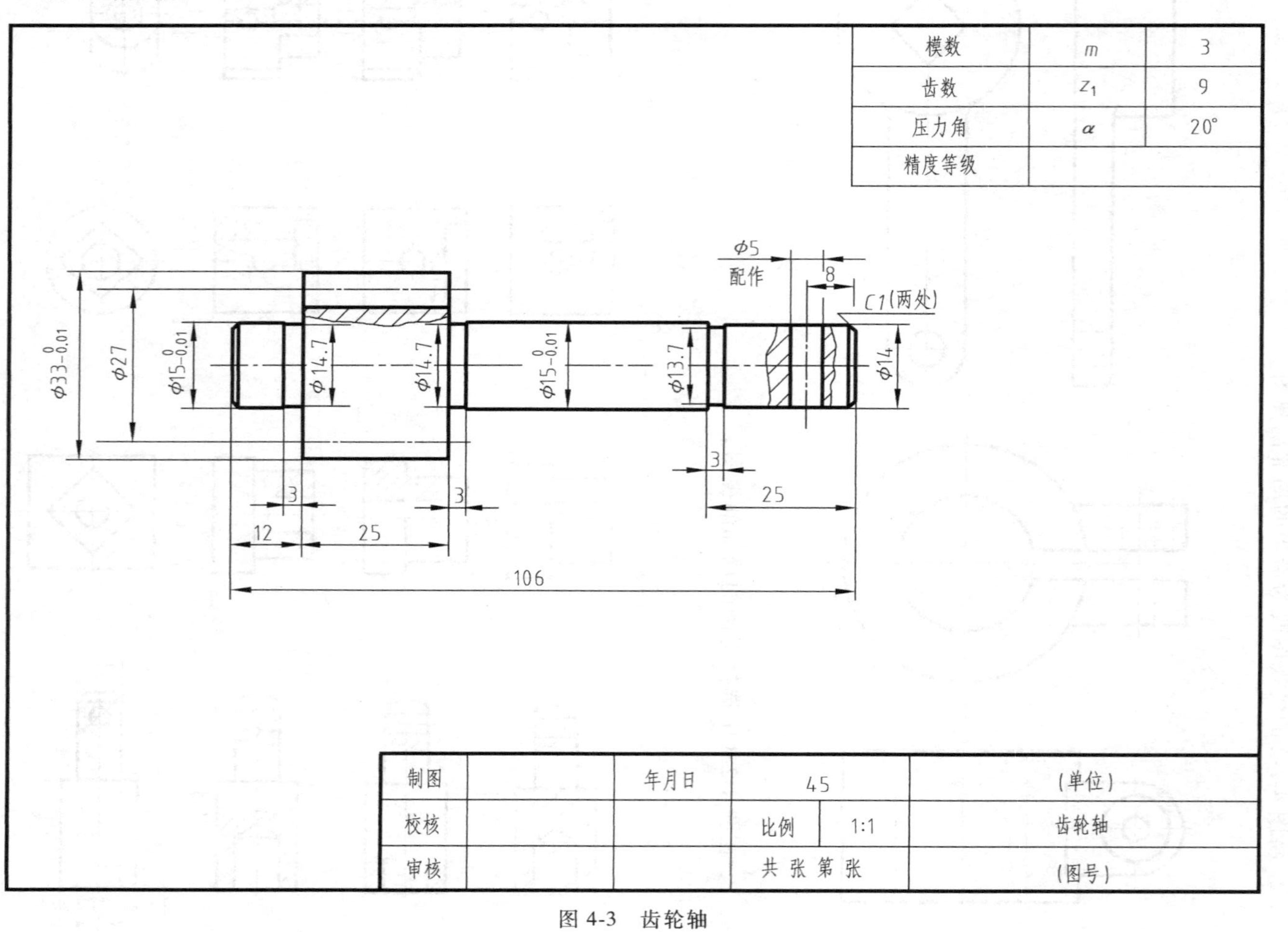

图 4-3 齿轮轴

班级________________ 姓名____________ 学号________ 成绩______________

【4-4 练习】

1. 根据图 4-4-1 给出的俯视图选择正确的主视图。

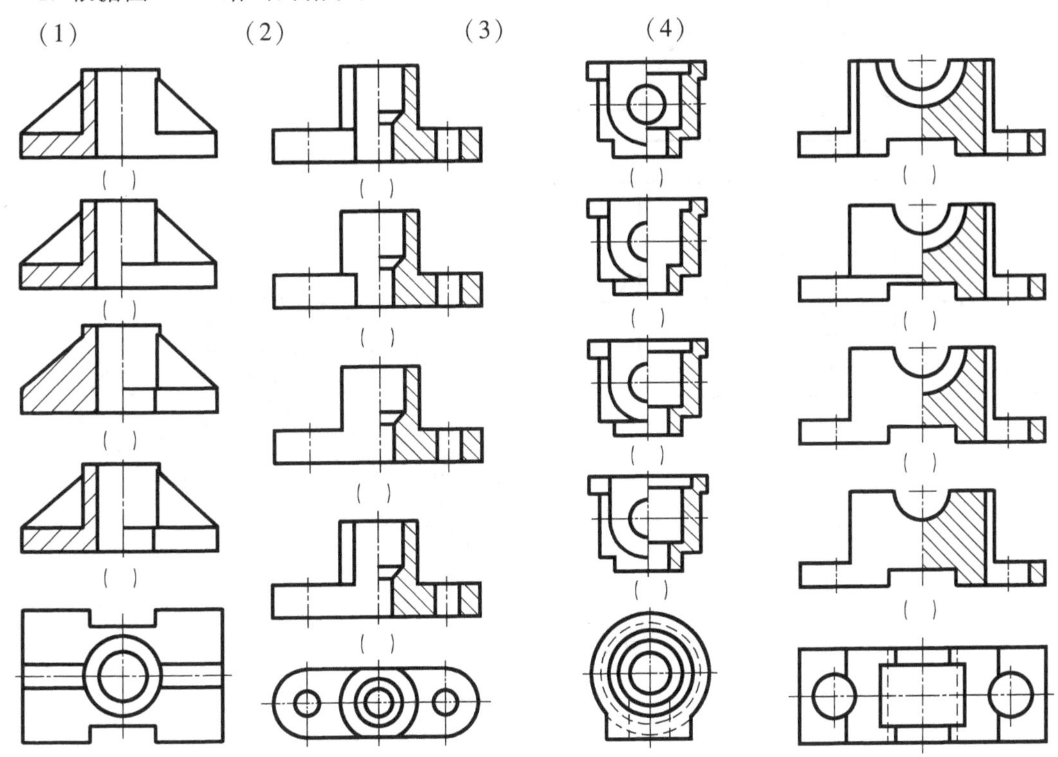

图 4-4-1

2. 补画图 4-4-2 视图中缺少的图线。

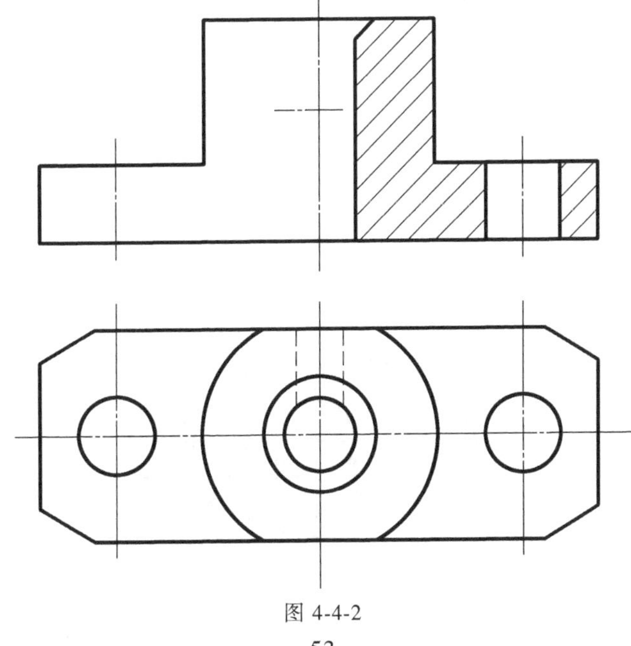

图 4-4-2

3. 将图 4-4-3 所示主视图画成半剖视图，左视图画成全剖视图。

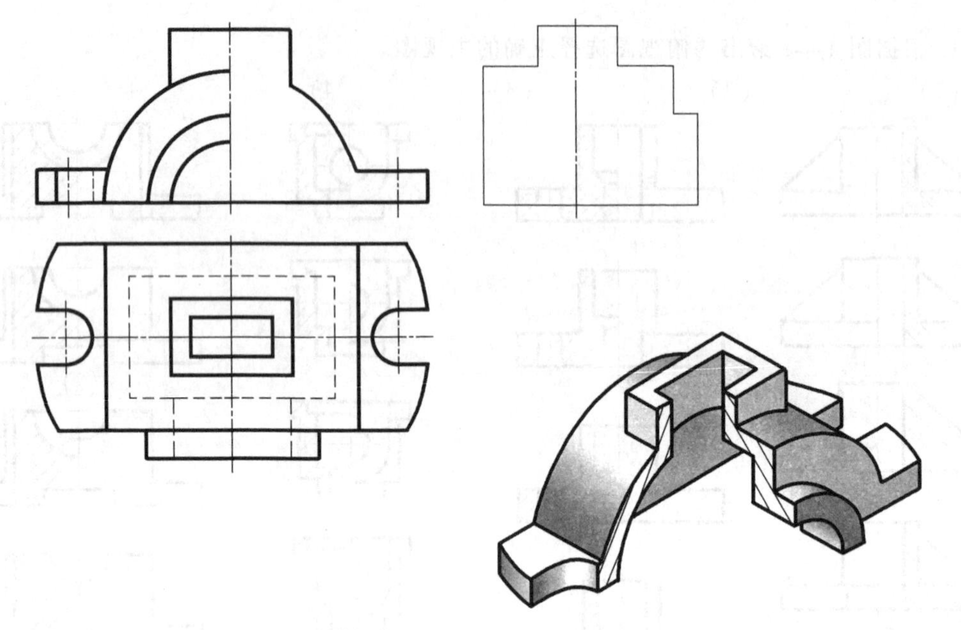

图 4-4-3

4. 将图 4-4-4 所示主视图改画成半剖视图。

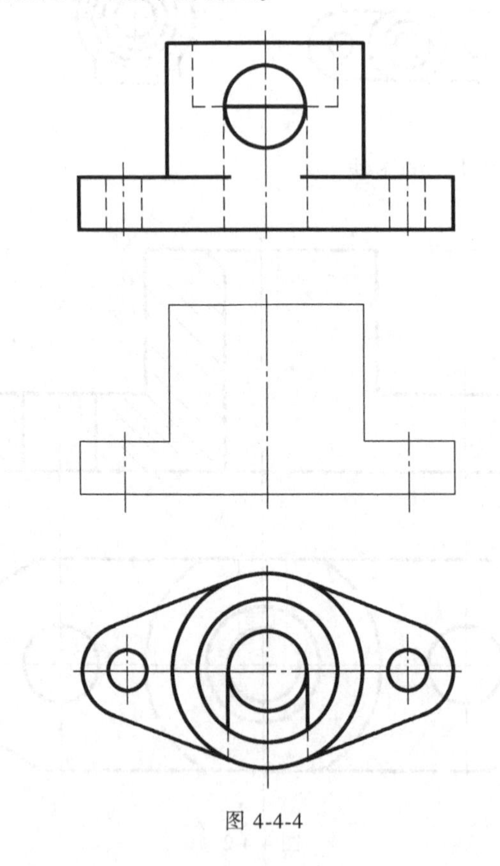

图 4-4-4

班级____________ 姓名____________ 学号________ 成绩____________

【4-5 练习】

分析图 4-5-1 中内螺纹画法中的错误，并在指定位置画出正确的图形。

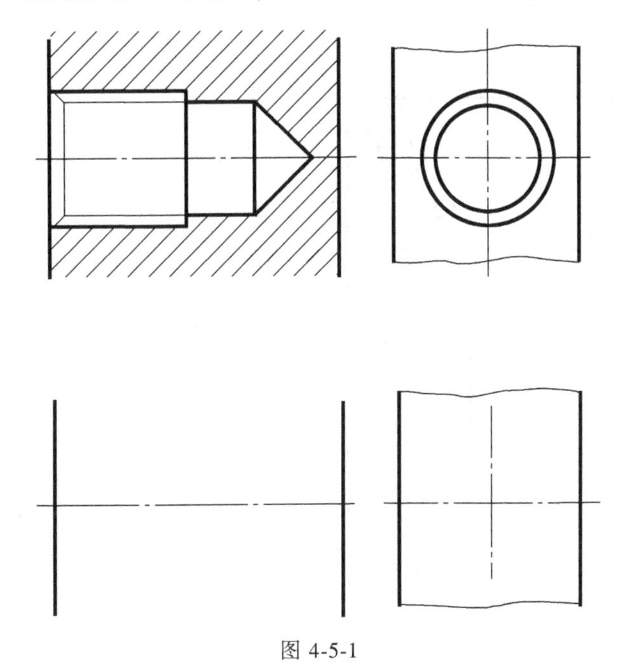

图 4-5-1

班级______________ 姓名____________ 学号________ 成绩______________

【4-6 练习】

1. 抄画图 4-6-1 所示盖板零件图。

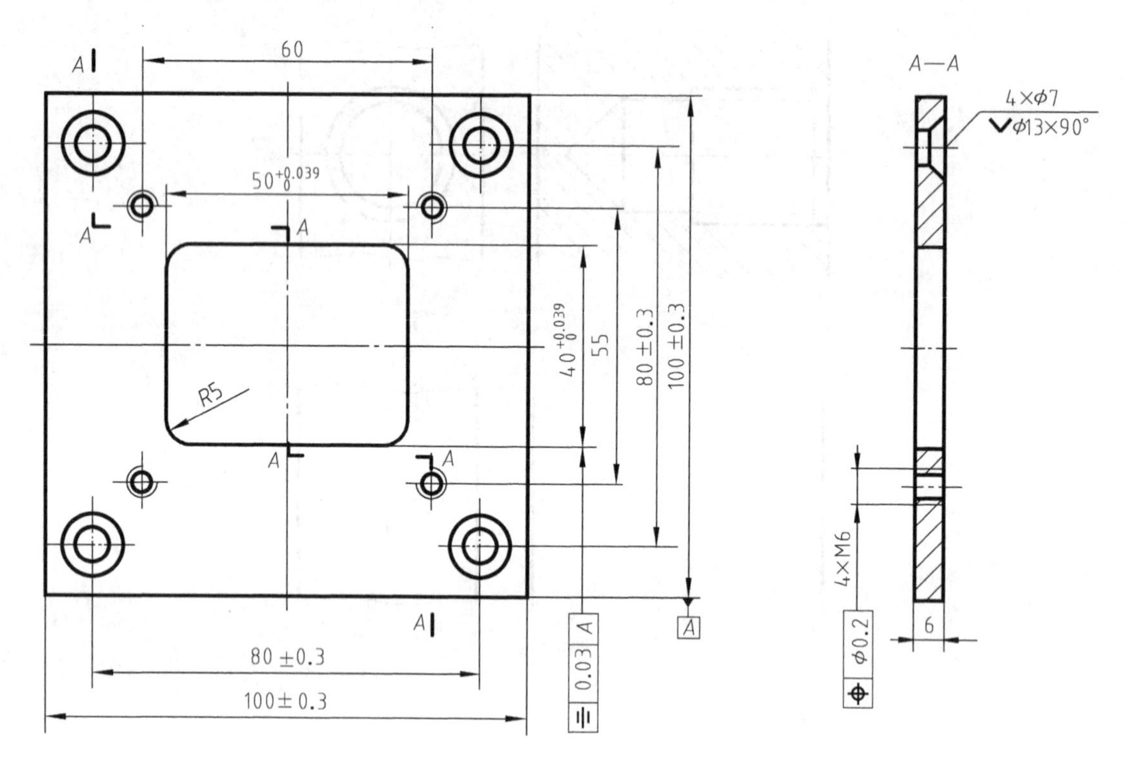

图 4-6-1　盖板零件图

2. 分析图 4-6-2 中旋合螺纹画法中的错误，并在指定位置画出正确的图形。

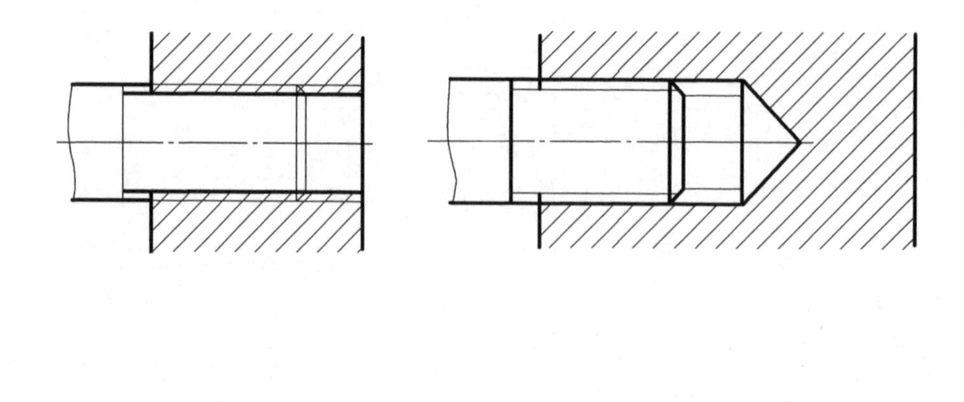

图 4-6-2

班级______ 姓名______ 学号______ 成绩______

【4-7 练习】

抄画图 4-7 所示摇臂零件图。

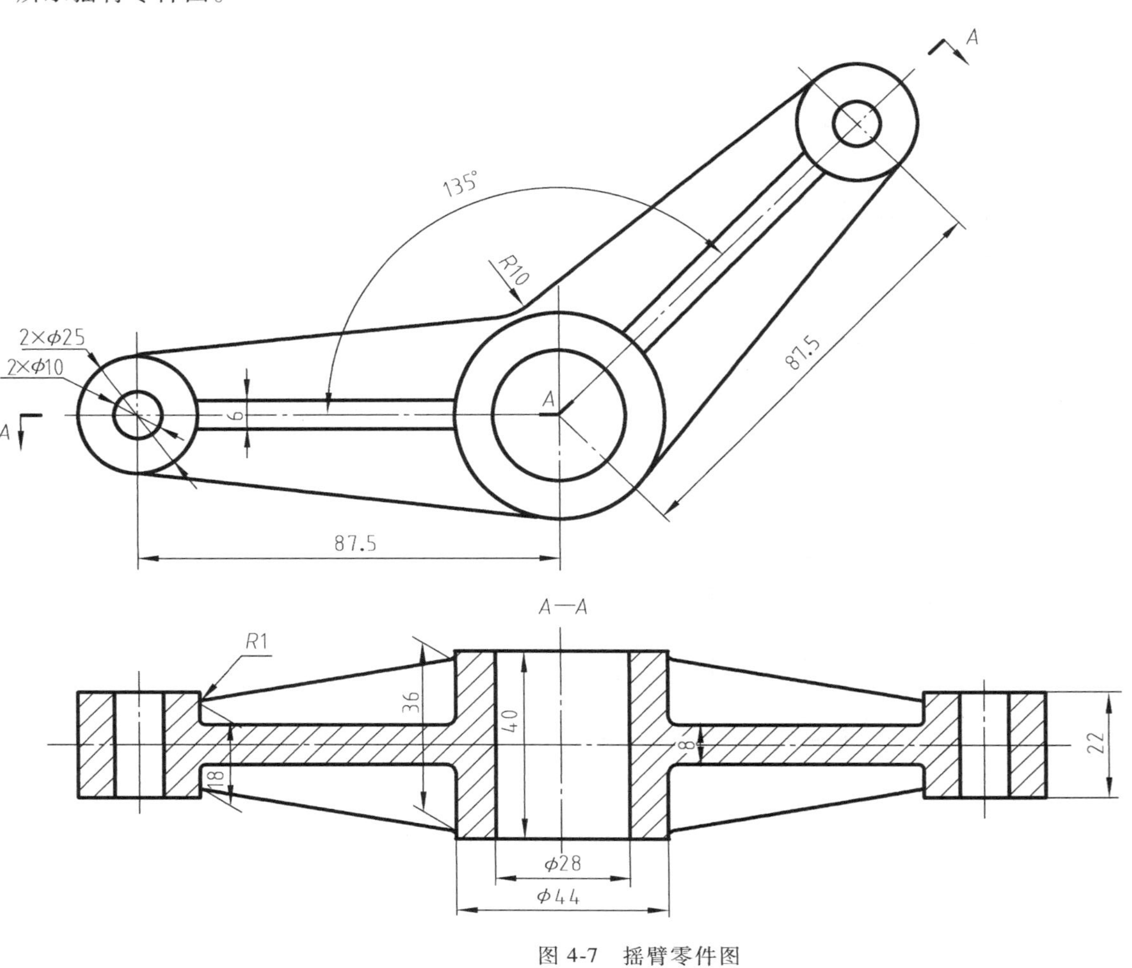

技术要求
未标圆角R2。

图 4-7　摇臂零件图

班级__________ 姓名__________ 学号__________ 成绩__________

【4-8 练习】

根据图 4-8 中已知的主、俯、左视图，在空白处补画其右、仰、后视图。

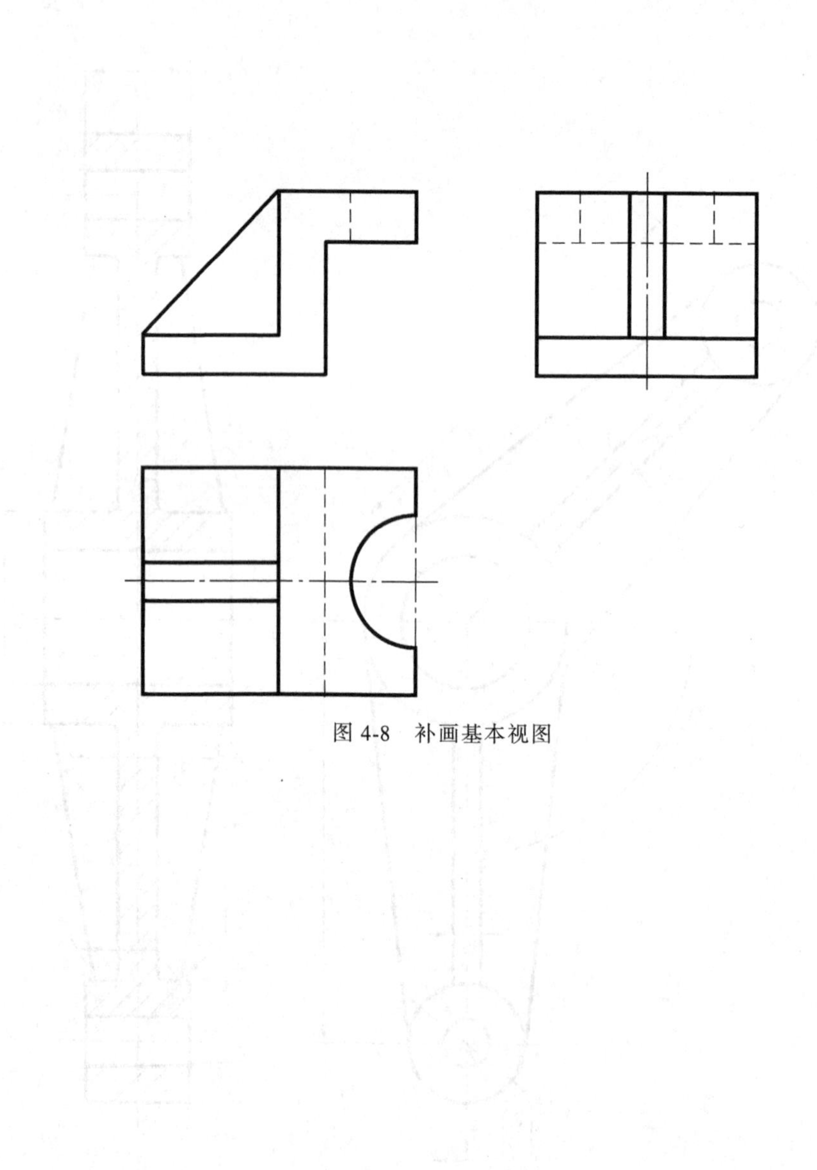

图 4-8　补画基本视图

班级____________________ 姓名_______________ 学号__________ 成绩____________________

【4-9 练习】

1. 断面图可以根据断面所放置的位置分为（　　　　　　）和（　　　　　　）。

2. 重合断面图的轮廓线用（　　　　　）线型绘制。

班级______________ 姓名____________ 学号________ 成绩______________

【4-10 练习】

1. 参考图 4-10-1 中的轴测图，作斜视图和局部视图，所有尺寸均在视图中量取。

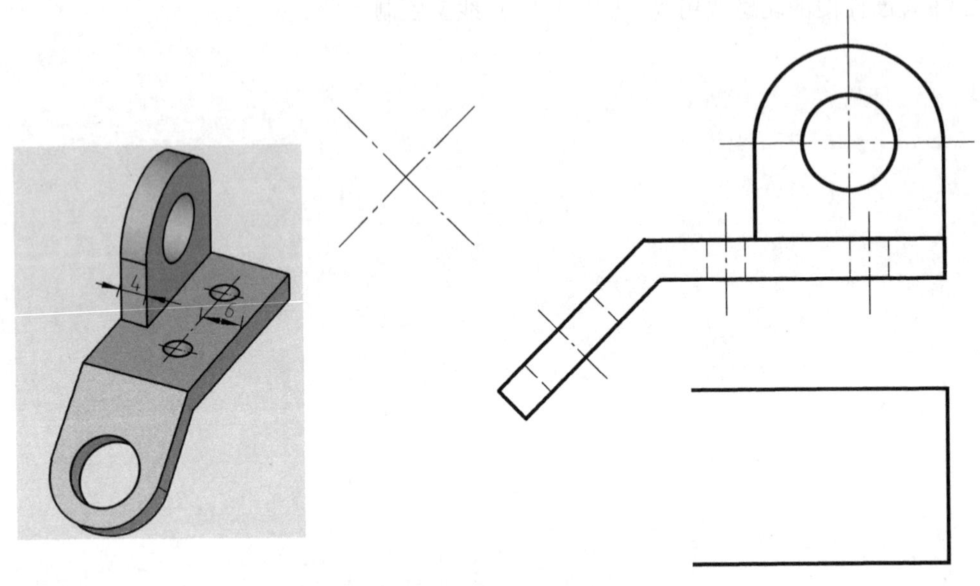

图 4-10-1　支架补画斜视图、局部视图练习

2. 根据第三角画法的视图投影规律，在图 4-10-2 中指定位置补画右视图。

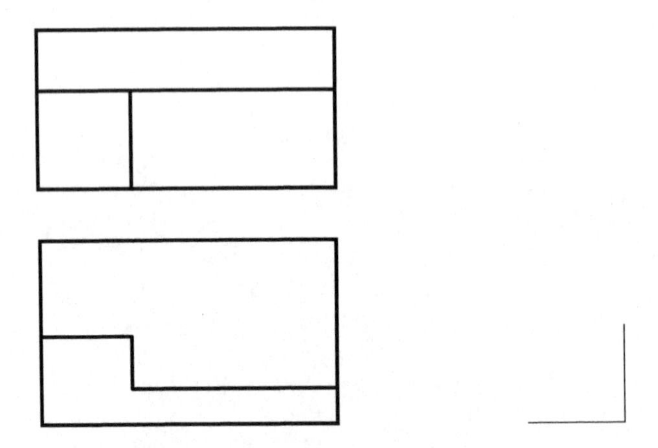

图 4-10-2　补画第三角画法图中的右视图